新疆林木害虫

野外识别手册

新疆维吾尔自治区
林业有害生物防治检疫局 ◎ 编著

中国林业出版社

图书在版编目（CIP）数据

新疆林木害虫野外识别手册 / 新疆维吾尔自治区林业有害生物防治检疫局 编著 . -- 北京 : 中国林业出版社 , 2014.10
ISBN 978-7-5038-7698-1

Ⅰ . ①新… Ⅱ . ①施… ②陈… Ⅲ . ①森林害虫－识别－新疆 Ⅳ . ① S763.3

中国版本图书馆 CIP 数据核字 (2014) 第 254550 号

中国林业出版社・生态保护出版中心
策划编辑 温 晋
责任编辑 刘家玲 温 晋

出 版 中国林业出版社（100009 北京西城区德内大街刘海胡同 7 号）
网 址 www.lycb.forestry.gov.cn 电话：010-83225836
发 行 中国林业出版社
印 刷 北京卡乐富印刷有限公司
版 次 2014 年 11 月第 1 版
印 次 2014 年 11 月第 1 次
开 本 889mm × 1194mm 1/32
印 张 13.75
印 数 1 ～ 3000 册
定 价 128.00 元

《新疆林木害虫野外识别手册》

编 委 会

主　任　英　胜

副主任　陈　梦　安尼瓦尔·阿木提

主　编　施登明　陈　梦

副主编　刘忠军

编写人员　施登明　陈　梦　刘忠军　主海峰　苏延乐　张宗华
盛兆湖　安尼瓦尔·阿木提　肖琳清
阿里玛斯·夏依玛尔旦　热孜万古丽·司马义
吾买尔·帕塔尔

图片提供人员　施登明　陈　梦　田振江　巴哈提·吾拉孜呼加
邢海洪　王世兵　闫　军　张　垒　哈吉提·那吾尔拜
彭童林　吴世明　胡卫江　弓晓芳　阿地力·沙塔尔
喻　峰　赵　梅

Preface

【前　言】

目前，新疆已经初步建成了以绿洲内部农田林网、绿洲外缘防风固沙林带、天然荒漠林和山区天然林为主体的绿色屏障，以及以环塔里木盆地为主近2000万亩的特色林果产业带。与此同时，林木害虫及有害动物的发生与危害也显现出日趋扩大的趋势；随着经济贸易往来增加，苗木及林产品调运往来频繁，林业外来有害生物的入侵、扩散、成灾的压力剧增。在发生种类、灾害频率、扩散范围和危害程度等均有不同程度的增加。新疆每年因有害生物危害造成的直接损失可达数亿元。林业有害生物已成为新疆造林绿化成果巩固、林果产业持续健康发展和绿洲生态安全的潜在危险。

为便于广大专业技术人员在野外识别、采集及进行深入研究、正确鉴别林木害虫及林木有害动物种类等，我局组织相关专家、教授，在长期收集实物标本，系统研究整理、总结新疆林业有害生物调查、鉴定等资料、文献的基础上，编写了《新疆林木害虫野外识别手册》一书。本书共分六章，分别是食叶害虫、刺吸性及枝梢害虫、蛀干害虫、地下害虫、种实害虫及其他有害动物。书中列入林木害虫及其他有害动物674种，其中：食叶类害虫333种，刺吸性枝梢害虫173种，蛀干类害虫87种，地下害虫34种，种实害虫27种，有害动物20种。《新疆林木害虫野外识别手册》是一本图文并茂、便于携带的野外工具书。本书强调其实用性，收入大量野外活动的生态型图片，也录入了必要的标本照，即能满足外业工作需要，也便于室内形态特征的比对、描述及种类研究。

在图片资料的拍摄和选择上，重点突出了主要寄主植物被害状、各虫态和虫体照片，强调突出鉴别特征。编排以常发性害虫和重大危险性害虫为重点进行排序，以突显本书的实用性。力求用图来反映我区林木害虫及有害动物状况，也将以前曾经发现的和今后可能入侵的有害生物列入，以及早防范。限于篇幅，本书文字描述简略。

另外，对多年来采集鳞翅目63种蛾类成虫标本进行了分类、鉴定；目前仅知在南北疆有分布，但对其在新疆的生活习性与危害未见研究、报道。我们将它们集中编排在第一章蛾类之后，尚待后者进一步的调查、研究。

本书可作为专业科研人员和大中专生、研究生的参考书，又可供从事专业管理和防治工作以及森林保护爱好者参考。希望这本书的出版，对新疆广大林业科技工作者，尤其是对长期在基层、野外从事林业植物检疫、测报工作的同志们起到积极的指导作用。

本书的编辑出版，得益于几十年来区内外专家、学者、专业技术人员及广大森防职工几代人出色的调查研究成果，对于他们付出的心血及艰辛劳动，我们应当永远铭记于心。本书共收入图片1484幅。书中图片除署名的26个单位提供的181幅外，均由施登明教授(shidengming@163.com）从历年拍摄的2万余张图片中精选出其中1303幅收入本书。图片拍摄得到新疆农业大学、各地（州、市）林检局、新疆生产建设兵团林业局、各农牧团场森防站及在新疆从事森保、植保工作的老师、科研人员多方大力帮助，同时得到山东省商河县林检局的帮助，在此一并致以谢忱。

由于水平有限，资料掌握欠缺，难免存在错误和疏漏，恭请广大读者和专家同仁批评指正。

新疆维吾尔自治区林业有害生物防治检疫局

2014年8月

Contents

【目　录】

第二章　刺吸性及枝梢害虫

第三章 蛀干类害虫

第四章 地下害虫

第五章　种实害虫

第六章　有害动物

Chapter One

第一章

食叶类害虫

鳞翅目

春尺蠖

〖鳞翅目 尺蛾科〗

Apocheima cinerarius Erschoff

全疆分布。主要寄主有多种蔷薇科果树、核桃、沙枣、杨、柳、槐、桑、榆等。

雄蛾具4翅，雌蛾翅退化。卵孵化前紫黑色。幼虫体色变化大，腹足2对。蛹具臀棘1根，末端分为两叉。

1年1代，以蛹在土中越冬。幼虫共5龄，早春食叶危害约50天，老熟入土化蛹越夏、越冬。

天然胡杨林被害状

春尺蠖雌成虫及初产的卵

土壤内的春尺蠖蛹

春尺蠖1龄幼虫

春尺蠖2龄幼虫

春尺蠖3龄幼虫

春尺蠖4龄幼虫

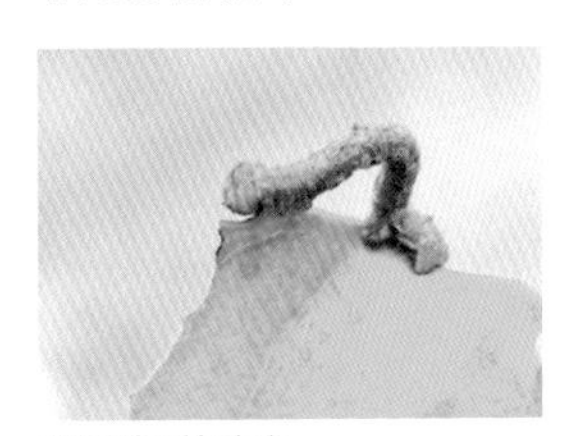
春尺蠖5龄幼虫

春尺蠖雄成虫

桑褶翅尺蠖

〔 鳞翅目　尺蛾科 〕

Zamacra excavate (Dyar)

2004 年笔者首次在乌鲁木齐市发现，现分布乌鲁木齐、哈密等地。寄主有杨、榆、桑、白蜡、枣等。

成虫停歇时四翅折叠、翘起。卵灰绿色至灰黑色。幼虫黄绿色，2 ~ 4 腹节背面具一刺突。蛹红褐色，体末端具臀棘 2 根。

1 年 1 代，以蛹在树干基部土内越冬。幼虫食害花芽、叶片、幼果危害。

桑褶翅尺蠖老熟幼虫

桑褶翅尺蠖幼虫危害榆树叶片

桑褶翅尺蠖卵

桑褶翅尺蠖雌成虫

桑褶翅尺蠖雄成虫

梭梭漠尺蛾

〖鳞翅目 尺蛾科〗

Desertobia heloxylonia Xue,sp.nov.

2006年由薛大勇、施登明、邢海洪、韩红香、李桂花鉴定、命名的鳞翅目尺蛾科漠尺蛾属一新种。

分布古尔班通古特沙漠南缘沙漠地带，寄主植物为白梭梭、梭梭、多种沙拐枣等。

成虫灰褐色。雄蛾四翅狭长，具长缘毛。雌蛾翅退化。卵翠绿色，有光泽。幼虫共5龄。幼龄棕绿色，中、老龄体淡棕色、浅褐色或棕绿色。5龄幼虫腹部各节侧面有不规则黑褐色斑块，第二、第三腹节两侧各有一个明显的黑色圆形大斑点。蛹红褐色。

1年1代，以蛹在60cm以下沙土内越冬。早春幼虫啃食寄主当年生绿色同化枝。危害约40天～50天后老熟入土化蛹越夏、越冬。

白梭梭被害状

梭梭枝条被害状

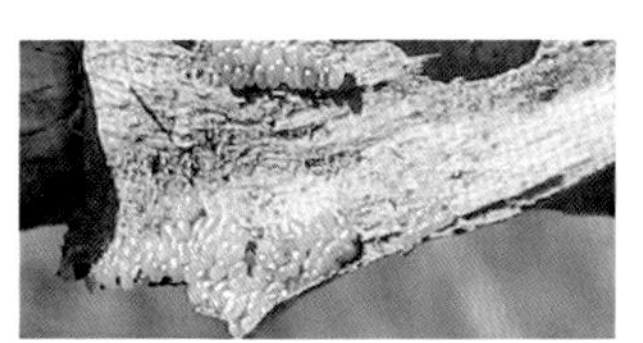

梭梭漠尺蛾卵

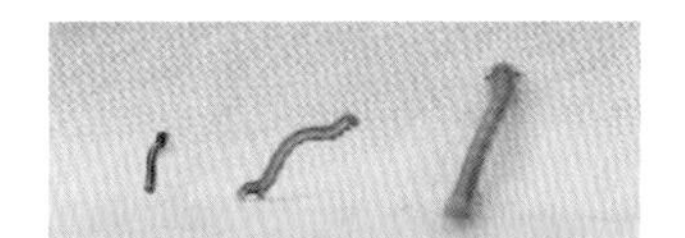

梭梭漠尺蛾1、2、3龄幼虫

梭梭漠尺蛾4龄幼虫

梭梭漠尺蛾5龄幼虫

梭梭漠尺蛾蛹

梭梭漠尺蛾雌成虫

梭梭漠尺蛾雌、雄成虫（梭梭漠尺蛾命名时的正模♂与副模♀）

梭梭漠尺蛾雄成虫

桦尺蛾

〖鳞翅目　尺蛾科〗

Biston betularia Linnaeus

分布北疆地区。寄主有桦、杨、柳、梨、苹果、栎、落叶松等。

蛾体、翅灰色、黑灰色，翅有明显黑色波纹、斑块。幼虫有灰绿色、紫红色、黄绿色等，头顶部两侧向上突起呈角状。蛹红褐色。

1 年 1 代，以蛹在土内越冬。幼虫共 5 龄，啃食叶片危害 40 ~ 50 天后陆续下树入土化蛹越夏、越冬。

桦尺蛾幼虫危害状

桦尺蛾幼虫

桦尺蛾蛹

桦尺蛾雌成虫

桦尺蛾雄成虫

双斜线尺蛾

〖鳞翅目 尺蛾科〗

Conchia mundataria Cramer

广泛分布，幼虫取食多种植物叶片。

头、胸白色。翅白色具丝质光泽。前翅前缘及后缘具褐色边，翅面具褐色斜带2条，缘毛白色。后翅从顶角至后缘基部2/3处有一褐色直线，外缘褐色，缘毛白色。

发生代数及生活史不详。

双斜线尺蛾成虫（自治区林检局）

落叶松尺蛾

〖鳞翅目 尺蛾科〗

Erannis ankeraria Staudinger

阿勒泰地区有分布，幼虫取食落叶松、云杉针叶。

雌蛾无翅，纺锤形，灰白色，具黑斑。雄虫浅黄褐色，具4翅，前后翅中部各有一黑褐色圆形小斑。1年1代，以卵在球果鳞片缝隙处越冬。幼虫取食寄主针叶。

落叶松尺蛾幼虫

雪尾尺蛾

〖鳞翅目 尺蛾科〗

Ourapteryx nivea Butl.

伊犁、阿勒泰等地有分布。危害接骨木等，生活史不详。

体、翅白色，具光泽。前翅具淡灰白色横线条，后翅臀角区散布有灰黑色小斑。外缘中部呈尖突状，突起基部有2个黑斑，黑斑边缘模糊，一大一小，大黑斑中部红色。

发生代数及生活史不详。

雪尾尺蛾成虫

舞毒蛾

〖鳞翅目　毒蛾科〗

Lymantria dispar Linnaeus

主要分布北疆地区。危害多种针阔叶树种及果树。

雌雄成虫性二型，雌蛾虫体、翅污白色。雄蛾体、翅黑褐色。卵圆球形，紫褐色，卵块上覆淡褐色绒毛。幼虫头部有一黑褐色“八”字纹，体 1 ~ 5 节背线两侧的 2 个毛瘤黑蓝色，6 ~ 11 节的橘红色，12 节的粉红色。蛹红褐色至黑褐色，臀棘末端钩状。

1 年 1 代，以幼虫在卵壳内越冬。幼虫 6 龄，啃食寄主叶片危害 50 天左右。

在杨树干基部的舞毒蛾卵块及雌蛾尸体

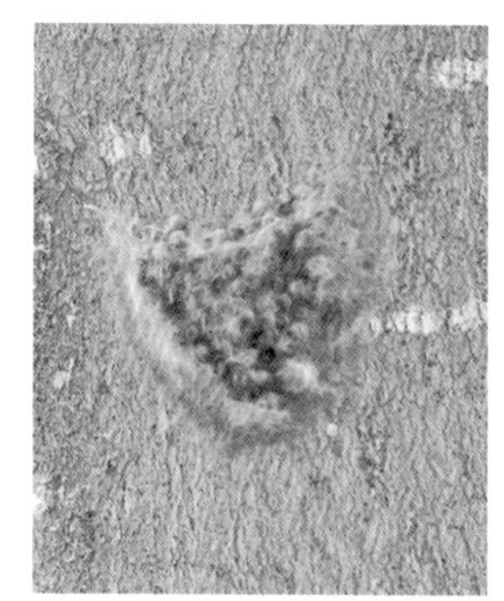

舞毒蛾卵粒

舞毒蛾幼虫

舞毒蛾雌成虫

舞毒蛾雄成虫

黄古毒蛾

〖鳞翅目　毒蛾科〗

Orgyia dubia（Tauscher）

国内分布于新疆准噶尔盆地沙漠、荒漠地带。主要寄主有梭梭、沙拐枣、白刺、柽柳、黄芪等荒漠植物。

成虫体黑黄色。雄蛾具四翅，前翅褐色，具 3 条黑横纹，后翅橙黄色。雌蛾无翅，足十分退化。卵近球形，扁平，白色。幼虫体黄色，毛瘤红色，生有白色、黑色长毛。胸足、腹足棕黄色。第 1 ～ 4 腹节背面中央各有一黑色和白色短毛浓密的毛刷，其中杂有白色羽状毛。第八腹节背面中央有一由白色和黑色羽状毛组成的长毛束。翻缩腺橙红色。

1 年 1 代，以卵越冬。幼虫啃食危害。目前荒漠有分布，未见大面积发生与危害。

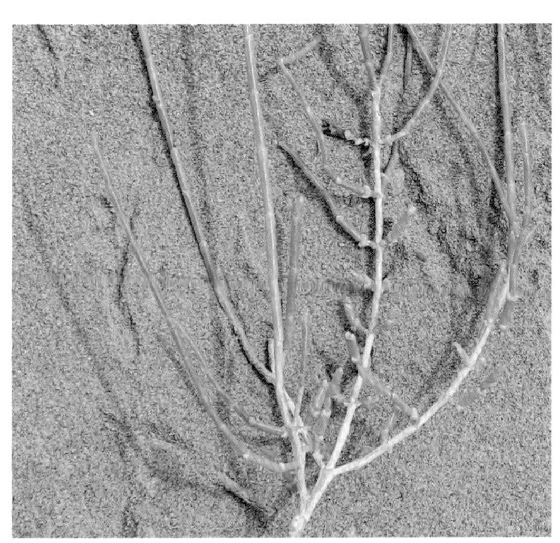

白梭梭被害状

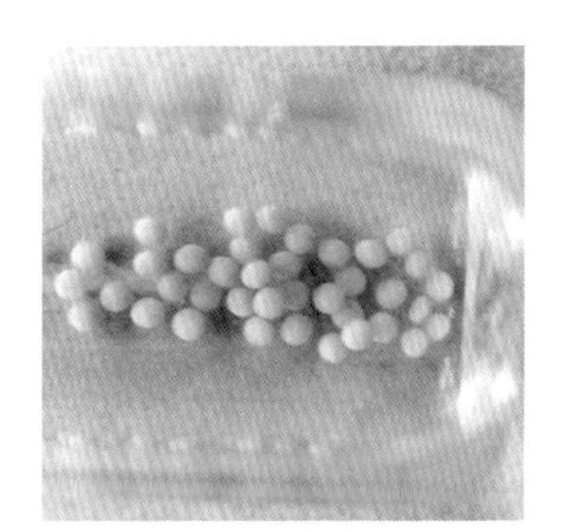

黄古毒蛾卵

黄古毒蛾预蛹

黄古毒蛾幼虫

黄古毒蛾雄虫

灰斑古毒蛾

〖鳞翅目　毒蛾科〗

Orgyia ercae Germer

分布于新疆准噶尔盆地、阿勒泰地区沙漠、荒漠地带。主要寄主有梭梭、沙拐枣、白刺、黄芪及榆、杨、柳、沙枣、沙棘等。

成虫体黄褐色。雄蛾具四翅，褐色。雌蛾无翅，体被白色短毛。卵球形，乳白色。幼虫体青灰色，毛瘤橘红色，生有白色、黑色长毛。胸足、腹足棕黄色。第1～4腹节背面中央各有一黑色围绕白色短羽状毛形成的浓密的毛刷。第八腹节背面中央有一由白色羽状毛组成的长毛束。翻缩腺外突棒状，橘色。

1年2代，以卵在茧中越冬。幼虫啃食寄主叶片、嫩皮或当年幼嫩绿色同化枝危害。阿勒泰荒漠区时有梭梭林成灾报道。

灰斑古毒蛾危害荒漠植被

灰斑古毒蛾幼虫（阿勒泰地区林检局）

灰斑古毒蛾雄成虫（阿勒泰地区林检局）

缀黄毒蛾　又称斑翅棕尾毒蛾

〖鳞翅目　毒蛾科〗

Euproctis karghalica Moore

全疆分布。寄主有苹果、杏、梨、桃、山楂等果树及杨、柳、桑、沙枣等林木。

蛾前翅中室顶端有棕黄色圆斑，近外缘有7、8个不规则的小棕黄色斑点。后翅白色，无斑点。雌蛾腹部末端有1团淡黄褐色绒毛。卵橘黄色，卵块上覆黄色绒毛。幼虫胸部橘黄色，间杂黑色纹。腹部第一至第八节背面黑色，其中第三至第七节背面中央部分为红色。体节具黑色毛瘤。

1年1代。以2～3龄幼虫群集寄主枝杈处或树干基部虫巢内越冬。幼虫取食芽苞、叶片危害，危害40天左右。

缀黄毒蛾幼虫（和田地区林检局）

缀黄毒蛾雌成虫

缀黄毒蛾雄成虫

柳毒蛾 又称雪毒蛾

〖鳞翅目 毒蛾科〗

Stilpnotia salicis (Linnaeus)

全疆分布。寄主有多种杨、柳及白桦。

成虫体及翅白色，具丝绸光泽。足胫节和跗节有黑白相间的环纹。卵近球形，灰绿色，卵块覆白色泡沫状物。幼虫体背有前后接合的黄色或白色圆形大斑11个，大斑两侧黑色。蛹腹面黑色，腹部末端有臀棘1簇。

新疆自北向南，由于地域纬度不同，1年1～3代。以2龄幼虫在树皮裂缝、树木枝杈下方、树木皮孔等处越冬。幼虫共6龄。幼虫日夜在树上活动、取食危害。

农田防护林被害状

柳毒蛾卵块

柳毒蛾老熟幼虫

柳毒蛾雌蛾

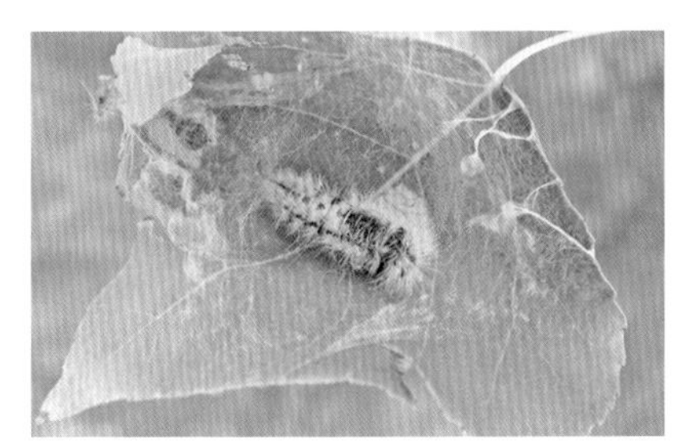

柳毒蛾薄茧及蛹

柳毒蛾雄蛾

杨雪毒蛾　又称杨毒蛾

〔鳞翅目　毒蛾科〕

Stilpnotia candida Staudinger

全疆分布。寄主有多种杨、柳及白桦。常与雪毒蛾混同发生。

成虫白色，稍有光泽。卵半球形，黑褐色。卵块覆灰色泡沫状物。幼虫背中线黑色，两侧为黄棕色。蛹暗红褐色，有光泽，体上密生黄褐色长毛，腹端有黑色臀棘一组。

1年2～3代，以3龄幼虫在树皮裂缝、树木枝杈下方、树木皮孔等处越冬。幼虫共6龄。幼虫有强烈避光性，夜间上树取食危害，白天下树在枯枝落叶下隐蔽。

杨雪毒蛾危害状

杨雪毒蛾卵块

杨雪毒蛾蛹

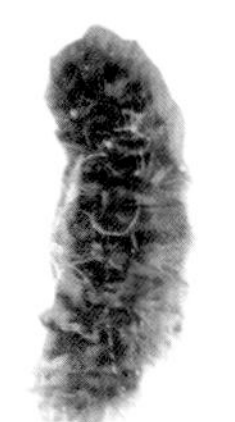

杨雪毒蛾幼虫

银纹夜蛾

〔鳞翅目　夜蛾科〕

Argyrogramma agnata（Staudinger）

普遍分布。危害豆科、十字花科植物及泡桐等。

蛾前翅深褐色，有蓝紫色闪光。具2条银色横纹，翅中有一显著的“U”形银纹和1个相邻的三角形银斑。幼虫淡绿色，虫体前端较细，后端较粗。第1、2对腹足退化。蛹黑褐色，具臀棘6根。

年发生世代数不详。以蛹越冬。

银纹夜蛾成虫

典皮夜蛾

〖鳞翅目 夜蛾科〗

Sarrothripus revayana (Scopoli)

全疆分布。危害多种杨、柳树。

蛾前翅灰褐色，具波浪线纹及褐斑，后翅淡灰色。老熟幼虫绿色。蛹淡绿色，背部具棕黄色纵带。

南疆1年3～4代，北疆2～3代，以成虫在落叶及树皮下越冬。6～9月幼虫群集嫩梢处吐丝缠绕成虫巢取食叶片和嫩芽危害。

杨树顶梢嫩叶被害状

典皮夜蛾老熟幼虫

典皮夜蛾幼虫

典皮夜蛾成虫

截带裳夜蛾

〖鳞翅目 夜蛾科〗

Catocala locata Staudinger

北疆有分布。危害柳、杨等。

体灰褐色，腹部腹面白色。前翅灰色，密布黑点，翅面横线锯齿形，翅外缘有一列黑长点。后翅红黄色，中部及外缘具宽黑带，中部黑带较窄且不达翅后缘。

1年1代，幼虫越冬。幼虫危害叶片。

截带裳夜蛾成虫

斜纹夜蛾 又称莲纹夜蛾

〖鳞翅目 夜蛾科〗

Sarrothripus revayana (Scopoli)

普遍分布。可危害二三百种植物。蛾体、翅褐色，肾形纹黑褐色。后翅银白色。卵半球形，淡绿色。幼虫体色有土黄色、黄绿色、灰褐色或暗绿色，腹背具三角形黑斑。蛹红褐色至暗褐色。

1 年多代，世代重叠多见。幼虫食叶为主，也取食嫩茎、叶柄。大部分地区以蛹越冬，少数以老熟幼虫入土作室越冬。

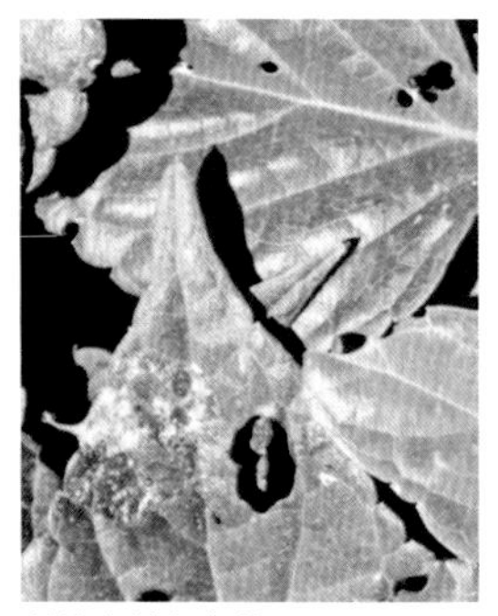
斜纹夜蛾危害状

斜纹夜蛾幼虫

斜纹夜蛾成虫

桃剑纹夜蛾

〖鳞翅目 夜蛾科〗

Acronicta incretata Hampson

全疆分布。寄主为李、杏、桃、梨、山楂、苹果等。

蛾前翅灰褐色，有 3 条黑色剑状纹，基部的剑状纹树状。外缘有一列黑点。卵半球形，黄白色。幼虫背中线橙黄色，每体节有 2 对黑色毛瘤，腹部第一节背面有一突起，长有黑毛。蛹棕褐色，腹末有 8 个钩状臀棘。

1 年 2 代，以蛹越冬。幼虫食叶危害。

桃剑纹夜蛾成虫

桃剑纹夜蛾幼虫

仿爱夜蛾 又称苦豆子夜蛾

〖鳞翅目 夜蛾科〗

Apopestes spectrum Esper

全疆分布。为苦豆子的专食性害虫。

蛾灰褐色，前翅密布黑褐色大小不一的斑点。后翅灰黄色。幼虫黄绿色，头部有 8 个黑点，体线黑色，体侧具黄边黑心环形斑。蛹红褐色。

1 年 1 代，以成虫隐蔽越冬。翌年 5 月出蛰。5 ~ 7 月幼虫取食苦豆子叶片、嫩茎危害。

仿爱夜蛾幼虫侧面及背面图

仿爱夜蛾蛹

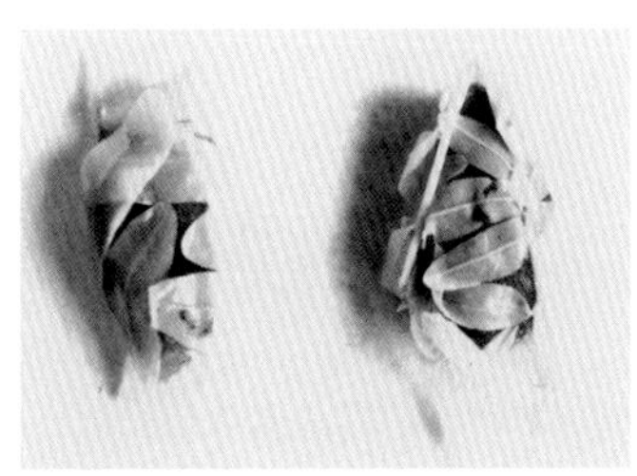
仿爱夜蛾茧

仿爱夜蛾成虫展翅状

仿爱夜蛾成虫

金斑夜娥

〖鳞翅目 夜蛾科〗

Chrysaspidia festucae Linnaeus

金斑夜蛾成虫

伊犁地区有分布。危害稻、麦、稗草、蒲草等。

蛾前翅黄褐色，翅肩角后、外缘近顶角处具浅金色斑。翅面中部具长圆形大金色斑 2 个，外侧的较小。后翅浅黄褐色。幼虫绿色或青绿色，1、2 对腹足退化。

1 年 2 ~ 3 代，以幼虫在植株基部等处越冬。幼虫食叶危害，在叶片背面化蛹。

棉铃虫

〖鳞翅目　夜蛾科〗

Heliothis armigera Hübner

广泛分布。危害麦、豆、棉、玉米、高粱、向日葵、番茄等外，还蛀食苹果、梨、桃、李、葡萄、枣、无花果、草莓等果实。

雌蛾灰褐色，雄灰绿色。前翅斑、纹均为褐色，外缘线呈各脉间小黑点状。后翅黄灰色，沿外缘具黑褐色宽带。卵半球形，高大于宽，乳白色。幼虫有淡红、黄白、淡绿、绿、黑紫色等。蛹红棕色，末端具臀棘 2 个。

1 年 2 ～ 3 代，以蛹在土中越冬。幼虫除危害多种农作物及果树果实。

棉铃虫幼虫危害枣果

棉铃虫危害状（和田地区林检局）

棉铃虫卵

棉铃虫老龄幼虫

棉铃虫蛹

棉铃虫成虫

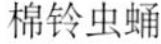

寒妃夜蛾

〖鳞翅目 夜蛾科〗

Drasteria caucasica Kolenati

吐鲁番、伊犁有分布，只危害沙拐枣属植物嫩枝及花、嫩果。

体、翅灰色。前翅中部具黑褐色“S”纹，其外侧为深褐色横带。外缘线细，7个三角形小斑点分布其上。后翅基半部灰白，外缘半边褐色，臀角处具一矩形白斑。卵馒头形，灰褐色。幼虫绿色至红褐色，体背具纵行黑点2列。蛹棕黄色。

1年1～2代，以蛹在沙土中越冬。幼虫共6龄，黄昏后取食危害，后半夜后潜入沙层藏匿。

寒妃夜蛾幼虫

寒妃夜蛾蛹壳

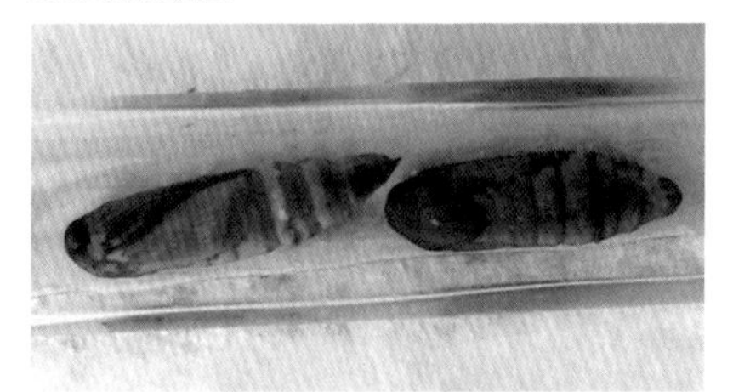

寒妃夜蛾蛹

寒妃夜蛾成虫

杨梦尼夜蛾　又称云斑褐夜蛾

〖鳞翅目　夜蛾科〗

Orthosia incerta（Hüfnagel）

20 世纪 70 年代初发现于石河子、玛纳斯、呼图壁一线，现全疆分布。寄主有白蜡、槭、刺槐、杨、柳、榆及苹果、梨、核桃等多种果树。

成虫棕褐色，环纹、肾纹棕黑色，边缘灰白。后翅淡褐色。卵扁球形，具放射状脊纹，灰色。幼虫黄绿色或灰绿色。蛹红褐色，体末突起着生“八”字形臀棘。

1 年 1 代，以蛹在土中越冬。翌年早春成虫羽化，幼虫共 6 龄，食叶危害 50 天，老熟入土化蛹越夏、越冬。

巴旦木幼果被害状（自治区林检局）

杨梦尼夜蛾与春尺蠖混同发生危害杨树

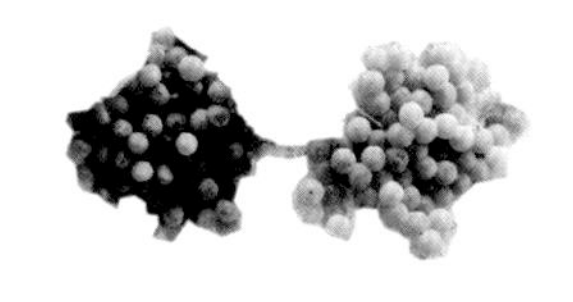
杨梦尼夜蛾卵

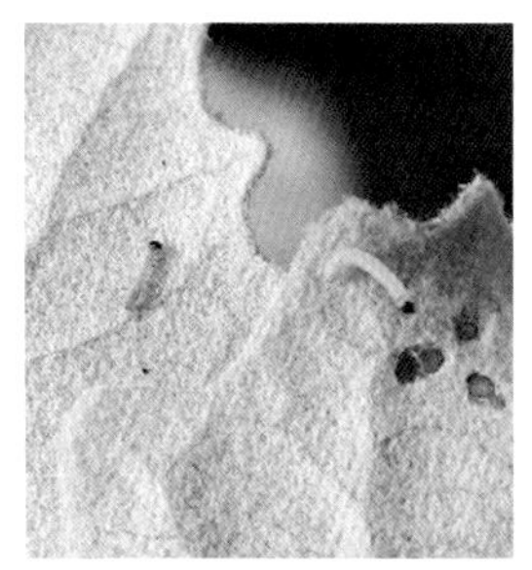
杨梦尼夜蛾1龄幼虫

杨梦尼夜蛾2龄幼虫

杨梦尼夜蛾3龄幼虫

杨梦尼夜蛾4龄幼虫

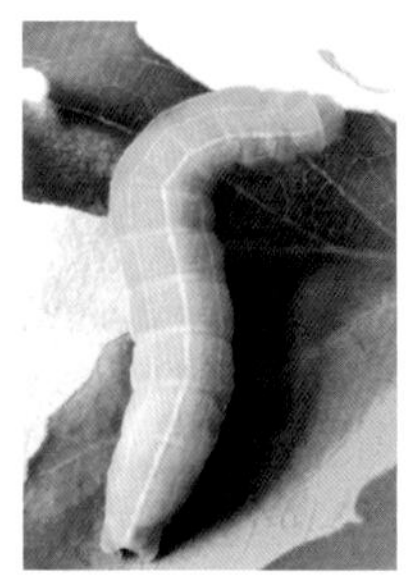
杨梦尼夜蛾5龄幼虫

杨梦尼夜蛾6龄幼虫

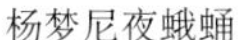

杨梦尼夜蛾蛹

杨梦尼夜蛾成虫展翅状

杨裳夜蛾

〖鳞翅目 夜蛾科〗

Catocala nupta（Linnaeus）

全疆普遍分布。危害杨、柳科多种树种。

蛾前翅黑褐色，各横线黑色。后翅黄红色，后缘有黑色宽带，翅面中部有一黑色条带，顶角有一白斑。幼虫体扁，灰黑色，腹部第五节背面有一黄色横带，第八节背面有一黄色粗隆。幼虫腹面淡粉色，有一串明显大黑斑。

1 年 1 代，幼虫越冬。春季幼虫出蛰啃食叶片危害。7 月在阴暗杨柳成林内可见成虫。

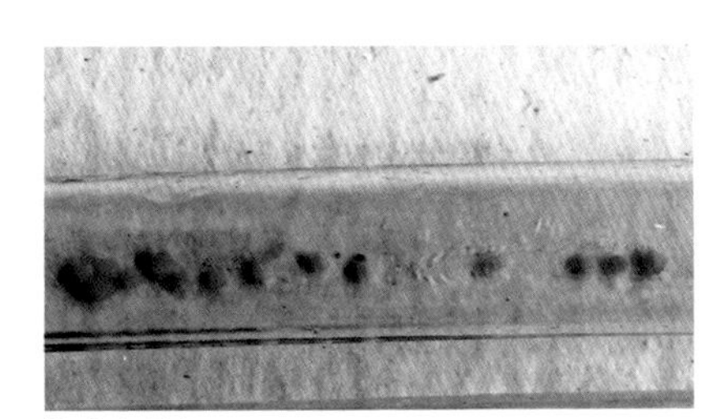

杨裳夜蛾卵

杨裳夜蛾大龄幼虫

杨裳夜蛾幼虫腹面示黑斑

杨裳夜蛾成虫

杨裳夜蛾蛹

柳裳夜蛾

〖鳞翅目　夜蛾科〗

Catocala electa Borkhauson

全疆普遍分布。危害杨、柳科多种树种。

蛾前翅黑褐色，各横线黑色。后翅红色，后缘有黑色宽带。幼虫体扁，灰黑色，腹部第五节背面有一棕黄色横带，第八节背面有一棕黄色隆起。

1 年 1 代，幼虫越冬。幼虫危害叶片。

柳裳夜蛾蛹（自治区林检局）

柳裳夜蛾成虫

冬麦沁夜蛾

〖鳞翅目　夜蛾科〗

Rhyacia auguroides Rothschild

伊犁地区有分布。危害麦、稗草等。

蛾体、前翅灰褐色，有黑色斑纹，后翅淡褐色。前翅线纹波浪形，环形纹、肾形纹具黑边。翅外缘具一列黑点。后翅淡褐色。幼虫黄褐色，1 ~ 8 腹节背面具“八”字形黑褐色纹。

1 年 2 ~ 3 代，以幼虫在土壤处越冬。幼虫食叶危害。

冬麦沁夜蛾成虫

冬麦沁夜蛾成虫展翅状

满Y纹夜蛾

〖鳞翅目　夜蛾科〗

Autographa mandarima（Fray）

伊犁地区有分布。危害稻、麦、稗草、蒲草等。

满Y纹夜成虫

蛾前翅黄褐色，翅肩角后、外缘近顶角处具浅金色斑。翅面中部具长圆形大金色斑2个，外侧的较小。后翅浅黄褐色。幼虫绿色或青绿色，1、2对腹足退化。

1年2～3代，以幼虫在植株基部等处越冬。幼虫食叶危害。

棘翅夜蛾

〖鳞翅目　夜蛾科〗

Scolipteryx libatrix Linnaeus

棘翅夜蛾成虫（石河子市林检局）

北疆有分布。危害柳、杨等。

体、翅灰褐色。前翅外缘近顶角处内凹，横线均为白色，内横线波状，外横线宽，中间具黑线，亚外缘线中部“U”形外弯。环形纹黑色，中心呈圆形小白点状。

1年1代，以蛹在土壤内越冬。幼虫危害叶片。

点实夜蛾　又称棉铃实夜蛾、大棉铃虫

〖鳞翅目　夜蛾科〗

Heliothis peltigera（Denis et Schiffermüller）

全疆分布。危害棉花、玉米等。

体、翅赭黄色，腹部色淡。前翅斑、纹褐色，环纹为褐色点，肾形纹大，其前方有一褐斑。外缘线细，8个小斑点分布其上，但最后一个是其他的数倍大。后翅淡赭黄色，中间具一模糊褐斑，外缘半边褐色。

点实夜蛾成虫

1年2～3代，以蛹在土中越冬。幼虫危害。

小地老虎

〖鳞翅目　夜蛾科〗

Agrotis ypsilon (Rott.)

小地老虎成虫

全疆分布，主要寄主为多种农作物、杂草。

体、翅棕褐色。前翅前缘色较深，被白斑分隔。肾纹、环纹暗褐色，肾纹外侧有1个尖朝外的三角形黑纵斑。后翅灰白色，翅脉及边缘黑褐色。卵半球形。老熟幼虫体黄褐色至黑褐色，体表粗糙，满布龟裂状皱纹和大小不等的黑色颗粒。蛹腹端具1对臀棘。

1年3～4代，以蛹及幼虫在土内越冬。

宁妃夜蛾

〖鳞翅目　夜蛾科〗

Aleucanitis saisani Staud.

新疆沙漠有分布，危害沙拐枣等沙生植物。

体、翅灰色。前翅中部具两大块不规则状白斑，余呈黑褐色斑块。后翅基半部灰白，外缘半边黑褐色，其内侧具一半月形黑褐斑。

年发生世代数不详。

宁妃夜蛾成虫

甘草刺裳夜蛾

〖鳞翅目　夜蛾科〗

Mormonia neonympha (Esper)

全疆分布，危害甘草等荒漠植物，年发生世代等不详。

甘草刺裳夜蛾成虫

古妃夜蛾

〖鳞翅目 夜蛾科〗

Aleucanitis tenera Staudinger

塔里木河流域有分布，1年1代。早春幼虫危害胡杨叶片。

古妃夜蛾成虫

白薯绮夜蛾

〖鳞翅目 夜蛾科〗

Erastria trabealis Scopoli

全疆分布。成虫体、翅褐黄色。前翅有黑色斑纹。后翅烟褐色。卵馒头形，污黄色。末龄幼虫体细长似尺蠖，头色、体色变化大。

1年2代，以蛹在土室中越冬。幼虫食甘薯、田旋花叶危害。

白薯绮夜蛾成虫

三叶草夜蛾

〖鳞翅目 夜蛾科〗

Scotogrammat trifolii Rottemberg

全疆分布。成虫体、翅灰褐色。前翅有黑色斑纹，肾形纹黑边，中间有黑褐纹。后翅灰白色。幼虫黄绿色，体节背面具倒“八”字形黑纹。

北疆1年2～3代，南疆3～4代，以蛹在土中越冬。幼虫食甜菜、玉米、棉花多种农作物及藜科杂草危害。

三叶草夜蛾成虫展翅状

淘裳夜蛾

〖鳞翅目　夜蛾科〗

Catocala peurpera Gion

全疆普遍分布。危害杨、柳科多种树种。

蛾前翅黄褐色，各横线黑色。后翅黄红色，后缘有一外斜黑色横带。幼虫体淡黄色，腹部第五节及第八节背面无隆起。

1 年 1 代，幼虫越冬。幼虫危害叶片。

淘裳夜蛾成虫

甜菜夜蛾

Spodoptera exiqua（Hübner）

蛾体、前翅灰褐色，前翅外缘有一列黑色三角形小斑，肾纹、环纹均黄褐色，有黑边。后翅银白色。幼虫体色变化大，有绿色、暗绿、黄褐至黑褐色。气门下线为明显的黄白色纵带。年发生世代随地区不同。以蛹在土内越冬。食性极杂，危害植物达 100 余种。因新疆冬季低温，不会大发生。

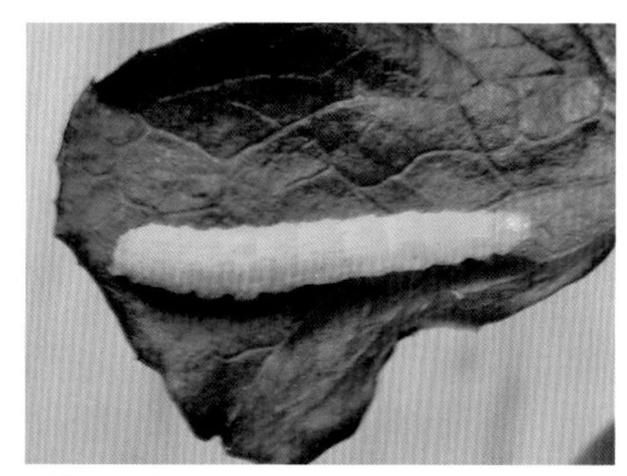

甜菜夜蛾幼虫

朽木夜蛾

Axylia putris Linnaeus

全疆有分布，危害滨藜属、车前属等杂草。

体、翅赭黄色杂黑色。前翅有黑色点、线，中室基部有二黄白纵线，外缘有一列黑点。幼虫淡褐色，背部具一列绿褐色斜斑。其他资料不详。

朽木夜蛾成虫

丰梦尼夜蛾

〖鳞翅目 夜蛾科〗

Orthosia opima Hübner

2007年发现于新疆塔里木河中游阿克苏地区、兵团农一师14团胡杨林一线。寄主有胡杨、灰杨、杨、柳、榆及苹果、梨、桃等多种果树。

成虫棕灰色，环纹、肾纹棕色，边缘灰白。后翅灰白色。卵扁球形，具放射状脊纹，灰色。幼虫灰绿色或深绿色，体浅绿色，鲜明。蛹红褐色，体末突起着生“八”字形臀棘。

1年1代，以蛹在土中越冬。翌年早春成虫羽化，幼虫共6龄，食叶危害50天，老熟入土化蛹越夏、越冬。

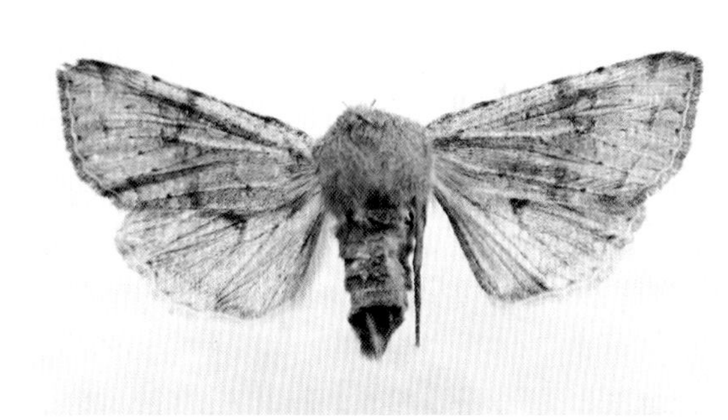

丰梦尼夜蛾成虫

甘蓝夜蛾

〖鳞翅目 夜蛾科〗

Mamestra brassicae（Linnaeus）

普遍分布，危害甘蓝、白菜、油菜、菠菜、甜菜等。

成虫体长18～25mm。前翅褐色，外缘线呈1列黑点。环纹淡褐色，具黑边。肾纹白色具黑边，中有黑圈。后翅淡褐色。卵半球形，近孵化时紫黑色。幼虫老熟时褐色，各体节上有黑褐色“八”字形短纹。蛹赤褐色，腹末生1对较长粗刺，顶端膨大呈球形。

1年2～3代，以蛹在土中越冬。幼虫食叶片，1龄群居在叶背啃食叶肉；2龄后分散取食；5～6龄为暴食期，可将叶肉吃光，仅剩叶脉。

甘蓝夜蛾成虫

瘦银锭夜蛾

〖鳞翅目　夜蛾科〗

Plusia confnsa (Stefhen)

伊犁地区有分布。危害稻、麦、稗草、蒲草等。

蛾前翅褐色，翅面中部具白色锭状斑1个。后翅浅褐色。幼虫绿色或青绿色，1、2对腹足退化。

1年2～3代，以幼虫在植株基部等处越冬。幼虫食叶危害。

瘦银锭夜蛾成虫

躬妃夜蛾

〖鳞翅目　夜蛾科〗

Drasteria flexuosa (Menetries)

吐鲁番、伊犁有分布，只危害沙拐枣属植物嫩枝及花、嫩果。

体、翅灰色。前翅中室外侧具黑褐色方形斑，外缘深褐色。后翅基半部灰白，外缘半边褐色，外缘处具一近圆形白斑。卵馒头形，灰褐色。幼虫暗绿色至褐色。蛹棕黄色。

1年1～2代，以蛹在沙土中越冬。

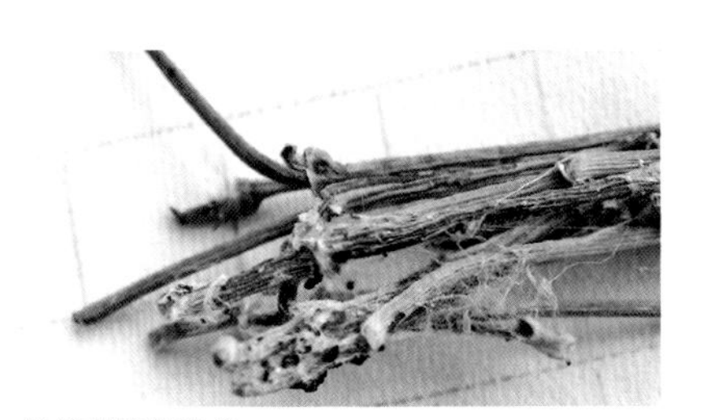

躬妃夜蛾危害状

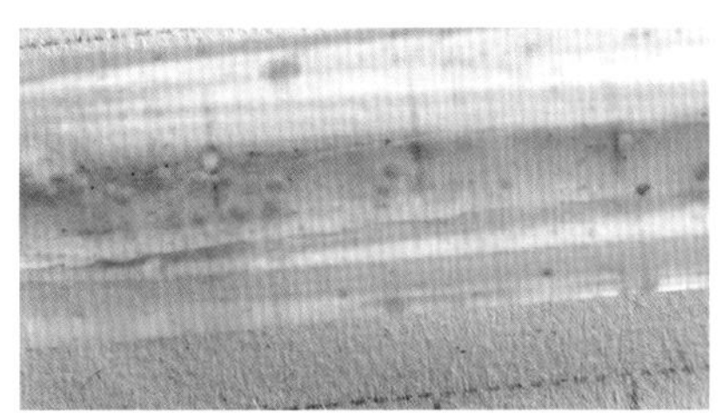

躬妃夜蛾卵

躬妃夜蛾幼虫

躬妃夜蛾蛹

躬妃夜蛾成虫（自治区林检局）

楼裳夜蛾

〖鳞翅目 夜蛾科〗

Catocala remissa Staudinger

北疆有分布。危害柳、杨等。

体棕灰色。前翅棕灰色，中室外缘有黑横纹，翅面横线锯齿形，翅外缘有一列黑长点。后翅红黄色，中部及外缘具宽黑带，中部黑带弯窄且，不达翅后缘。

1年1代，幼虫越冬。幼虫危害叶片。

楼裳夜蛾成虫

稻金斑夜蛾

〖鳞翅目 夜蛾科〗

Piusia festata (Graeser)

全疆分布，幼虫危害稻类农作物及杂草。其他资料不详。

稻金斑夜蛾成虫

豌豆灰夜蛾

〖鳞翅目　夜蛾科〗

Lygephila pastinum Esper

全疆分布，幼虫危害豆类及杂草。其他资料不详。

豌豆灰夜蛾成虫

苜蓿夜蛾

〖鳞翅目　夜蛾科〗

Heliothis viriplaca Hüfnagel

全疆有分布，危害棉、苜蓿、豆类、瓜类蔬菜等。

体灰褐色。前翅黄褐色带青绿色，中部具宽的深棕色横带。后翅淡黄褐色，中部有一大型弯曲黑斑，外缘有黑色宽带。幼虫黄绿色至棕绿色，具黑褐色纵线。

1年2代，一蛹在土内越冬。幼虫取食叶、蕾危害。

苜蓿夜蛾成虫

榆绿天蛾

〖鳞翅目 天蛾科〗

Callambulyx tatarinovi (Bremer et Grey)

北疆有分布。寄主为多种榆树。

成虫体绿色。前翅绿色，顶角、中部、后缘具深绿色斑。后翅红色，外缘淡绿色，臀角处有墨绿色斑点。每腹节有条黄白色线纹。卵淡绿色，椭圆形。幼虫体绿色，体节具横纹，有白点。腹部两侧第一节起有7个白斜纹。尾角赤褐色，有白色颗粒。蛹褐色。

榆绿天蛾成虫（自治区林检局）

1年1～2代，以蛹在土内越冬。幼虫6～9月危害叶片。

白杨天蛾

〖鳞翅目 天蛾科〗

Laothoe populi (Linnaeus)

北疆分布。寄主有杨、柳及桦等。

蛾体、翅灰棕色。翅外缘波纹状，翅脉黄白色。中室末端有一模糊小白斑，翅中部具褐色宽横带。后翅顶角明显凹入，基部后方为红黄色。

1年1代，以蛹越冬。幼虫取食叶片。老熟幼虫入土在土室化蛹。

白杨天蛾雌成虫

白杨天蛾雄成虫

白杨天蛾交配（伊犁州林检局）

白杨天蛾卵（伊犁州林检局）

沙枣白眉天蛾

〖鳞翅目　天蛾科〗

Celerio hippophaes (Esper)

全疆分布。寄主有沙枣、沙棘。

蛾体褐绿色。头顶与颊间至肩板有白色鳞毛形成的条带，似眉。前翅基部白色，前缘茶褐色，外缘部分深褐色，顶角上半部至后缘中部呈污黄白色斜带。后翅基部黑色，中部红色，其外为褐黑色。幼虫灰绿色，密布白点。尾角基半部分淡红色，端半部分黑色，布满粒状小突起。蛹红褐色，末端尖。

1 年 2 代，以蛹在土内越冬。幼虫食叶危害。

沙枣白眉天蛾幼虫

沙枣白眉天蛾蛹

沙枣白眉天蛾成虫

蓝目天蛾

〖鳞翅目　天蛾科〗

Smerinthus planus Walker

全疆分布。寄主有杨、柳及果树。

蛾体翅黄褐色。胸部背中央有 1 个深褐色大斑。前翅横线深褐色，外缘自顶角以下由深褐色过渡为淡褐色。后翅中央有 1 个被蓝黑色粗圈围着的蓝色眼状斑，斑上方为粉红色。幼虫青绿色，各节有较细横纹。腹节两侧有淡黄色斜纹 7 条，最后一条宽而色浅，达尾角基部。

年发生代数随地域不同而异。以蛹越冬。幼虫取食叶片。老熟幼虫入土在土室化蛹。

蓝目天蛾幼虫

蓝目天蛾成虫（石河子市林检局）

小豆长喙天蛾 又称小豆日天蛾、蓬雀天蛾

〖鳞翅目 天蛾科〗

Macroglossum stellatarum Linnaeus

广泛分布，幼虫取食豆科等植物。

蛾体、胸黑褐色，腹部黑色。前翅灰黑色，基部1/3处具黑横纹，中室有一圆形黑斑，中室外有一圆弧形黑纹。后翅橙黄色，基部灰黑色，后缘近顶角处渐变为黑色。

1年2代，成虫于树洞等缝隙处越冬。成虫白天及傍晚吸食花蜜。吸食时，往往会悬停状飞翔在花旁，伸出长长的长喙，伸入到花蕊吸食。

小豆长喙天蛾雌蛾

小豆长喙天蛾雄蛾

红天蛾

〖鳞翅目 天蛾科〗

Deilephila elpenor (Linnaeus)

红天蛾成虫雌虫

红天蛾成虫雄虫（石河子市林检局）

全疆分布。寄主有忍冬、葡萄、爬山虎、地锦及多种草花植物。

蛾头部两侧及背部有2条纵行红色带，腹部的背线及两侧为红色。前翅暗绿色，后翅近基部的一半为黑褐色，靠外缘的一半红色。幼虫第一至第二腹节背面有1对深褐色眼状纹，体侧有浅色斜线。

1年2～3代，以蛹在土内越冬。幼虫6～10月危害叶片。

杨目天蛾

〖鳞翅目　天蛾科〗

Smerithus caecus Menentries

北疆有分布。寄主为杨、柳。

蛾体、翅红褐色，顶角处有一褐棕色斑，色斑被一“S”形白色斜曲线与翅面分隔。后翅大部桃红色，臀角处有1个棕褐色半圆形斑，斑中间为粉白色弧形线，似闭合的眼睛。幼虫头、触角主干及尾角末端色淡，体背黄绿色，体表密布白色小颗粒，体两侧有7条白色或淡黄色斜纹。

1年2代，以蛹于土中越冬。幼虫取食叶片危害。

杨目天蛾蛹

杨目天蛾卵

杨目天蛾幼虫

杨目天蛾成虫

枣桃六点天蛾　又称桃六点天蛾

〖鳞翅目　天蛾科〗

Marumba gaschkewitschi gaschkewitschi (Bremer et Grey)

广泛分布，危害桃、樱桃、海棠、核桃、李、杏、苹果、梨、枣、酸枣等。

成虫体、翅灰褐色。前翅基部具黑色双横线，中部具黑色横带，近外缘部分黑褐色，近臀角处有1～2个黑斑。后翅粉红色，近臀角处有2个黑斑。卵椭圆形，长1.6mm左右，绿至灰绿色。幼虫体长80mm左右，黄绿至绿色，体表密生黄白色颗粒。胸部侧面有一条、腹侧有7条黄色斜纹蛹长约45mm，深褐色，臀棘锥状。

1年1代，以蛹于土中越冬。幼虫食叶危害。9月上旬开始陆续老熟入土化蛹越冬。

枣桃六点天蛾成虫（自治区林检局）

甘薯天蛾 又称旋花天蛾、白薯天蛾

〖鳞翅目 天蛾科〗

Herse convowuli (Linneaus)

全疆分布。寄主有甘薯、牵牛花、矮牵牛、田旋花及葡萄、楸树等。

蛾体、前翅灰褐色，翅上密布锯齿状纹和云斑纹。后翅淡灰色，有黑灰色斜带4条。腹背各节两侧有黑、粉红及白色相间的横纹。腹部第三、四节腹面中央各有一黑色圆点。幼虫腹部第1～7节各有7条横皱褶。5龄出现绿色型、黑色型、花斑型个体，体草绿色、黑色、斑驳色等。蛹红褐色，喙卷曲成环，呈象鼻状。

1年2代，以蛹在土内越冬。成虫黄昏飞出取食花蜜。幼虫5龄，剥食、啃食叶片危害。

甘薯天蛾幼虫（绿色型）

甘薯天蛾蛹

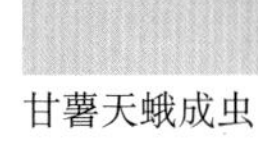

甘薯天蛾幼虫（黑色型）

甘薯天蛾成虫

八字白眉天蛾 又称白条赛天蛾

【鳞翅目 天蛾科】

Celerio lineate livornica (Esper)

全疆分布。寄主有沙枣、沙棘、葡萄属、酸模属及锦葵科植物。

蛾体、翅褐绿色，胸部背面有白色毛形成的“八”字形纹。前翅翅基及后缘白色，自顶角至后缘中部有黄白色宽斜线，斜线下方有较宽的褐绿色带。后翅基部黑色，前缘污黄色，中央有暗红色宽带，臀角内侧有白色斑。幼虫体有两种色型。一种体黄绿色，头壳红棕色，背线红棕色，中、后胸及腹部10节体侧各有1对黄白色或淡粉色近圆形斑点，斑点之间连线黄色。另一种体墨绿色，头壳黑绿色，背线黄绿色，中、后胸及腹部10节体侧各有1对深黄近圆形斑点，斑点之间连线黄色。蛹红褐色，臀棘尖细。

1年2代，以蛹在土内越冬。幼虫5龄，剥食、啃食叶片危害。已在伊犁发现幼虫大量取食葡萄叶片。目前属散发性害虫，但幼虫取食量大，应警惕成灾。

八字白眉天蛾幼虫危害状（农四师63团森防站）

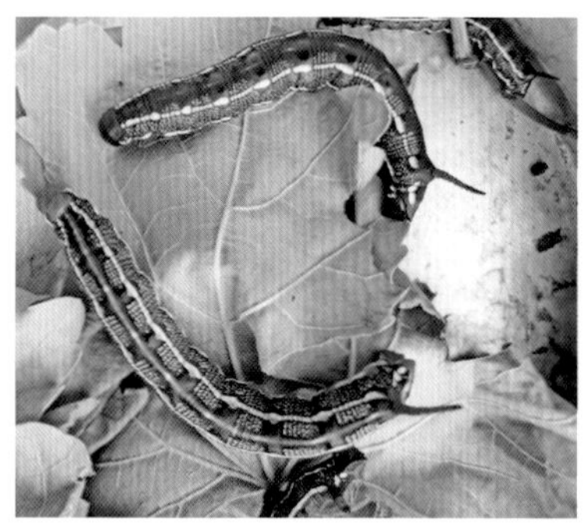

八字白眉天蛾幼虫的两种体色型（农四师63团森防站）

八字白眉天蛾成虫

合目天蛾

〖鳞翅目 天蛾科〗

Smerithus kindermanni Lederer

全疆分布。寄主有杨、柳、榆及多种果树。

蛾前翅灰褐色，外缘呈波状弯曲，顶角处有一“S”形白色斜曲线，近后缘处有一白色剑形纹，故又名剑纹天峨。后翅大部被有桃红色长毛，臀角处有1个半圆形黑斑，斑中间为灰白色线，似闭合的眼睛。腹部前几节两侧有黑白斑块。幼虫头、触角主干及尾角末端深色，体背黄绿色，体表密布白色小颗粒，体两侧有7条白色或淡黄色斜纹。

1年2代，以蛹土中越冬。幼虫取食叶片危害。

合目天蛾蛹

合目天蛾卵

合目天蛾雌成虫

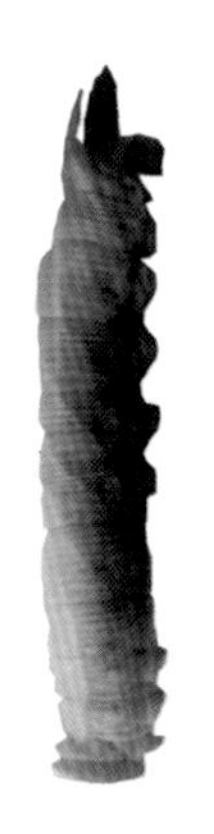

合目天蛾幼虫

合目天蛾雄成虫

深色白眉天蛾

〖鳞翅目　天蛾科〗

Celerio gallii（Rottemburg）

全疆分布。寄主有沙枣、沙棘等。

蛾体、翅墨绿色，头及肩板两侧有白色毛带。前翅前缘墨绿色，翅基白色，自顶角至后缘接有污黄色斜带。后翅基部黑色，中部有污黄色横带，横带外侧黑色，臀角处白色，其内侧红色。腹部背面两侧有黑白色斑，腹部腹面墨绿色，节间白色。幼虫体黑绿色，密布白点状粒状突起。腹部白色。体节两侧各具一个圆形白斑。蛹红褐色，末端尖。

1 年 2 代，以蛹在土内越冬。幼虫食叶危害。

深色白眉天蛾危害粗柄独尾草

深色白眉天蛾幼虫

深色白眉天蛾蛹

深色白眉天蛾成虫

杨扇舟蛾

〖鳞翅目 舟蛾科〗

Clostera anachoreta (Fabricius)

伊犁、鄯善县有分布。危害多种杨树。

蛾灰褐色，翅面有 4 条灰白色波状横纹，顶角有 1 个褐色扇形斑，其下方有 1 个较大的黑点。后翅灰褐色。卵扁圆形，橙红色，近孵化时为暗灰色。幼虫腹部灰白色，侧面墨绿色，体上长有白色细毛。腹部每节有橙红色瘤 6 个。第一和第八腹节背部长有红黑色突起。

1 年发生 2 代，以蛹在土里越冬。初孵幼虫群集，3 龄以后分散取食叶片。幼虫危害 1 个月左右。

杨扇舟蛾成虫（伊犁州林检局）

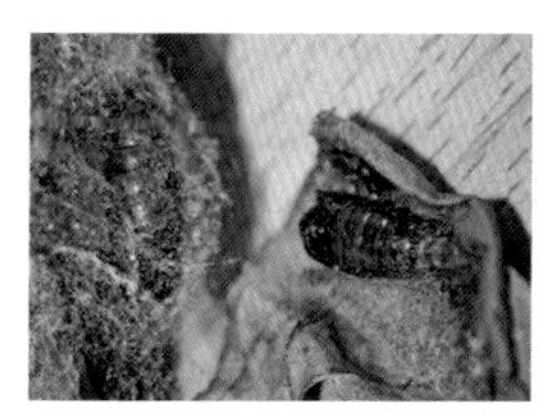

杨扇舟蛾蛹与茧（伊犁林检局）

杨扇舟蛾成虫展翅状

漫扇舟蛾

〖鳞翅目 舟蛾科〗

Clostera pigra (Hüfnagel)

伊犁地区有分布。危害多种林木。

成虫体翅暗褐色，前翅中室外侧至顶角具一大型红褐色色斑，斑上部有一倒三角形红斑；后翅灰褐色，臀角处有一圆形黑色小斑。

1 年 1 代，以蛹在土内越冬。幼虫危害叶片。10 月入土化蛹越冬。

漫扇舟蛾成虫

分月扇舟蛾 又称银波舟蛾

〖鳞翅目 舟蛾科〗

Clostera anastomosis (Linnaeus)

伊犁地区有分布。危害多种杨树。

蛾灰褐色，前翅有 3 条灰白色横线，顶角有 1 个红褐色模糊扇形斑，斑中央被一灰白色弧线所分隔。后翅灰色。卵圆形，初为淡青色，近孵化时为红褐色。幼虫体上长有灰棕色细毛。体侧、腹部棕灰色。体背黑色，具 9 对纵列圆形白斑。中、后胸及第二腹节背侧方各具橙红棒状突起 2 个，第八腹节橙红棒状突起为 4 个。第一和第八腹节背部长有黑色突起。蛹红褐色。幼虫老熟后用棕色虫丝连缀叶片作茧化蛹。

1 年 1 代，以幼虫做茧在枯枝落叶下越冬。幼虫啃食叶片危害。

分月扇舟蛾幼虫危害状

分月扇舟蛾幼虫在危害

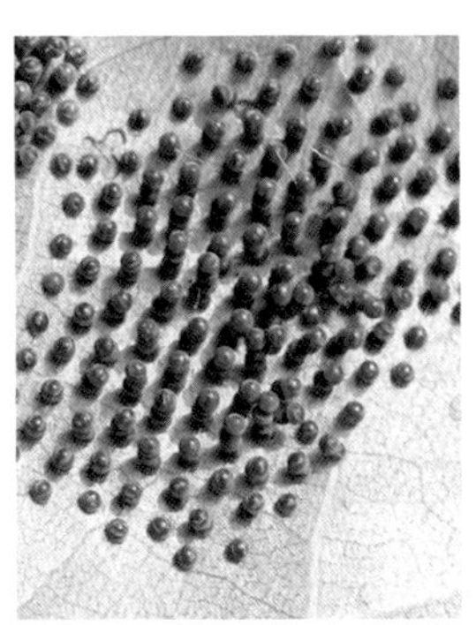

分月扇舟蛾卵（伊犁州林检局）

分月扇舟蛾老熟幼虫

分月扇舟蛾茧

分月扇舟蛾蛹

分月扇舟蛾雌虫

分月扇舟蛾雄虫

灰短扇舟蛾

Clostera curtula canescens (Graeser)

〖鳞翅目　舟蛾科〗

北疆地区有分布。危害多种林木。

成虫体翅灰白色，前翅中室外侧至顶角具一淡赭色扇形斑。后翅灰白色。

1 年 1 代，以蛹在土内越冬。幼虫危害叶片。10 月入土化蛹越冬。

杨树严重被害状

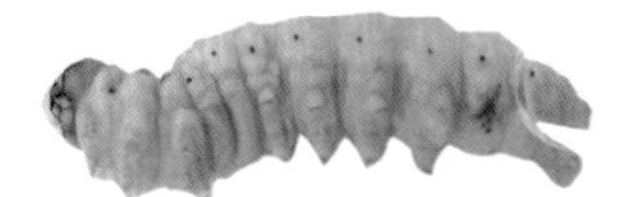

灰短扇舟蛾幼虫

灰短扇舟蛾蛹

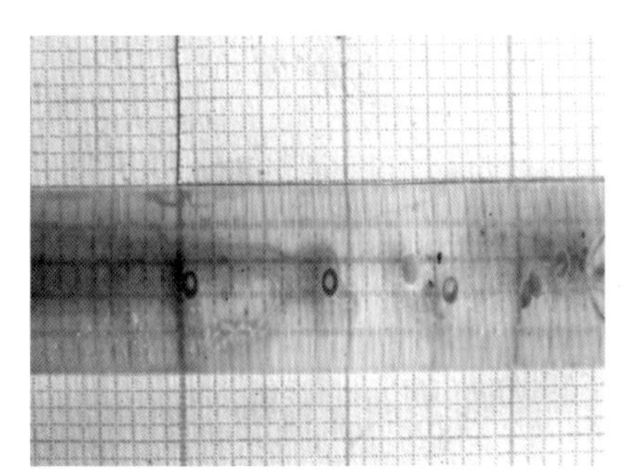

灰短扇舟蛾卵

灰短扇舟蛾幼虫危害状

杨二尾舟蛾

〖鳞翅目　舟蛾科〗

Cerura menciana Moore

全疆分布。寄主为多种杨、柳树。

蛾体、翅灰白色。胸背有10个黑点对称排列为4纵行。前翅基有2个黑点，面翅有数排锯齿状黑色波纹，外缘有8个黑点。后翅白色，外缘有7个黑点。卵馒头状，灰褐色。中央有1个小黑点。幼虫1对臀足特化为2个枝状尾突，可以向外翻缩紫红色肉质长管状体。幼虫随龄期不同，形态、颜色变化很大。初孵时为红黑色，前胸具2个枝状角突。2龄后体色为绿色，除前胸角突外，后胸背面形成1个高耸的峰状突起。老熟幼虫叶绿色。头褐色，两颊具黑斑。蛹红褐色，尾端钝圆。茧椭圆形，树皮色，紧贴树皮，坚实。

1年2～3代，以蛹在干基土内或树干、树枝分杈处结茧越冬。幼虫咬食叶片成孔洞或缺刻。世代发生不整齐。

杨树被害状

杨二尾舟蛾卵

树干上杨二尾舟蛾茧

杨二尾舟蛾预蛹

杨二尾舟蛾茧及蛹（巴州林检局）

杨二尾舟蛾1龄幼虫及孵化后的卵壳

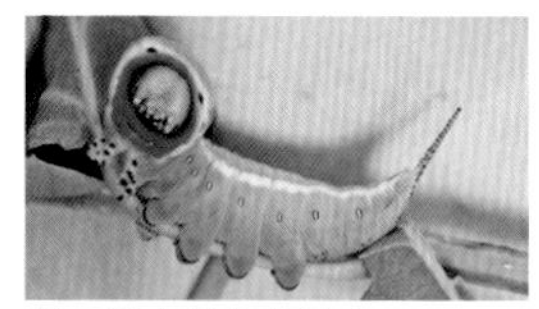
杨二尾舟蛾老熟幼虫

杨二尾舟蛾雌成虫

杨二尾舟蛾雄成虫

新二尾舟蛾

〖鳞翅目 舟蛾科〗

Cerura sp.

北疆分布。寄主为多种杨、柳树。

蛾体、翅灰白色。胸、腹背为黑、白色毛覆盖。前翅基半部有 3 个黑横线，翅端部有数排锯齿状黑色波纹，外缘有 8 个黑点。后翅白色，中部有 1 个黑色圆斑，外缘黑点。

新二尾舟蛾成虫

圆掌舟蛾 又称圆黄掌舟蛾

〖鳞翅目 舟蛾科〗

Phalera bucephala Linnaeus

全疆分布。寄主有榆树、杨树、柳树、夏橡、桦树等。

蛾头顶毛褐色，胸背两侧和后缘为棕褐色带环绕。前翅银灰色，顶角处有一褐色弧线镶边的金黄色大圆斑。后翅黄白色。卵馒头形，上半部紫白色，下半部黄褐色。幼虫黄褐色，胸、腹部有 10 条断续的黑色纵线。臀足不发达。蛹棕褐色。

1 年 2 代，以蛹在土中越冬。卵成块状单层排列在叶背面。幼虫 2 ~ 3 龄时群集取食叶肉。3 ~ 4 龄后分散。有世代重叠现象。

杨树叶片被害状

圆掌舟蛾卵（自治区林检局）

圆掌舟蛾蛹

圆掌舟蛾幼虫腹面、正面、侧面图

圆掌舟蛾雌成虫

圆掌舟蛾雄成虫

榆舟蛾

〖鳞翅目　舟蛾科〗

Phalera fuacescens Butler

哈密地区有分布。危害多种榆树。

成虫前翅灰褐色，顶端有黄白色掌形大斑一个，臀角有黑色斑纹一个；后翅灰褐色。卵圆形，红白色，后黑褐色。老熟幼虫紫褐色，长有黄白色毛，体背侧面有10对红黑色圆斑，第一和第八腹节背部长有黑色突起。蛹深褐色。

1年1代，以蛹在土内越冬。翌年7月成虫羽化，卵产于叶背，一周孵化。幼虫群集危害把叶片吃成透明网状。3龄后分散，10月下旬入土化蛹越冬。

榆舟蛾危害状

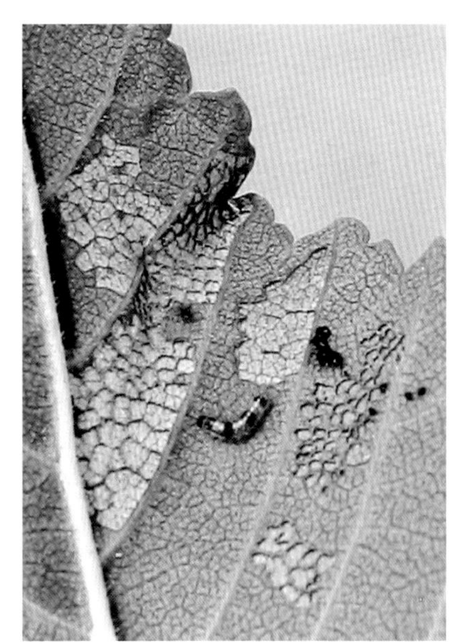

榆舟蛾幼龄幼虫

榆舟蛾大龄幼虫

腰带燕尾舟蛾

〖鳞翅目 舟蛾科〗

Harpyia lanigera（Butler）

北疆分布。寄主为多种杨、柳树。

蛾体、翅灰白色。胸、腹背为黑、棕色毛覆盖。前翅基半部 1/3 处及近顶角处有黑矩形横斑块。外缘有 8 个黑点。后翅白色，外缘有模糊棕色斑点。

腰带燕尾舟蛾成虫

国槐羽舟蛾 又称槐羽舟蛾

〖鳞翅目 舟蛾科〗

Pterostoma sinicum Moore

伊犁、塔城地区有分布。危害国槐、龙爪槐、紫薇等。

蛾头胸灰黄色，腹部灰褐色。前翅后缘中部呈浅弧形凹入。卵圆形，淡黄绿色。幼虫体光滑，体背粉绿色，腹面深绿色，被宽而连续的黄色气门线分开。胸足外侧具黑点。

1 年 2 代，以蛹在土内越冬。幼虫啃食寄主叶片危害。

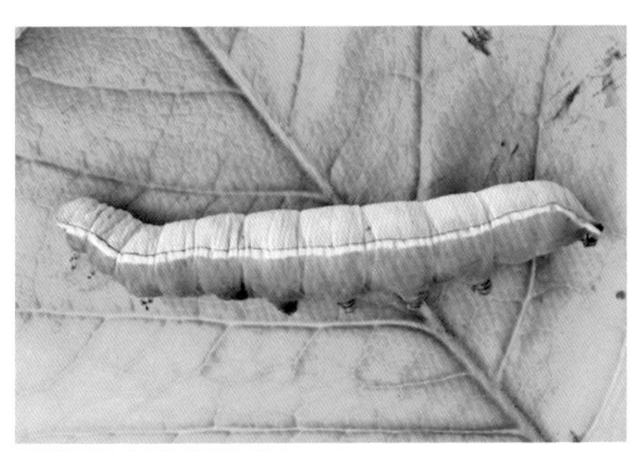

国槐羽舟蛾幼虫侧面图

国槐羽舟蛾幼虫背面图

杨白剑舟蛾

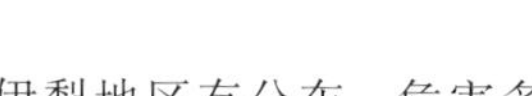

Pheosia tremula（Clerck）

杨白剑舟蛾雌成虫

杨白剑舟蛾雄成虫

伊犁地区有分布。危害多种杨树。

蛾体、翅灰褐色，前翅前缘靠顶角处及后缘色深，外缘局细褐色线纹。后翅灰色，臀角处具深褐色圆形斑，斑中间有模糊白斑。

1 年 1 代，以蛹幼虫越冬。幼虫危害叶片。

塔城羽舟蛾

〖鳞翅目 舟蛾科〗

Pterostoma sp.

伊犁、塔城地区有分布。调查时只采到过成虫。

蛾头胸灰黄色，腹部褐色。前翅肩角处具 2 个黑点，外缘呈波状，后缘近臀角处呈浅弧形凹入。

塔城羽舟蛾成虫

落叶松毛虫

〖鳞翅目 枯叶蛾科〗

Dendrolimus superans（Butler）

新疆主要分布阿尔泰的针叶、针叶落叶及针阔叶混交林区。落叶松及红松为该害虫的主要寄主。

蛾体色灰白至黑褐色。前翅外缘波状，外横线锯齿状，外缘内 8 个黑斑略呈“3”字形排列，中室端白斑大而明显。卵椭圆形，淡绿色至粉黄、红色。幼虫灰黑，有黄斑，被银白色或金黄色毛。中、后胸背面各有一条蓝黑色横毛带，第八腹节背面有一对暗蓝色长毛束。蛹黄褐色至黑色，密布黄色毛。

2 年 1 代为主。幼虫 7 ~ 9 龄。5 ~ 7 月为幼虫危害期。幼虫老熟多发生于背风向阳干燥稀疏的落叶松纯林。发生危害有周期性，在新疆约 10 年大发生 1 次。

落叶松被害状（自治区林检局）

落叶松毛虫幼虫

落叶松毛虫蛹（自治区林检局）

落叶松毛虫雄蛾（阿勒泰地区林检局）

黄褐天幕毛虫

〖鳞翅目　枯叶蛾科〗

Malacosoma neustria testacea Motschulsky

广泛分布。寄主有苹果、梨、枣、桃、李、杏、杨、柳、榆等。

雌蛾体、翅黄褐色，前翅中央有1条稍细褐色横带。后翅褐色，斑纹不明显。雄蛾体、翅淡黄色，前翅中央有2条弧形褐色纵横线形成的褐色宽带。前、后翅缘毛为褐色与灰白色相间。卵圆筒形，灰白色，卵块围绕树木小枝，呈顶针状。幼虫头部蓝灰色，有深色斑点。背线白色，两边有橙黄色横线。体侧有鲜艳的蓝灰色、黄色或黑色纵带。前胸及腹部第八节背面有黑绒状突起。蛹黑褐色。茧灰白色。

1年1代。以卵在寄主枝条上越冬。幼虫期发生期约1个半月，幼虫吐丝结网群聚，大龄幼虫分散活动。

黄褐天幕毛虫幼虫危害果树（哈密地区林检局）

黄褐天幕毛虫卵块（哈密地区林检局）

黄褐天幕毛虫幼虫（哈密地区林检局）

黄褐天幕毛虫茧（哈密地区林检局）

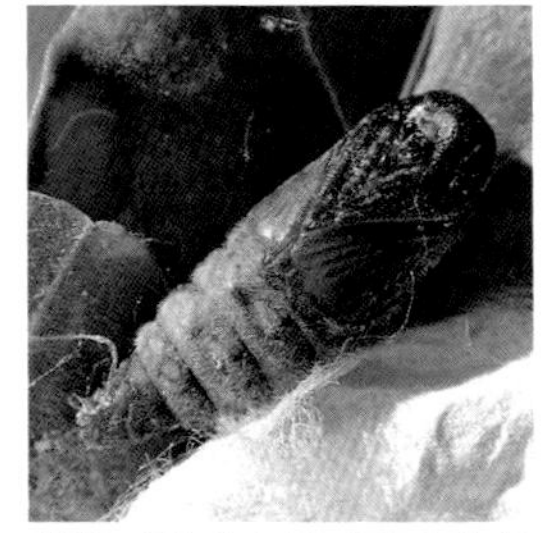

黄褐天幕毛虫蛹（哈密地区林检局）

黄褐天幕毛虫雌成虫

黄褐天幕毛虫雄成虫

双带天幕毛虫

〖鳞翅目 枯叶蛾科〗

Malacosoma kirghisica Staudinger

主要在北疆分布。寄主有杏、杨、柳等。

雌蛾体、翅黄褐色，前翅中央有1条褐色横带，其外缘直，斜向，内缘中间凹陷。后翅褐色，斑纹不明显。雄蛾体、翅淡黄色，前翅中央有2条褐色纵横线，其上部有短纵线相连。后翅褐色，中间有黄色横纹。卵圆筒形，卵块顶针状。幼虫背线灰白色，两边有橙黄色纵线。体侧有鲜艳的蓝灰色、黄色或黑色纵带。蛹黑褐色。茧白色。

1年1代。以卵在寄主枝条上越冬。幼虫期发生期约40天，幼虫有群聚吐丝结网习性。4龄幼虫开始分散活动。

双带天幕毛虫雄成虫（石河子市林检局）

双带天幕毛虫成虫的不同体色

高山天幕毛虫

〖鳞翅目 枯叶蛾科〗

Malacosoma insignis Lajonquiere

哈密荒漠有分布。寄主有杨树、蔷薇科多种果树及荒漠植物等。

蛾体、翅米黄色至黄褐色，前翅中央褐色宽带中部细束状。后翅前半部黄褐色，后半部色淡。卵圆筒形，卵块呈顶针状。幼虫背线深褐色，两边为红褐色宽纵带。体侧蓝灰色纵带。蛹黑褐色。茧黄白色。

1年1代。以卵在寄主枝条上越冬。幼虫期发生期约1个半月，幼虫有吐丝结网群聚习性。4龄幼虫开始分散活动。

高山天幕毛虫危害状

高山天幕毛虫幼虫茧（阿勒泰地区林检局）

凹翅枯叶蛾

〖鳞翅目　枯叶蛾科〗

Epicnaptera sp.

北疆有分布，寄主有杨、柳、榆、槭及多种果树。

蛾体、翅黄褐色。翅外缘和内缘微呈波状，翅面有深褐色斑点。前翅臀角处明显凹入。其他资料不详。

凹翅枯叶蛾成虫

李枯叶蛾

〖鳞翅目　枯叶蛾科〗

Gastropacha quercifolia Linnaeus

北疆西部有分布，寄主有多种果树。

蛾体、翅棕褐色。触角弯曲、短。下唇须长而前伸。前翅外缘锯齿状，有3条深褐色波状横纹。后翅有2条波纹。停息时，前翅呈屋脊状合拢，后翅肩角及前缘部分外露，形似枯叶状。卵近圆形，绿色。幼虫体略扁平，暗褐色或灰褐色，各体节背面有2个红褐色斑纹，中、后胸背面各有蓝黑色刚毛丛，胸部及腹部第1～8节两侧和足基部上方各具毛瘤。蛹深褐色。

1年1代，以幼虫在枝、干上越冬。幼虫取食芽、叶片危害。

不同体色的李枯叶蛾成虫

李枯叶蛾成虫（自治区林检局）

杨枯叶蛾

〖鳞翅目 枯叶蛾科〗

Gastropacha populifolia Esper

全疆分布，寄主有杨、柳、榆、槭及多种果树。

蛾体翅淡黄褐色。前翅外缘和内缘呈波状弧形，有灰白色断续波纹。后翅波纹2条。幼虫黄褐色，体扁平，中胸和后胸背面有蓝黑色大斑，斑后有赤黄色横带。腹部第八节有瘤1个，腹足间有棕色横带。

1年2代，以幼虫在树干上越冬。幼虫取食树叶危害。

杨枯叶蛾成虫（石河子市林检局）

杨枯叶蛾成虫的不同体色

新疆枯叶蛾

〖鳞翅目 枯叶蛾科〗

Lasiocampa eversmanni Eversm

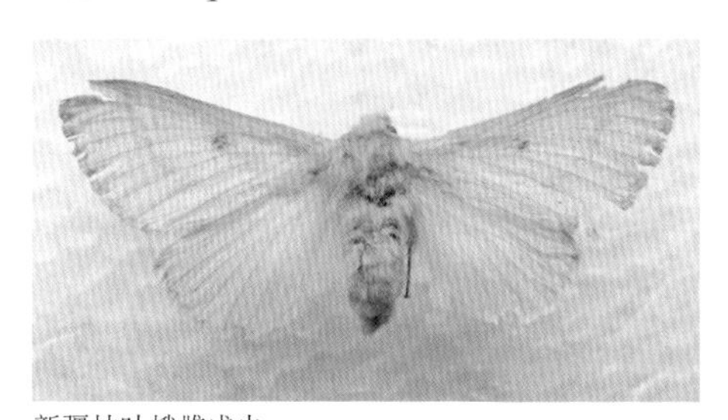

新疆枯叶蛾雌成虫

北疆有分布，寄主有杨、柳、榆、槭及多种果树。

蛾体、翅淡黄褐色。翅面有褐色横线自前缘至后缘。前翅中室外有深褐色圆斑一个。其他资料不详。

新疆枯叶蛾雄成虫

杨柳小卷蛾

〖鳞翅目　卷蛾科〗

Gypsonoma minutana Hübner

南北疆分布，寄主以胡杨、灰杨为主。

蛾前翅斑纹淡褐色或深褐色，前缘有明显的钩状纹。幼虫灰绿色，前胸背板褐色，两侧各有 2 个黑点。

1 年发生 3 ～ 4 代，以初龄幼虫在树皮缝隙中结茧越冬。幼虫吐丝将 1、2 片叶粘在一起，啃食表皮呈箩网状。随幼虫长大吐丝把更多叶连缀，形成不规则叶丛。

胡杨叶片被害状

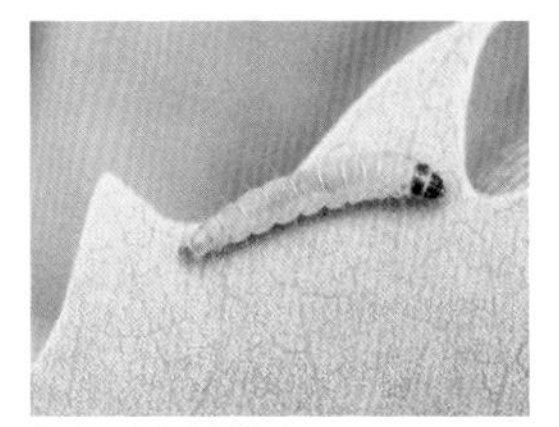
杨柳小卷蛾幼虫

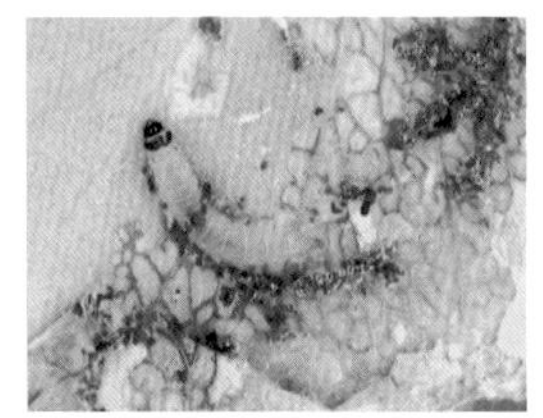
杨柳小卷蛾幼虫危害状

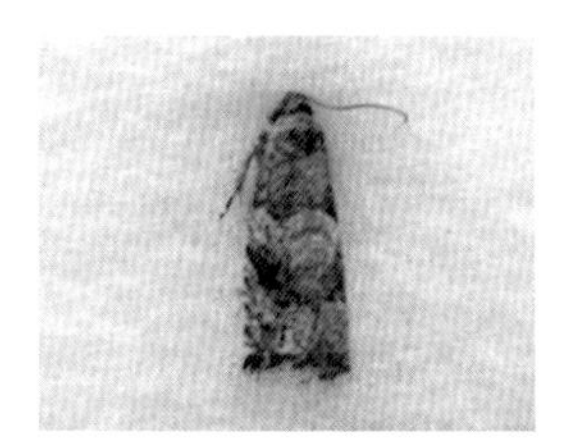
杨柳小卷蛾成虫

新褐卷蛾

〖鳞翅目　卷蛾科〗

Pandemis chondrillana（Herrich-Schiffer.）

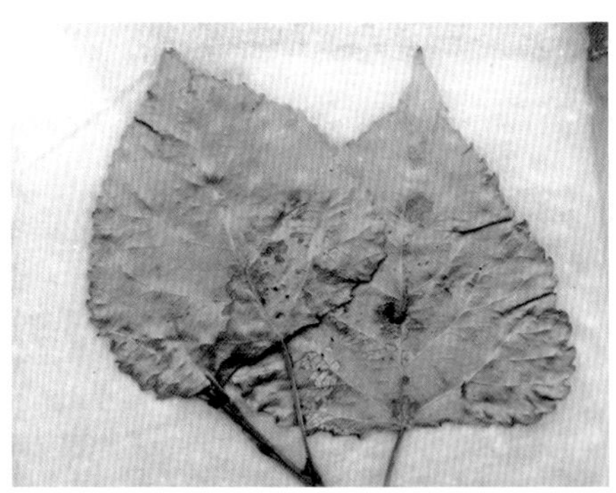
新褐卷蛾危害状

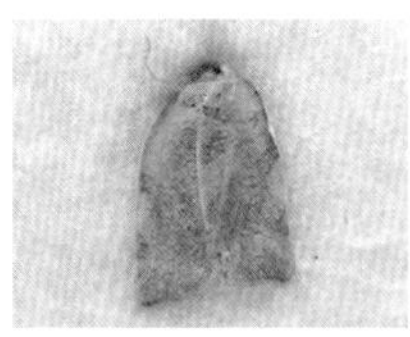
新褐卷蛾雌成虫

新褐卷蛾雄成虫

国内仅发生于新疆。危害苹果、杨树、柳树及玫瑰、忍冬等。

蛾体色变化较大，深色型的基斑、中带、断纹及各斑纹间的网状细纹均为黑褐色，十分清晰。褐色型和浅色型的色淡。幼虫前胸背板后缘两侧各有一个黑斑。

1 年 2 代，以 2 龄幼虫在枝干的裂缝翘皮等处做茧越冬。翌年 4 月下旬出茧吐丝连缀嫩叶卷叶取食危害，也危害花芽和花蕾。

松线小卷蛾

〖鳞翅目 卷蛾科〗

Zeiraphera grisecana (Hübner)

分布于阿尔泰山及天山东部落叶松林，危害针叶。

蛾体、翅灰黑色，前翅斑点黑褐色，中部及顶角处银灰色。后翅灰褐色。卵扁平，椭圆形，淡黄色。幼虫暗绿色。头、前胸背板黄褐色至黑褐色。蛹末端有短臀棘 9 ~ 11 根。

1 年 1 代，以卵越冬。幼虫孵化后潜入针叶丛取食，吐丝粘缀针叶呈圆筒状巢栖息、取食。老熟幼虫在枝条上吐丝结网，暴食针叶，多咬断针叶基部，致使大片森林危害成一片焦黄。是高海拔落叶松林周期性猖獗害虫。

松线小卷蛾危害状

松线小卷蛾幼虫

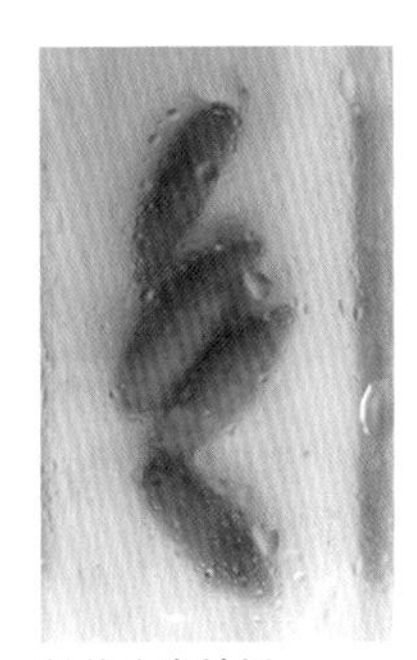

松线小卷蛾蛹

松线小卷蛾成虫（阿勒泰地区林检局）

毛赤杨长翅卷蛾

〖鳞翅目　卷蛾科〗

Acleris submaccana (Filipier)

分布阿勒泰地区，危害杨树叶片。

毛赤杨长翅卷蛾成虫

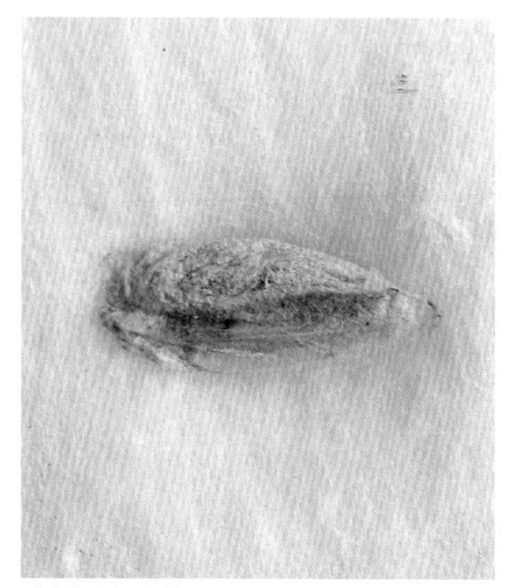

毛赤杨长翅卷蛾茧及蛹

松梢实小卷蛾　又称松实小卷蛾

〖鳞翅目　卷蛾科〗

Retinia cristata (Walsingham)

主要分布针叶林区，危害多种松树新梢及幼嫩球果。

成虫体长 7mm, 翅展 11 ~ 19mm，体黄褐色。翅基部的 1/3 处和顶角处各有银色横纹 3 ~ 4 条。后翅暗灰色，无斑纹。卵椭圆形，长约 0.8 mm, 黄白色至红褐色。幼虫体长 10 mm 左右，头部黄色，前胸背板黄褐色，胸、腹部淡黄色。蛹纺锤形，长 6 ~ 9 mm, 茶褐色，腹末有 3 个小齿突。

新疆发生代数不详，以蛹在被害梢或球果内越冬。春季幼虫蛀食当年新梢，夏季多蛀食球果。

松梢实小卷蛾成虫

天山叶小卷蛾

〖鳞翅目 卷蛾科〗

Cpinotia tianshanensis Liu et Nusu,sp.nov

国内仅发生于新疆。危害雪岭云杉。

蛾体、翅黑褐色。前翅有黑白花纹。幼虫灰白色，头部、前胸背板褐色。1年1代，以幼虫越冬。幼虫孵化后钻入叶内蛀食，老熟幼虫吐丝连缀碎叶成团在其中化蛹。

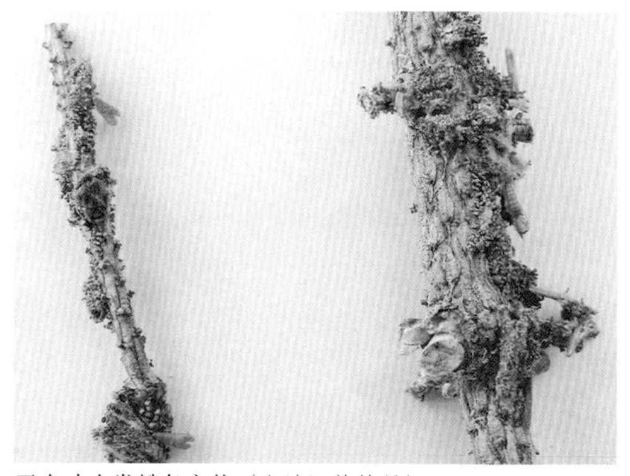

天山叶小卷蛾危害状（自治区林检局）

天山叶小卷蛾成虫（自治区林检局）

黄斑长翅卷叶蛾 又称桃黄斑卷叶蛾

〖鳞翅目 卷叶蛾科〗

Acleris fimbirana Thunberg

南疆、乌鲁木齐有分布。寄主为桃、杏、梨、苹果等多种果树。

夏型蛾体、翅、头、胸部背面及前翅红黄色，分布有白色微斑。冬型蛾体、翅、头、胸部背面及前翅黄褐色，分布有黑色条斑。后翅及腹部淡灰色。幼虫淡绿色，前胸背板绿褐色。

南疆1年3代，以冬型成虫在枯枝落叶间越冬。幼虫危害花芽、叶芽、嫩叶。有缀叶成巢在其中危害习性。幼虫共5龄，老熟后卷叶结茧化蛹。

黄斑长翅卷叶蛾冬型成虫

苹褐卷蛾 又称褐带卷叶蛾

〖鳞翅目 卷叶蛾科〗

Pandemis heparana Deni et Schiffermüller

普遍分布。寄主为多种果树及杨、柳、栎、醋栗等。

蛾体、翅褐色，斑纹深褐色。前翅前缘稍呈弧形拱起，中部有 1 条上窄下宽的宽横带，前缘外端有一半圆形斑。后翅灰褐色。幼虫头壳近方形，淡绿色。前胸背板绿色，多数个体前胸背板后缘两侧各有一黑斑。虫体深绿色稍带白色。

1 年 2 代，以幼龄幼虫越冬。幼虫危害花蕾、幼芽、嫩叶。在卷叶中化蛹。

苹褐卷蛾成虫（伊犁州林检局）

苹褐卷蛾成虫展翅状

微红梢斑螟 又称云杉球果螟

〖鳞翅目 螟蛾科〗

Dioryctria rubella Hampson

新疆山区针叶林内偶见。危害多种松、杉。

蛾体、翅灰褐色。前翅暗灰褐色，中室顶端有一肾形白斑。幼虫体淡绿至淡褐色。体毛基部毛片褐色，腹部各节有对称分布的毛片 4 对，背面的两对较小，呈梯形排列，侧面的两对较大。

新疆生活史不详，幼虫在被害枯梢及球果中越冬。幼虫蛀枝梢危害。有时也危害球果。

微红梢斑螟幼虫

二化螟

〖鳞翅目 螟蛾科〗

Chilo suppressalis (Walker)

北疆有分布。危害水稻。

成虫体、翅黄褐色至灰褐色，翅面具不规则小点，外缘有 7 个小黑点，中室顶角有 1 个紫黑色斑点，其下方有斜行排列的同色斑点 3 个，后翅白色。卵扁平，椭圆形，乳白色，产于叶片背面。卵粒呈鱼鳞状排列。老熟幼虫体淡褐色，前胸背板黄色，体背面有暗棕色纵线 5 条。蛹圆筒形，黄褐色。

1 年 2 代，以老熟幼虫在稻茬及茎秆处越冬。幼虫在叶鞘处取食，大龄后蛀食茎秆。

稻茎秆被害状

草地螟 又称黄绿条螟、甜菜网螟、网锥额野螟

〖鳞翅目 螟蛾科〗

Loxostege sticticalis Linnaeus

草地螟成虫

广泛分布。寄主主要有豆类、瓜类、蔬菜、甜菜、玉米、枸杞、草坪草、天然草场草类等。

蛾体、翅灰褐色。前翅有暗褐色斑，翅外缘有淡黄色条纹，中室内有一个较大的长方形黄白色斑。幼虫头黑色，有白斑，胸、腹部黄绿或暗绿色，体有暗色纵条纹及毛瘤。1 年 2 ~ 3 代，以老熟幼虫在土内吐丝作茧越冬。幼虫多集中结网取食叶肉，使叶片呈网状。属间歇性暴发成灾害虫。

欧洲玉米螟

〖鳞翅目　螟蛾科〗

Ostrinia nubilalis Hübner

广泛分布。寄主有玉米等。

蛾体、翅暗黄褐色。前翅基部褐色，翅面有暗褐色斑、线。后翅中部有淡黄色宽带。幼虫体色有浅褐、深褐、灰黄等，体有暗色纵条纹及毛瘤。

1 年 2 ～ 3 代，以老熟幼虫寄主残茬内吐丝作茧越冬。幼虫多危害玉米嫩叶与果穗。

欧洲玉米螟成虫

红云翅斑螟

〖鳞翅目　螟蛾科〗

Salebria semirubela（Scpoli）

北疆有分布。寄主杨柳树。成虫体灰黄色，前翅前缘白色，臀区杏黄色，余大部分赭红色。

1 年 2 代，以老熟幼虫在土中结茧越冬，幼虫危害杨柳嫩梢、叶片。

红云翅斑螟成虫

杨白潜蛾

〖鳞翅目 潜蛾科〗

Leucoptera susinella Herrich-Schiffer.

全疆分布。寄主为多种杨树。

蛾体、翅银白色，前翅前缘近 1/2 处有 1 条伸向后缘呈波纹状的斜带，后缘角有 1 条近三角形的斑纹。后翅披针形，缘毛极长。幼虫体稍扁平，绿白色。口器褐色向前方突出。前胸背板乳白色。体节明显，以腹部第三节最大，后方逐渐缩小。

1 年 3 代，以蛹在茧内越冬。幼虫孵出后从卵壳底面咬破叶片，潜入叶内取食叶肉，形成黑褐色虫斑。幼虫老熟后吐丝结“工”字形茧化蛹。

杨白潜蛾幼虫

杨白潜蛾后期危害状

桃潜叶蛾

〖鳞翅目 潜蛾科〗

Lyonetia clerkella Linnaeus

新疆不少果区有分布。寄主有多种果树。

蛾体银白色。夏型前翅狭长，中室远端有 1 个卵形黄斑，黄斑外侧有 4 对斜的褐色纹，翅尖端有 1 条黑纹。越冬型成虫翅基部和后缘色较深，中室椭圆形斑深褐色。幼虫扁平、头小，淡褐色，体浅绿色。

1 年多代，以成虫越冬。卵产在叶片背面皮下组织里。幼虫孵化后潜叶取食叶肉，虫道弯曲迂回，内有虫粪。

桃叶被害状

榆潜蛾

〖鳞翅目　潜蛾科〗

Bucculatrix thoracella Thunberg

全疆分布。寄主为多种榆树。以垂榆、白榆受害最重。

蛾体褐色，前翅白色或淡褐色，前缘基部有 3 块黑斑，后缘中部有大黑斑。后翅灰褐色。幼虫口器褐色，体暗绿色。蛹棕黄色，头顶尖突，腹部末端齐，两侧各有 1 个角突。

1 年 3 代。以蛹越冬。1 龄幼虫潜叶危害，隧道蛇形。其后幼虫不再潜叶，在叶背啃食下表皮及叶肉，残留上表皮形成半透明的窗状斑。

榆潜蛾隧道及窗状被害状

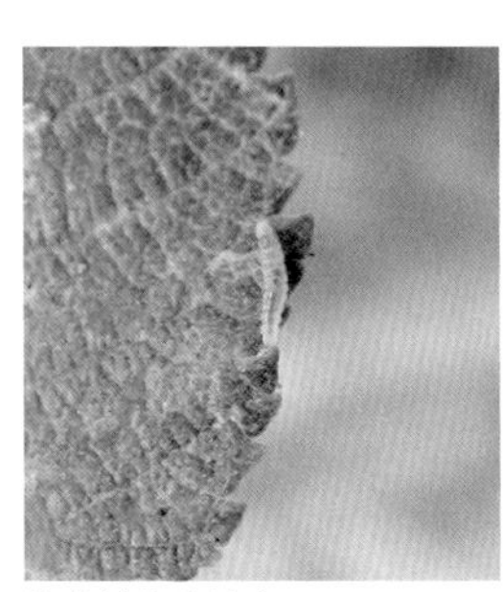

榆潜蛾老熟幼虫

榆潜蛾茧及蛹

杨银叶潜蛾

〖鳞翅目　叶潜蛾科〗

Phyllocnistis saligna Zeller

全疆分布。寄主为多种杨树。

蛾体、翅银白色，前翅中央有 2 条褐色纵纹，其间呈金黄色。外侧有 1 个三角形的黑色斑纹。幼虫浅黄色。头及胸部扁平，体节明显。口器向前方突出，褐色。体表光滑，足退化，以中胸及腹部第三节最大，向后逐渐缩窄。

1 年 4 代，以成虫在枯枝落叶内越冬。幼虫孵出后潜入叶内取食叶肉，形成白色虫斑。

杨银叶潜蛾危害的新疆杨叶片正面

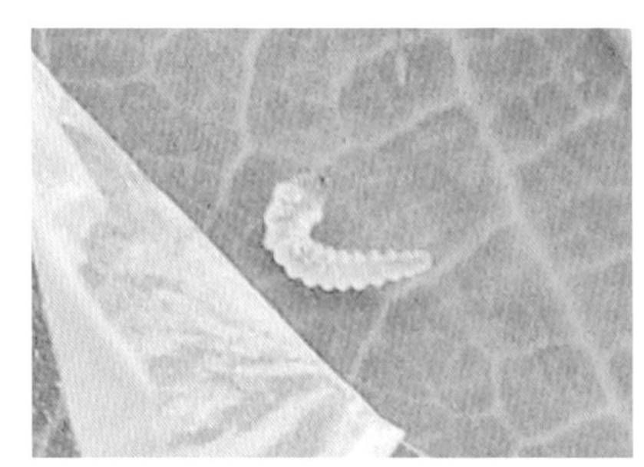

杨银叶潜蛾幼虫

银纹潜叶蛾

〖鳞翅目　潜叶蛾科〗

Lyonetia prunifoliella Hübner

新疆伊犁地区有分布，危害苹果、海棠等。

蛾夏型成虫银白色，前翅近端部有一个半圆形橙黄色斑，斑外缘有一个扁圆形黑斑。冬型成虫前翅前缘基半部有黑色波状斑纹，近端部橙黄色斑纹不显。后翅灰黑色。幼虫淡绿色，稍扁。头及腹末尖，腹部第1～4节宽。胸足3对，腹足4对，细长。茧细长，由白色薄丝织成。白色，在一担架形的丝幕上做茧，蛹呈淡绿色。银纹潜叶蛾以幼虫在叶片内潜食造成危害，呈线状虫道，虫道末端形成黄色泡状斑。

1年5代，以冬型成虫在果园中的落叶下、杂草中或石缝里潜藏越冬。幼虫老熟在叶片背面拉3～4根白色细丝，悬空做核形白色小茧，在茧内化蛹。

银纹潜叶蛾成虫（伊犁州林检局）

银纹潜叶蛾危害状（伊犁州林检局）

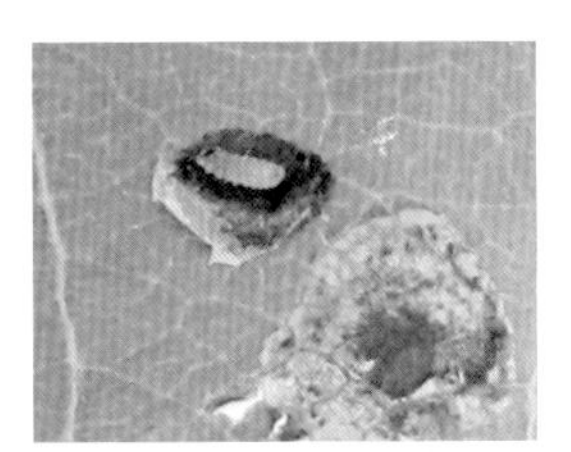
银纹潜叶蛾幼虫（伊犁州林检局）

合欢巢蛾

〖鳞翅目　巢蛾科〗

Yponomeuta sp.

2007年笔者发现已经传入新疆南疆一些地区。寄主为合欢。

蛾前翅银灰色，有许多不太规则的黑点。幼虫黑绿色，头部前面有“川”字形黄绿色纹。胸部窄，背中线整齐，黄白色。体两侧各有2条纵行黄绿色断续斑点状体线，胸部为完全的斑点状。

1年2代，以蛹越冬。初龄幼虫剥食叶肉，小叶上出现灰白色网状斑，2龄后吐丝把小枝和复叶连缀一起形成虫巢，聚集在巢内啃食叶片危害。

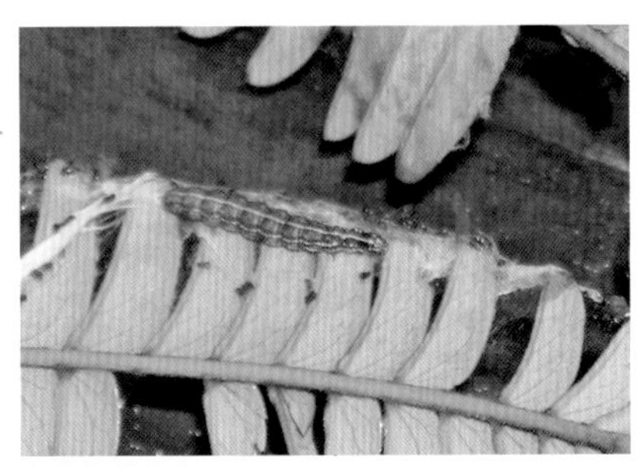
合欢巢蛾幼虫

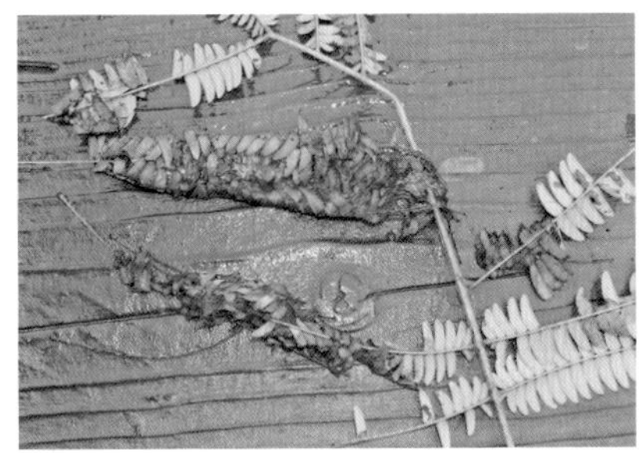
合欢巢蛾的虫巢

苹果巢蛾

〖鳞翅目　巢蛾科〗

Yponomeuta padella Linnaeus

全疆分布。主要危害苹果、海棠，也危害梨、杏、樱桃等。

蛾头、胸及腹部白色，中胸背面有4个黑点。前翅狭长，银白色。上有20多个黑点，分4纵行排列。其中外缘7、8个白点排成“S”形。卵扁椭圆形，卵块鱼鳞状。幼虫体灰褐色，腹部各节背面各具1对大型黑斑，刚毛和毛片黑色。蛹黑褐色，藏于丝巢内薄茧中。

1年1代，以初孵幼虫潜伏在枝条上的卵鞘下越夏越冬。幼虫成群地将嫩叶和花用丝网在一起成巢，在内食叶危害。吃光后转移到别的枝梢结新巢继续危害。幼虫共5龄，取食危害约45天。

苹果巢蛾危害状（塔城地区林检局）

苹果巢蛾幼虫虫巢（塔城地区林检局）

苹果巢蛾幼虫形态（塔城地区林检局）

苹果巢蛾老熟幼虫及蛹和茧（塔城地区林检局）

苹果巢蛾成虫

杨树巢蛾

〖鳞翅目　巢蛾科〗

Yponomeuta sp.

北疆。危害多种杨树。

蛾体、翅灰黑色。前翅狭长，上具多个黑点。幼虫长约 15mm，体节具黑斑。1 年 1 代。幼虫做虫巢，在虫巢内食叶危害。

树皮裂缝中的杨树巢蛾成虫（阿勒泰地区林检局）

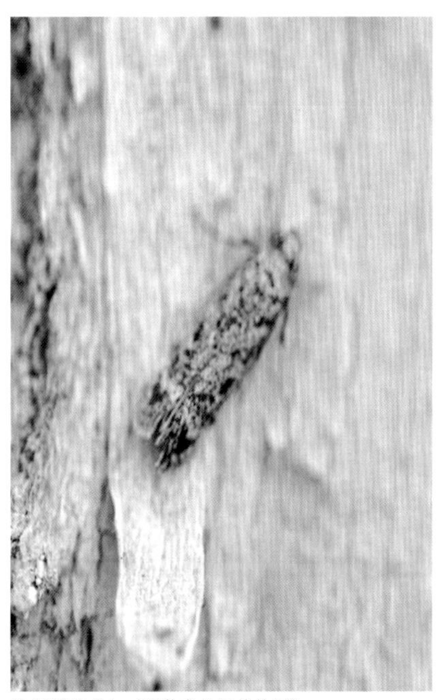

杨树巢蛾成虫（阿勒泰地区林检局）

桦巢蛾

〖鳞翅目　巢蛾科〗

Swammerdamia beroldella Hübner

蛾体、翅灰褐色。前翅具多个纵行大黑点。

1 年 1 代，以初孵幼虫潜伏树皮下的卵鞘内越冬。幼虫在桦芽初绽时孵化，钻入芽孢内蛀寄主放叶后吐丝作巢，在虫巢内食叶危害。

桦巢蛾成虫

沙棘巢蛾

〖鳞翅目　巢蛾科〗

Gelechia hippophaella Schrk.

笔者 2011.09.10 在新疆托里县境新疆生产建设兵团 170 团发现有分布。主要危害沙棘等。

蛾体、翅灰白色。前翅狭长，上具多个黑点。幼虫长约 14mm，灰褐色，头部灰绿带棕色，体节各具黑斑，刚毛和毛片黑色。

1 年 1 代，以初孵幼虫潜伏树皮下的卵鞘内越冬。幼虫在沙棘芽孢初绽时孵化，钻入芽孢内蛀食，每条幼虫可蛀食 5 个芽孢。随着沙棘的放叶生长，稍后在嫩枝顶叶上吐丝作巢，在虫巢内食叶危害。在大发生年份，沙棘巢蛾会引起植株干缩，甚至全株死亡。幼虫 7、8 月间到沙棘根颈附近土壤表层作茧化蛹，羽化成虫于 9 月产卵于树下部的树皮内，以卵越冬。

沙棘巢蛾虫巢内幼虫的蜕

沙棘被害状

山杨麦蛾

〖鳞翅目　麦蛾科〗

Anacampsis populella Cherck

南北疆有分布。危害杨树。

蛾头部灰色，有光泽。前翅灰黑色，外缘有 6 个等距排列的明显黑斑，翅面有不规则的较大的云状黑斑 8 个，其中近中室中部一个呈燕尾状。幼虫灰绿色，胸、腹各节背面具有黑色小斑。

1 年 1 代，以卵在细枯枝基部翘皮缝内越冬。幼虫危害芽、叶片，会将叶片用丝纵卷成筒危害，往往造成卷叶脱落、树枝光秃。

山杨麦蛾成虫

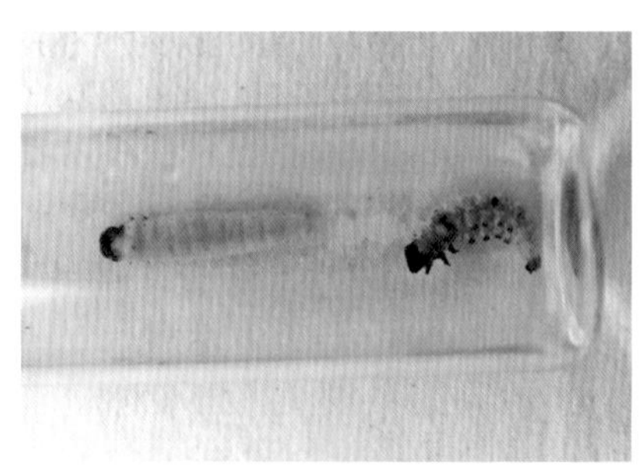

山杨麦蛾幼虫

桃条麦蛾 又称桃梢蛀虫、沙枣梢蛀虫

〖鳞翅目 麦蛾科〗

Anarsia lineatella Zeller

广泛分布。寄主有桃、杏、梨、沙枣等。

蛾身体背面灰黑色，腹面灰白色。前翅披针形，灰黑色，有黑褐及灰白色不规则条纹。后翅灰色。幼虫头、前胸背板和胸足黑褐色，臀部污白色。

南疆1年4代，以初龄幼虫在寄主芽内越冬。幼虫可取食寄主芽、嫩枝和果实。

桃条麦蛾危害桃梢（自治区林检局）

桃条麦蛾危害沙枣状

桃条麦蛾危害桃（自治区林检局）

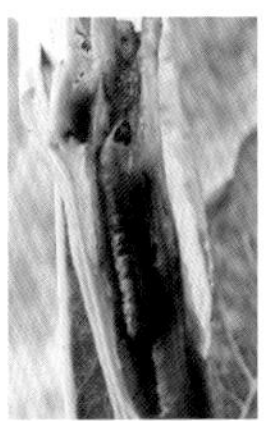
桃梢中的桃条麦蛾幼虫

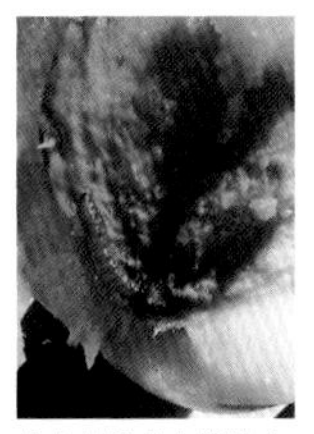
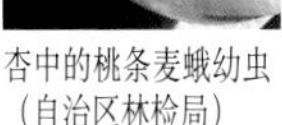
杏中的桃条麦蛾幼虫（自治区林检局）

桃条麦蛾成虫

柳细蛾

〖鳞翅目 细蛾科〗

Lithocolletis paslorella Zeller

南疆有分布。寄主为多种柳树。

蛾夏型体银白色，有黄花纹。翅狭长，端部较尖。后翅灰褐色。冬型蛾体色暗黑，前翅上有4条铜色波状横带。幼虫体淡黄色，腹部各节背面有1个黑斑。

1年3代，以成虫越冬。幼虫蛀食叶肉危害，被害处近圆形，稍隆起，不变色。

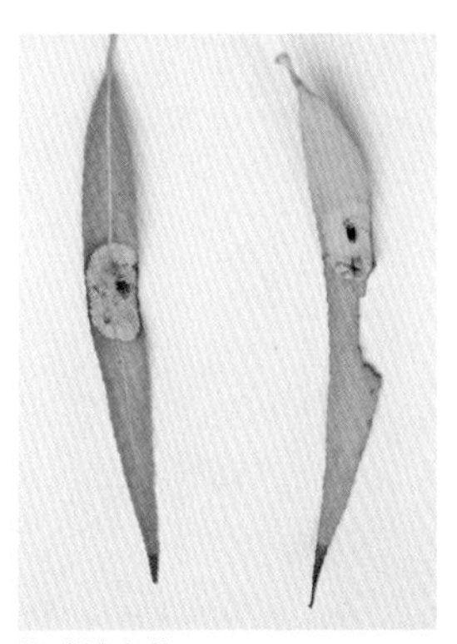
柳叶被害状

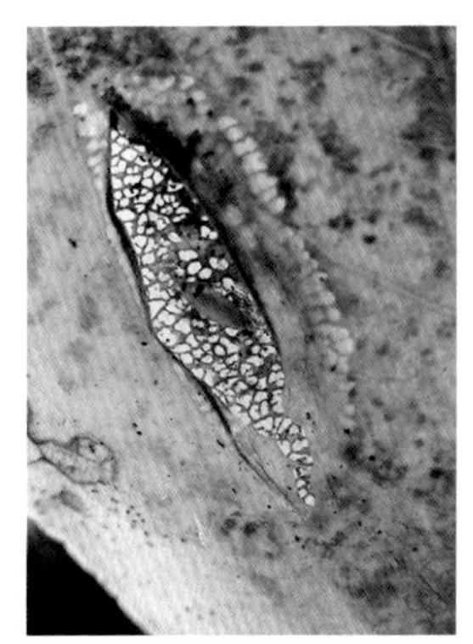
柳细蛾蛹

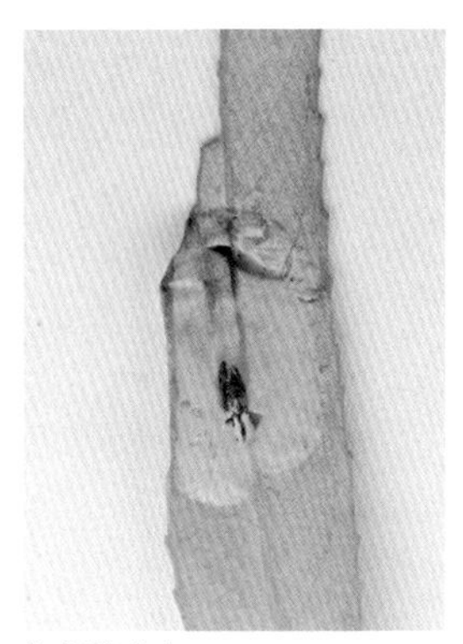
柳细蛾成虫

柳丽细蛾

〖 鳞翅目　细蛾科 〗

Caloptilia chrysolampra Meyrick

2007 年笔者发现分布阿克苏市。主要危害柳树。

蛾前翅淡黄色，中室和后缘间有三角形黄白色大斑 1 个，静止时两翅白斑合成锥形。顶角处有褐色纹。幼虫呈扁桶形，黄白色。

生活史及年发生代数不详。幼虫将柳树叶片尖端折卷呈中空的粽子状，幼虫在内活动、取食。

柳丽细蛾危害形成的虫包

打开虫包可见柳丽细蛾幼虫

柳丽细蛾的后期虫包

金纹细蛾

〖 鳞翅目　细蛾科 〗

Lithocolletis ringoniella Matsumura

新疆果区有分布，危害苹果、梨、李、樱桃和桃等。

蛾体、翅黄褐色，翅端前缘及后缘各有 3 条白色和褐色相间的放射状条纹。老熟幼虫黄白色。幼虫潜叶取食叶肉，使下表皮与叶肉分离，形成泡囊状。4 ～ 5 龄幼虫将叶肉吃成筛孔状，下表皮皱缩，形成从叶片正面可见的网状梭形虫斑，长径约 1cm。1 年 4 ～ 5 代，以蛹在被害落叶中越冬。

金纹细蛾幼虫（自治区林检局）

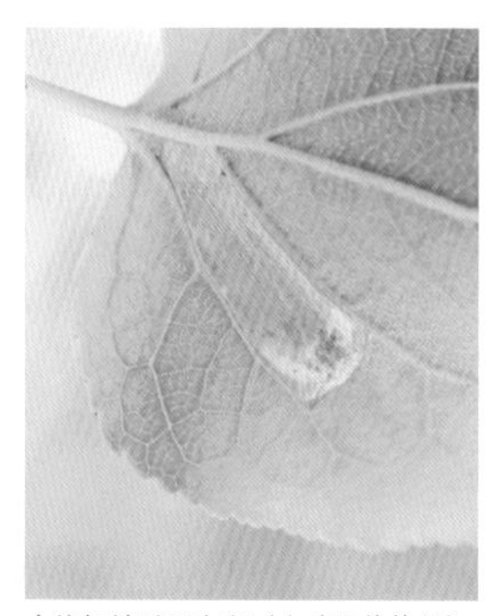

金纹细蛾反面虫斑（自治区林检局）

金纹细蛾正面虫斑（自治区林检局）

杨细蛾

〖鳞翅目 细蛾科〗

Lithocolletis populifoliella Zeller

北疆有分布。寄主为多种杨树。

蛾体灰色。前翅浅灰色，翅面有灰褐色斑块。后翅狭长，灰白色，有棕褐色长缘毛。幼虫体淡黄色或乳白色。

1 年 1 代，以成虫越冬。幼虫潜叶蛀食叶肉危害，被害处为椭圆形斑，稍隆起，不变色。

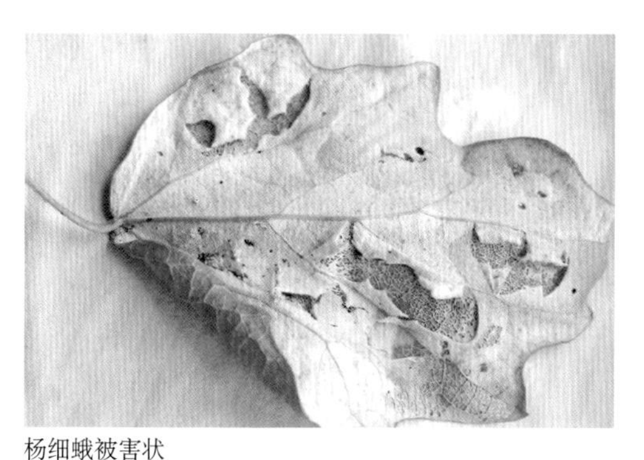
杨细蛾被害状

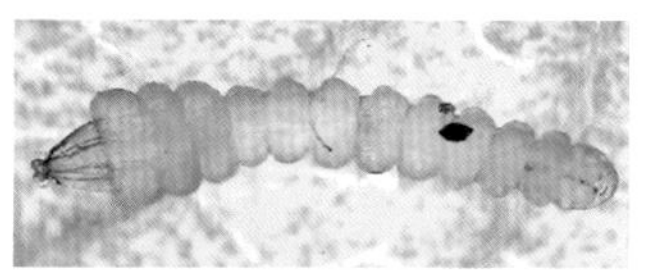
杨细蛾蛹（阿勒泰地区林检局）

杨细蛾幼虫（阿勒泰地区林检局）

沙拐枣鞘蛾

〖鳞翅目 鞘蛾科〗

学名待定。

分布于古尔班通古特沙漠地带，危害沙拐枣。

成虫翅狭而尖，被银灰色鳞片，后缘具长缘毛，有光泽。幼虫褐黄色。幼龄幼虫行潜叶危害，稍长即结鞘隐匿其中，此后即在鞘内度过幼虫期及蛹期。取食时身体部分伸出鞘外啃食。沙拐枣鞘蛾的鞘呈长贝形。以幼虫在鞘内附在寄主植物上越冬。

沙拐枣鞘蛾危害状

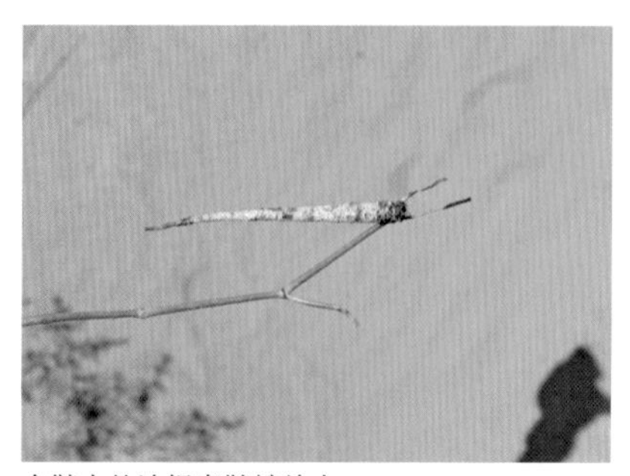
在鞘内的沙拐枣鞘蛾幼虫

落叶松鞘蛾

〖鳞翅目　鞘蛾科〗

Coleophora dahurica Falkovitsh

分布阿勒泰林区。危害落叶松。

蛾体、翅灰色，前翅顶端1/3部分颜色稍浅。卵黄色，半球形，表面具棱状突起。幼虫黄褐色，前胸盾黑褐色，光亮，被中纵沟与中横沟分割呈“田”字形。蛹黑褐色。

1年1代，以幼虫在枝上、树皮裂缝处越冬。幼虫孵化后钻入叶内蛀食，2、3龄幼虫吐丝制鞘。幼虫负鞘寻找绿叶蛀食。

落叶松鞘蛾危害的落叶松林（阿尔泰山林业局森防站）

落叶松鞘蛾危害的落叶松针叶（阿尔泰山林业局森防站）

落叶松鞘蛾幼虫（阿尔泰山林业局森防站）

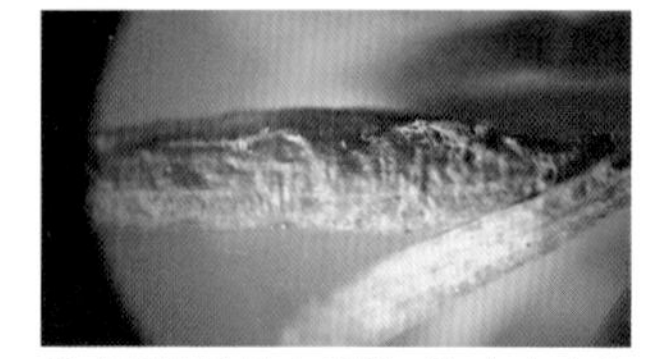

落叶松鞘蛾幼虫的鞘（阿尔泰山林业局森防站）

甘薯羽蛾

〖鳞翅目 羽蛾科〗

Pterophorus monodactylus Linnaeus

北疆有分布。幼虫可食叶，也常蛀食叶柄、花和果实。

体、翅灰褐色。体细瘦。触角淡褐色，细长。前翅裂为2叶，分裂达翅中部。翅面上有2个小黑点。后翅裂为3叶，分裂达翅基部。翅缘毛密生如羽毛状。足极细长，后足显著长过身体，有长距。幼虫头常缩入前胸，腹足细长。

年发生代数及在新疆生活史不详。

甘薯羽蛾成虫

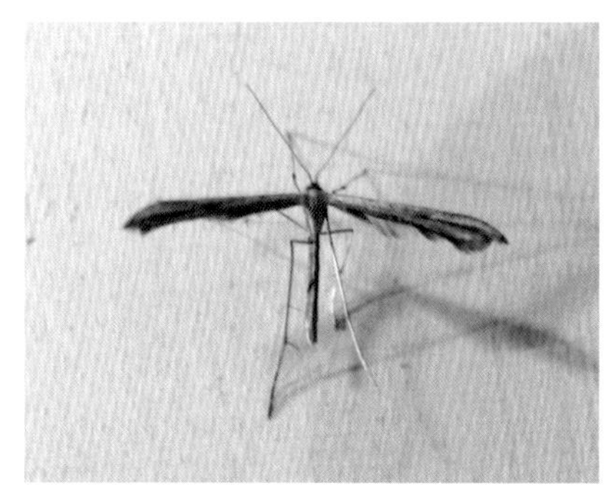
甘薯羽蛾成虫的自然状态

黑鹿蛾

〖鳞翅目 鹿蛾科〗

Amata ganssuensis（Grun-Grshimailo）

伊犁地区有分布，危害草类叶片。

蛾体、翅黑色。翅具窗状白斑。触角丝状，黑色，顶端白色。腹部各节具有黄或橙黄色带。老熟幼虫头橙红色，胸、腹部各节有毛瘤。腹足棕红色。

生活史不详。

黑鹿蛾成虫

黑鹿蛾成虫产卵状

橙带鹿蛾

〖鳞翅目　鹿蛾科〗

Amata sp.

全疆分布，危害草类叶片。

蛾体、翅黑色。翅具窗状白斑。触角丝状，黑色。腹部第一节及第六节呈橙黄色带状。幼虫胸、腹部各节有毛瘤。

生活史不详。

橙带鹿蛾成虫

柽柳谷蛾

〖鳞翅目　谷蛾科〗

Amblypalpis tamaricella

全疆分布，危害多种柽柳。

蛾小型，体、翅黄白色。幼虫黄白色。幼虫在嫩枝钻蛀危害，形成长瘤状虫瘿。

生活史等不详。

柽柳被害状

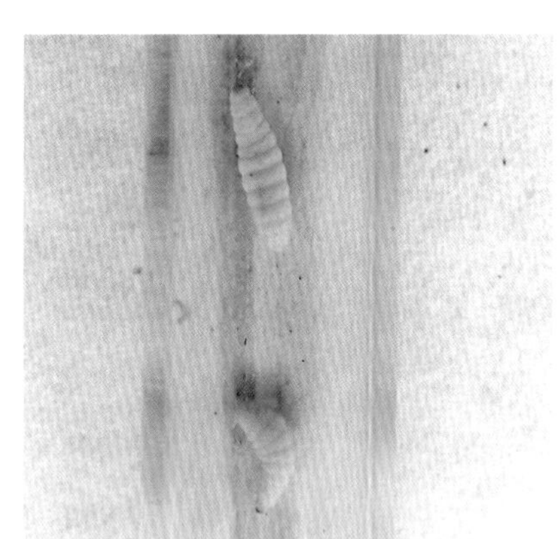

柽柳谷蛾幼虫

柽柳谷蛾蛹

排点灯蛾

〖鳞翅目　灯蛾科〗

Diacrisia sannio（Linnaeus）

伊犁地区有分布。寄主不详。

蛾体、翅暗褐色。头暗褐色。前翅中室处具红褐斑。后翅色淡，中部具红褐斑，外缘内具弧形暗褐色宽带。

生活史不详。

排点灯蛾成虫

红腹灯蛾

〖鳞翅目　灯蛾科〗

Spilarctia subcarnea（Walker）

全疆分布。寄主有蔷薇科植物及果树苗木等。

体、翅白色，腹部背面除基节与端节外皆红色，背面、侧面具黑点列。前翅外缘至后缘有一斜列黑点，两翅合拢时呈“人”字形，后翅略显红色。卵扁球形，淡绿色，直径约0.6mm。末龄幼虫约50mm长，头较小，黑色，体黄褐色，密被棕黄色长毛；中胸及腹部第一节背面各有横列的黑点4个；腹部第七节至第九节背线两侧各有1对黑色毛瘤，腹面黑褐色，气门、胸足、腹足黑色。蛹体长18mm，深褐色，末端具12根短刚毛。

1年2代，以蛹在枯枝落叶或浅土层茧中越冬。初孵幼虫群集叶背取食，3龄后分散危害，受惊后落地假死，卷缩成环。幼虫爬行速度快。9月份化蛹越冬。

红腹灯蛾幼虫受惊扰状

红棒球蝶灯蛾

〖鳞翅目　灯蛾科〗

Callimorpha jacobaea (Linnaeus)

体黑色。前翅棕黑色，前缘、后缘具纵行红色条纹，条纹不达翅外缘，外缘前部具一大红色圆斑，外缘后部具一大红色方形斑。后翅红色，无斑点。

年发生代数、生活史及其危害情况不详。

红棒球蝶灯蛾成虫

非玻灯蛾

〖鳞翅目　灯蛾科〗

学名待定。

北疆有分布。寄主有蔷薇科、菊科植物等。

体、翅棕灰白色。前翅 1/3 外缘至后缘有一列 7 个黑点，2/3 处外缘至后缘有一断续波状黑线。

年发生代数、生活史及其危害情况不详。

非玻灯蛾成虫

波超灯蛾

〖鳞翅目　灯蛾科〗

Preparctia sp.

北疆有分布。

体棕红色。前翅黄色，翅面有被大块黑斑所分割。后翅红色，翅面有 5 个大黑斑。

年发生代数、生活史及寄主不详。

波超灯蛾成虫

美国白蛾 又称秋幕毛虫

〖鳞翅目 灯蛾科〗

Hyphantria cunea (Drury)

国内分布北方一些省区，新疆尚无分布报道。寄主植物多达 200 多种。林木、果树、农作物、观赏植物和杂草均可受害。

蛾体、翅白色。雄蛾前翅由纯白色无斑点到有浓密的黑色斑点或散布浅褐斑。后翅一般无斑纹。雌蛾前、后翅一般无斑点。卵近球形，浅绿色或淡黄绿色。幼虫分黑、红头两型。黑头型头黑色，体黄绿色、灰色或灰黑色。红头型头橘红色，体乳黄色杂有暗色斑纹。蛹暗红褐色。蛹体末臀棘 10 多根。

1979 年首次于辽宁发现。在辽宁丹东地区一年发生 2 代，陕西 1 年 2 代，有不完全的第三代发生。以蛹越冬。幼虫 1 ～ 4 龄为群聚结网阶段，大的网幕中幼虫可达数百头，网幕可长达 1m 以上。幼虫 5 龄后脱离网幕分散活动、危害。新疆应加强检疫，严防传入。

美国白蛾危害状

美国白蛾末龄幼虫危害状
（山东省商河县林检局）

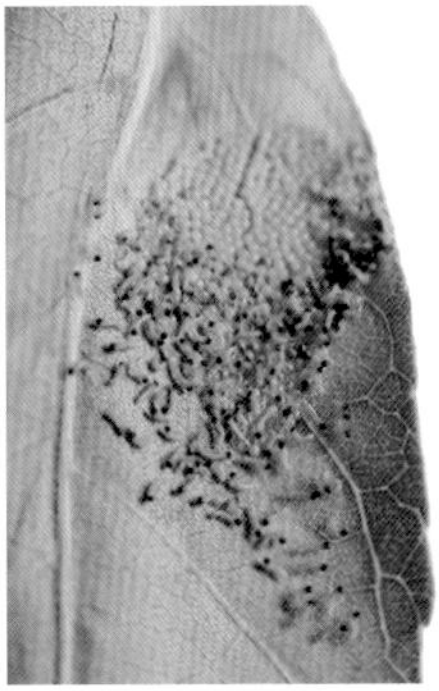

美国白蛾卵块及初孵幼虫
（山东省商河县林检局）

美国白蛾成虫交尾状及产卵
（山东省商河县林检局）

美国白蛾蛹（山东省商河县林检局）

黄灯蛾 又称伪浑黄灯蛾、菊星红灯蛾

〖鳞翅目 灯蛾科〗

Rhyparia purpurata（Linnaeus）

北疆有分布。寄主有菊科植物等。

体棕黄色，前翅黄色，翅面有棕黑色黑斑。后翅前缘及后缘基部黄色，其余大部分红色，翅面有7个大黑斑。

年发生代数、生活史不详。

黄灯蛾成虫

眩灯蛾

〖鳞翅目 灯蛾科〗

Lacydes spectabilis（Tauscher）

主要分布在新疆天山中段北麓山前草原地带至古尔班通古特沙漠腹地的草原、荒漠地带。寄主有驼绒藜、白梭梭、梭梭、红柳、沙拐枣、蒿类等乔、灌、草植物，2006年以来春季不断有侵入农区危害棉花、甜菜、黄豆、油葵等多种作物的情况。

蛾体、翅浅黄褐色。翅面具大小不一的棕褐色斑块。前翅斑块大体上呈4横列。后翅斑块呈3横列，甚至相互连接成片。腹部背面黑色，腹节后缘具窄橙色横毛带。卵馒头形，浅黄色。幼虫黑褐色，每一体节具6对黄褐色毛瘤，体多次生体毛，呈放射丛状着生毛瘤上。体毛杂生，颜色变化大，有红、白、黄、黑、蓝等色。被蛹，红褐色，腹末有臀棘12根。

1年1代，以低龄幼虫在植物根部浅土层丝窝中越冬。翌年4月中旬出蛰取食。幼虫有群体迁移习性。5月下旬老熟幼虫在茂密灌丛阴面沙土中做土室越夏，7月下旬至8月上旬在此室内化蛹。土室以虫丝连缀沙土、枯叶做成的薄盖封住。成虫8月下旬羽化，交尾、产卵。9月上旬幼虫孵化，不久进入越冬状态。

眩灯蛾侵入农八师150团农田时的环境状况

眩灯蛾卵

眩灯蛾幼虫

眩灯蛾危害蒿

眩灯蛾危害黄芪

眩灯蛾危害造成棉花毁种

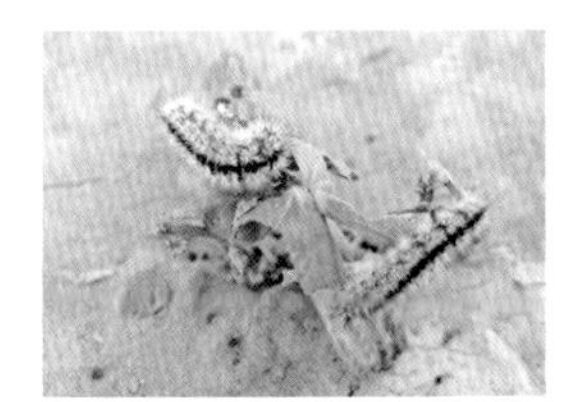
眩灯蛾危害棉苗

眩灯蛾危害白梭梭幼嫩同化枝

眩灯蛾幼虫受惊扰状

眩灯蛾蛹及化蛹场所

眩灯蛾预蛹

眩灯蛾雄蛹（左）和雌蛹（右）

眩灯蛾雌蛾（昌吉州森防站）

眩灯蛾雄蛾

稀点灯蛾

〖鳞翅目 灯蛾科〗

Spilosona urticae Esper.

伊犁地区有分布。危害玉米、麦、蔬菜及野生草本植物等。

蛾体、翅白色。前翅中室上下及近后缘有黑点。胸部背面多白长绒毛。腹背面黄色，腹中央有黑点 7 个，侧面有黑点 5 个。腹部腹面白色。卵圆球形，黄色。幼虫体褐色或暗褐色，披长毛，体节有毛瘤。

1 年 3 代，以蛹越冬。幼虫共 6 龄，食性很杂。

稀点灯蛾雌成虫

稀点灯蛾雄成虫

亚麻篱灯蛾新疆亚种

〖鳞翅目 灯蛾科〗

Phragmatobia fuliginosa placida Frivaidszy

全疆分布。寄主有亚麻、酸模、蒲公英等。有危害苹果的报道。

蛾体、翅红褐色，触角干白色。前翅中室端部有两个紧挨在一起的小黑点。后翅中部有 2 个黑点，外缘有黑斑 3 个。腹部背面全为黑褐色。幼虫黄棕色，体具毛瘤，密布黄棕色长毛。

1 年 2 代，以老龄幼虫在树皮下及枯枝落叶下越冬。翌年 4 月中旬化蛹，4、5 月成虫羽化、产卵。6、7 月为第一代幼虫危害期，7 ~ 9 月为第二代幼虫发生期。9 月末老熟幼虫进入越冬状态。

亚麻篱灯蛾新疆亚种成虫

亚麻篱灯蛾

〖鳞翅目 灯蛾科〗

Phragmatobia fuliginosa Linnaeus

亚麻篱灯蛾成虫

全疆分布。寄主有亚麻、蒲公英、苹果等。

蛾体及前翅棕红褐色，触角干白色。前翅中室端部有两个紧挨在一起的小黑点。后翅红褐色，中部有2个黑点，亚外缘有宽弧形黑斑，或分成4个大黑斑。腹部红褐色，中央及两侧有黑纹。幼虫黄棕色，体具毛瘤，密布黄棕色长毛。

1年2代，以老龄幼虫在树皮下及枯枝落叶下越冬。翌年4月中旬化蛹，4、5月成虫羽化、产卵。6、7月为第一代幼虫危害期，7～9月为第二代幼虫发生期。9月末老熟幼虫进入越冬状态。

大袋蛾 又称大蓑蛾

〖鳞翅目 袋蛾科〗

Cryptothelea variegata Snellen

黄河流域及以南地区普遍发生。寄主植物600余种，除危害海棠等果树，雪松、水杉、泡桐、柳、月季、玫瑰等乔、灌木外，还危害多种农作物，可将叶片咬成空洞、吃光。雌成虫体长约25mm，无翅，体肥大粗壮，米黄色，腹部末端有环状茸毛。雄成虫体长约15mm，触角羽毛状，体黑褐色，前翅外缘有4、5个透明斑。老熟幼虫灰黑色，胸部背面两侧有赤褐色条纹。幼虫体外具丝质袋囊，囊外附较大碎叶及排列零散的枝梗。新疆曾有多次在调运的苗木枝条上检出带活虫的幼虫袋囊。

大袋蛾幼虫袋囊

新疆应警惕传入与危害。

小袋蛾

〖鳞翅目　袋蛾科〗

Cryptothelea sp.

长江流域及以南地区普遍发生。危害多种果树、林木、花卉的叶片。雌成虫无翅，体长约7mm，黄白色。雄成虫体长约4mm，前翅暗黑色，后翅银白色。老熟幼虫黄褐色。幼虫袋囊外附有细小叶片及枝皮。

新疆应警惕随苗木调运传入与危害。

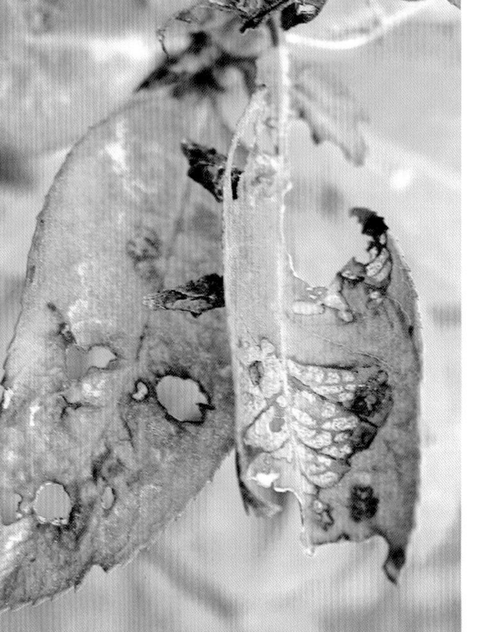

红叶石楠被害状

剖出的小袋蛾越冬幼虫

越冬幼虫袋囊在寄主枝头伪装成寄主冬芽状

小袋蛾蛹

小袋蛾

茶袋蛾

〖鳞翅目 袋蛾科〗

Cryptothelea minuscule Butler

长江流域及以南地区普遍发生。幼虫危害多种果树、林木、花卉的叶片。雌成虫无翅，体长约 17mm，体肥大粗壮，米黄色，腹部有淡黄色茸毛。雄成虫体长约 13mm，触角羽毛状，体暗褐色，前翅外缘有 2 个透明斑。老熟幼虫褐红色，腹部肉红色，有黑斑。幼虫袋囊外附有平行排列的细枝梗。新疆有过在调运苗木枝条上检出带活虫袋囊的纪录。

新疆应警惕传入与危害。

紫荆叶片被害状

茶袋蛾幼虫的袋囊

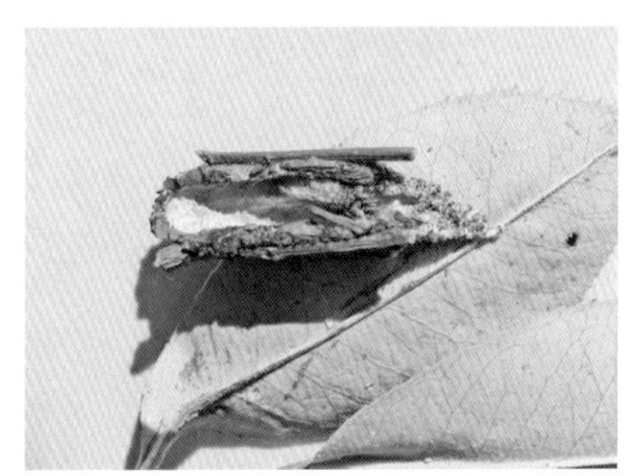

剖开袋囊可见幼虫

弧目大蚕蛾

〖鳞翅目　大蚕蛾科〗

Neoris haraldi Schawerda

国内仅分布新疆。南、北疆都有分布。主要寄主有胡杨、灰杨、箭杆杨、新疆杨、沙枣、白蜡、榆、杏、苹果、梨等。

蛾大型，体黄褐色。前翅灰褐色，间杂白色鳞毛。中室端部有1个棕褐色椭圆形眼斑，眼斑镶有黑边，内有一弧形白色纹。棕黄色线穿过眼斑。外线棕黑色，形成6个大波形纹，外侧镶有白色边。后翅基部紫红色，翅中央有1个棕褐色圆形大眼斑，眼斑镶有宽黑边，内有一宽弧形白色纹。背部棕褐色腹部灰黄色，腹部背面有棕黑色横带6条。卵椭圆形，两端钝圆，扁平，中间凹陷，灰白色至灰褐色。幼虫多次生体毛，气门、体色、体毛、体节上的突起随虫龄发育的不同有很多变化，有时同一虫龄也有不同的表现。体色从砖红色、灰红色、黄绿色到绿色等一系列变化。老熟幼虫深绿色，腹面黑绿色，头部棕褐色，胸足橘红色，腹足末端外侧有一黄褐色斑块，气门椭圆形，朱红色。蛹纺锤形，粗壮，深红棕色，腹部末端两侧突出并各生有臀棘1束。

1年1代，以卵越冬。幼虫取食树木叶片。5月下旬老熟后下树在林地枯枝落叶、灌木丛下及浅表层土壤中化蛹越夏，蛹期4个多月。成虫羽化期为9月下旬至11月上旬。成虫羽化后3日可交尾、产卵。卵多产于一年生枝条的树皮裂缝下。卵粒多2～16粒排列行，少有单粒散产。

弧目大蚕蛾严重危害新疆塔里木河沿岸的天然胡杨林

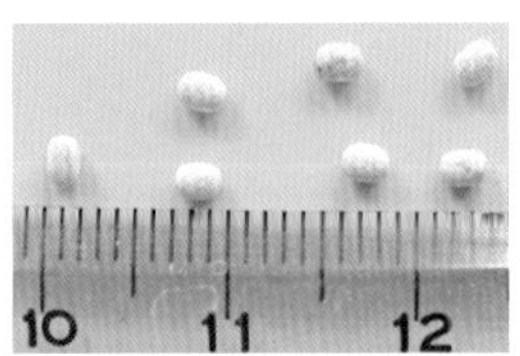

弧目大蚕蛾卵

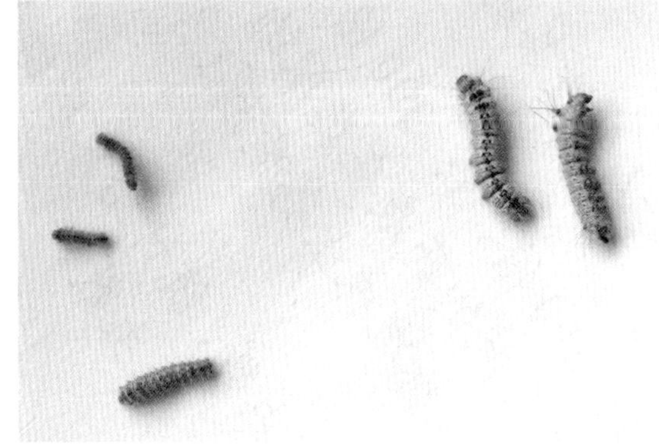
弧目大蚕蛾1、2、3龄幼虫

红柳枝条上的弧目大蚕蛾卵

弧目大蚕蛾1龄幼虫

弧目大蚕蛾2龄幼虫

弧目大蚕蛾3龄幼虫

弧目大蚕蛾4龄幼虫

弧目大蚕蛾5龄幼虫

林地上的弧目大蚕蛾茧

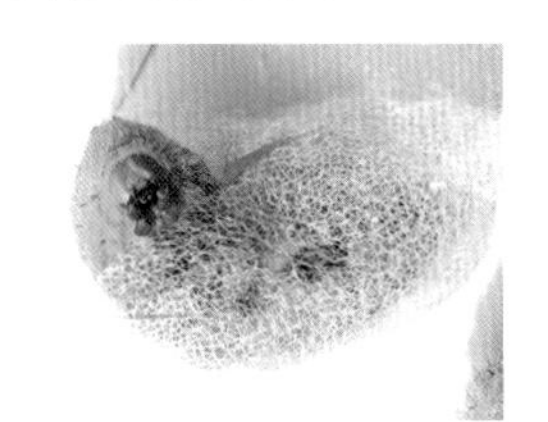
弧目大蚕蛾预蛹

胡杨枝上的弧目大蚕蛾卵

弧目大蚕蛾不同发育阶段的蛹（农二师33团森防站）

弧目大蚕蛾雌蛾

弧目大蚕蛾雄蛾

黄刺蛾

〖鳞翅目　刺蛾科〗

Cnidocampa flavescens Walker

因活虫茧随树苗人为传入新疆。笔者2000年已发现在阿克苏市越冬、扩繁。现已经在新疆不少地区发现。寄主有苹果、梨、桃、李、杏、枣、石榴、核桃、枫杨、榆、柳等。

蛾橙黄色。前翅自顶角有1条细斜线伸向中室，斜线内方为黄色，外方为黄褐色；中室横脉部位有1个褐色圆点。后翅灰黄色。卵扁椭圆形，褐色。幼虫体粗。胸部黄绿色，体各节有枝刺，胸部及腹末的长大。枝刺上长有刺毛。体背有紫褐色哑铃形大斑纹。蛹椭圆形，黄褐色。茧椭圆形，质坚硬，灰白色，有褐色纵条纹，似小鸟蛋。

1年1代，幼虫于树干和枝杈处结茧过冬。幼虫食叶危害。阿克苏市一些地方呈中度发生与危害。

黄刺蛾危害紫荆叶片的危害状

黄刺蛾成虫展翅图

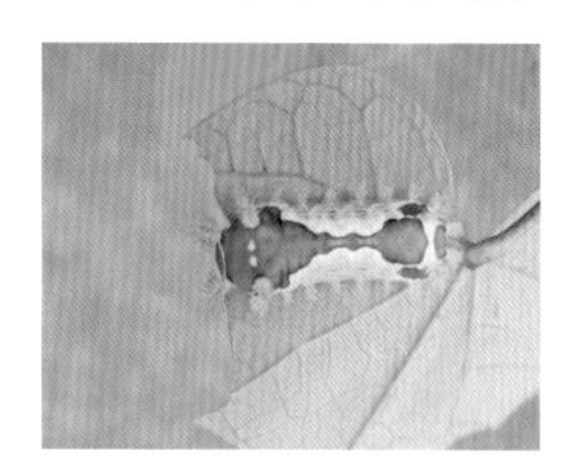

黄刺蛾幼虫背面图

黄刺蛾预蛹及茧

黄刺蛾蛹（伊犁州林检局）

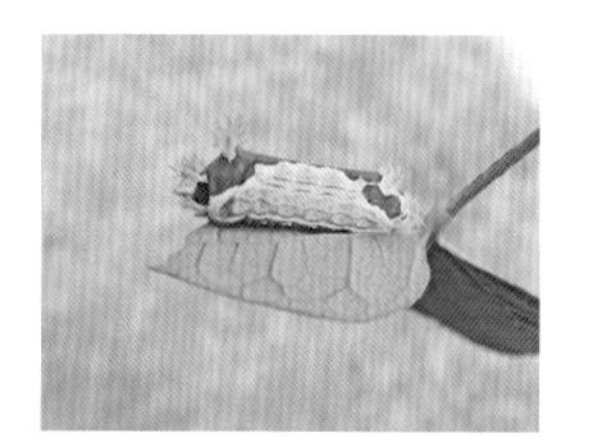

黄刺蛾幼虫侧面图

黄刺蛾的 新、旧茧

柳树上的黄刺蛾茧

紫光箩纹蛾

〖鳞翅目 箩纹蛾科〗

Brahmaea porphrio Chu et Wang

分布上海、安徽、江苏、浙江等地。寄主有黄杨、女贞、丁香等。

成虫大型，棕褐色。前翅中部具深褐色和棕色的箩筐编织纹及紫红色斑块。前、后翅翅脉均为蓝褐色。初孵幼虫黄褐色，有黑斑，中、后胸背面各有 1 对短刺突，第八腹节背面中央有一大刺突。老熟幼虫体光滑，棕黄色，背面有黄褐色斑纹及许多黄褐色小点。气门黑色，椭圆形。

1 年 1 代，以蛹在土中越冬。卵散产于寄主植物叶部。6 ~ 7 月幼虫危害叶片。

新疆应警惕其随带土园林绿化植物的调运传入。

紫光箩纹蛾幼虫危害状

紫光箩纹蛾幼虫

紫光箩纹蛾幼虫的拟态

紫光箩纹蛾幼虫取食

桑蚕 又称家蚕、蚕

〖鳞翅目 蚕蛾科〗

Bombyx mori Linnaeus

以桑叶为食，是著名的经济昆虫。蚕丝是重要的纺织原料。

蚕蛾体、翅灰白色，柔软，被白色鳞片。口器退化。羽化后即可交配，交配1、2小时产。卵椭圆形、扁。初产下时淡黄色，表面隆起，后灰黑色，卵面中央出现凹陷，称卵涡。幼虫头部灰褐色。第8腹节背面中央有1个尾角。初孵幼虫黑褐色，称蚁蚕。其后体色逐渐转成青白。幼虫共5龄。老熟后逐渐减少食桑量以至停食，即开始上蔟吐丝结茧。在茧内化蛹，化蛹后约14日完成成虫发育，即可羽化出茧。

中国是最早利用蚕丝的国家。丝绸文化对推动人类文明的进程，有着不可磨灭的贡献。新疆蚕桑业处于低谷期之后的恢复阶段。

雌蛾及初产之卵

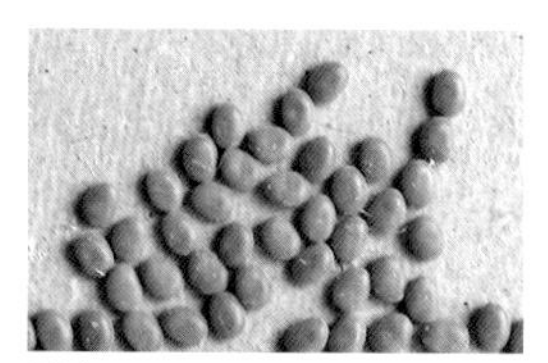

蚕卵

老熟幼虫

蚕茧

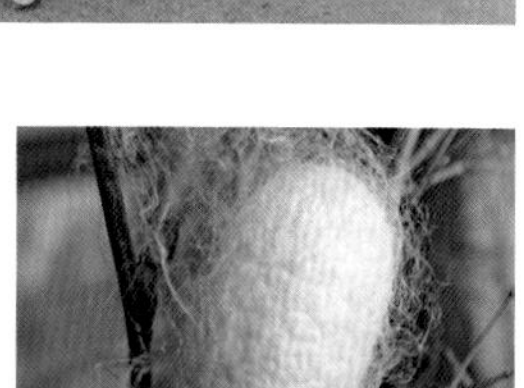

簇上之茧

茧及茧内的蛹

预蛹（右）及蛹（左）

蛹（左雌，右雄）

雌雄虫交尾

以下59种鳞翅目夜蛾科及4种鳞翅目螟蛾科蛾类，是自治区林检局对各地市，多年来采集保存的成虫标本进行整理及分类、鉴定，由施登明教授拍摄完成；目前，已知南北疆有分布，但对其在新疆的生活习性与危害未见研究、报道，尚待系统地观察、研究。

清夜蛾

Enargia paleacea (Esper)

艾菊冬夜蛾

Cucullia tanaceti Denis et Schiffermüller

保恭夜蛾

Gonospileia munita Hübner

老冬木夜蛾

Xyliua vetusta Hübner

环斑饰夜蛾

Oxytrypis orbiculosa (Esper)

黄条冬夜蛾

Cucullia biornata Fischer

灰白地老虎

Euxoa cuprina Stger

三齿剑纹夜蛾

Apatele tridens Denis et Schiff.

红腹裳夜蛾

Catokala pacta Linnaeus

俗灰夜蛾

Polia suasa Butler

红棕灰夜蛾

Polia illoda Brem

银冬夜蛾

Cucullia argentina Fischer

同纹夜蛾

Pcricyma albidentaria Frr

白带绮夜蛾

Acontia tuctuosa Esper

交灰夜蛾

Polia praedita Hübner

杂灰夜蛾

Polia mista Staudinger

协昭夜蛾

Eugnorisma tamerlana (Hampson)

肾白夜蛾

Edessena hamada Felder et Felder

旋幽夜蛾

Scotogramma trifolii (Rottenberg)

类灰夜蛾

Polia astaica LeClerer

异灰夜蛾

Polia aliena

铅色胫夜蛾

Paratrachea chalybeata

菊姬夜蛾

Phyilophila obliticata

芸浊夜蛾

Tholera popularis Fabricius

塞望夜蛾

Clytie syrdaja

锯灰夜蛾

Polia w-latinum

白杖黏夜蛾 又称白“L”黏虫

Xyliua vetusta Hübner

网夜蛾

Heliophobus reticulata Go.

两色夜蛾

Dichromia trigonalis Guenee

桦灰夜蛾

Polia splendens Hübner

厉切夜蛾

Euxoa lidia C.

麦奂夜蛾

Amphipoea fucosa Freyer

一扁身夜蛾

Amphipyra sergei Stgr

北奂夜蛾

Amphipoea ussutiensis Pst.

模黏夜蛾

Leucania insecuta（Walker）

暗翅夜蛾 又称暗后夜蛾

Dipherygia caliginosa (Walker)

碧金翅夜蛾

Plusia nadeja Oberthiir

迹幽夜蛾

Scotogramma stimasa Ch.

藏委夜蛾

Athetis himaleyica

基剑切夜蛾

Euxoa sp.

桑夜蛾

Acronycta major Bremer

克袭夜蛾

Sidemia spilogramma

暗后剑纹夜蛾

Anacronicta calignea（Butler）

烟火焰夜蛾 又称豆黄夜蛾

Pyrrhia umbra（Hufnagel）

首剑纹夜蛾

Acronycta megacephala Schiff.

石冬夜蛾

Lithophana ingrica（Herrig-Scaffer）

宽胫夜蛾

Melicletria scutosa（Schiff.）

白点美冬夜蛾

Cosmia ocellaris Borkhausen

齿美冬夜蛾

Xanthia tunicata Graeser

紫脖夜蛾

Toxocampa recta

寒切夜蛾

Euxoa sibirica Boisduval

光剑纹夜蛾

Acronycta adaucta Warren

红棕灰夜蛾

Polia illoda（Butler）

绮夜蛾

Acontia lucida Hüfnagel

黄黑望夜蛾

Clytie luteonigra

刻梦尼夜蛾

Orthosia cruda Sch.

灰翅双线冬夜蛾

Cucullia sp.

单梦尼夜蛾

Orthosia gracilis Sch.

黑点铜翼夜蛾

Cnrysoptera sp.

豆荚斑螟

Etiella zinckenella (Treitschke)

黑纹盾额禾螟

Ramila sp.

灰白翅斑螟

Nephopteryx sp.

尖锥额野螟

Loxostege sp.

绢粉蝶

〖鳞翅目　粉蝶科〗

Aporia crataegi（Linnaeus）

阿尔泰山有分布。寄主为蔷薇科植物。

成虫翅白色，微黄。翅无斑纹，翅脉黄褐色。

1年1代。以幼虫越冬。

绢粉蝶

山楂粉蝶

〖鳞翅目　粉蝶科〗

Aporia crataegi Linnaeus

山楂粉蝶幼虫

山楂粉蝶蛹

山楂粉蝶成虫

全疆分布。寄主为山楂、苹果、梨等蔷薇科果树。

成虫体黑色。雄蛾翅白色，雌灰白色。翅脉黑色，前翅外缘除臀脉外各翅脉末端均有一烟黑色三角形斑。卵尖瓶状，鲜黄色。幼虫头部黑色，胸、腹部背面紫黑色，体有黄斑串连而成的纵纹，腹面紫灰色，体侧灰白色。体躯各节有许多小黑点，着生白色长毛。蛹黄白色，具黑色斑点。

1 年 1 代，以 2、3 龄幼虫群集在树冠上的虫巢中越冬。出蛰群集危害叶芽、花蕾、叶片及花瓣。5 龄分散活动。斜立于枝条上化蛹——称缢蛹。

云斑粉蝶　又称斑粉蝶、花粉蝶

〖鳞翅目　粉蝶科〗

Pontia daplidice Linnaeus

普遍分布。寄主为野生的、人工种植的十字花科植物。

成虫体背黑色，翅粉白色，雌虫前翅中室有 1 个黑色方形斑，后缘前有一圆形黑斑，顶角和后翅外缘有几个黑斑，后翅还有大面积褐色云状斑纹。雄虫前翅后缘前黑斑模糊，后翅无黑斑，只有褐色云状斑纹。幼虫蓝灰色，体线黄色。蛹灰黄、灰绿、青绿等色。

1 年 1 代。以蛹越冬。常与菜粉蝶混同发生。

云斑粉蝶雌蝶

云斑粉蝶雄蝶

大菜粉蝶 又称欧洲菜粉蝶

〖鳞翅目 粉蝶科〗

Pieris brassicae (Linnaeus)

普遍分布。寄主为野生的、人工种植的十字花科植物、蔬菜等。

成虫体黑色。前翅翅基部灰黑色，顶角处被长三角形黑色色斑覆盖，色斑起自翅前缘中部，延至近臀角处。黑斑内侧下方有2个圆形黑斑。后翅前缘近顶角处有1个黑斑。卵尖瓶形，淡黄色。幼虫棕绿色，密布淡色短绒毛；背线黄色，背线两侧各体节具大黑斑1个，每体节前、后缘具小黑斑5、6个。蛹淡黄至绿色，体表具黑斑或黑点。

年发生代数因地域不同而异，以蛹越冬。幼虫食叶危害。

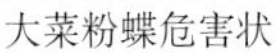

大菜粉蝶危害状

大菜粉蝶幼虫

大菜粉蝶成虫

菜粉蝶 又称菜白蝶

〖鳞翅目 粉蝶科〗

Pieris rapae Linnaeus

普遍分布。寄主为野生的、人工种植的十字花科植物、蔬菜等。

成虫灰黑色，翅白色。前翅翅基部及前缘灰黑色，顶角有1个三角形大黑斑，雌蝶在黑斑下方有2个圆形黑斑，雄蝶有1个黑斑。后翅基部灰黑色，前缘有1个黑斑。卵尖瓶形，橙黄色。幼虫背面青绿色，腹面淡白绿色，背中线黄色。每腹节各有4～5条横皱纹，密布黑色小毛瘤及淡色细小体毛。蛹有绿色、淡褐色、灰黄色等。

年发生代数因地域不同而异，以蛹越冬。幼虫食叶危害，春、秋危害严重。

菜粉蝶危害状

菜粉蝶雌成虫

菜粉蝶雄蝶

镏金豆粉蝶

〖鳞翅目　粉蝶科〗

Colias chrysotheme（Esper）

普遍分布。寄主为苜蓿、黄芪、甘草等豆科植物。

翅淡黄色或黄白色。前翅外缘黑色，雌虫内有边缘模糊的黄斑，中室端部有1个黑色圆斑。后翅基部及外缘淡黑色，中室端部有1个模糊小橙黄色圆斑。雄虫前翅内无黄斑，后翅中室端部有明显的大橙黄色圆斑。

1年2代。以蛹越冬。6～7月在野外可见成虫。

镏金豆粉蝶雌虫

镏金豆粉蝶雄虫

斑缘豆粉蝶

〖鳞翅目　粉蝶科〗

Colias erate（Esper）

普遍分布。寄主为苜蓿、三叶草、黄芪、甘草等豆科植物。

成虫雌、雄色不同。雄蝶前、后翅鲜黄色或橙黄色。雌蝶有黄、白两种色型。前翅端部黑色，内有边缘模糊的黄色或白色斑，中室端部有1黑色圆斑。后翅外缘约有6个边缘模糊的黑斑，中室端部有1个橙黄色圆斑。幼虫深绿色，体多黑色短毛。蛹浅绿色。

1年2～3代。以蛹越冬。4～9月在野外可见成虫。

斑缘豆粉蝶成虫

豆粉蝶

〖鳞翅目 粉蝶科〗

Colias hyale (Linnaeus)

北疆分布。寄主为苜蓿、黄芪、甘草等豆科植物。

翅黄白色。前翅顶角及外缘、亚外缘具宽黑色带，中室端部有 1 个黑色椭圆斑。雄虫后翅中室端部有 1 个橙黄色圆斑，雌虫为白色。

1 年 2 代。以蛹越冬。7 ～ 10 月在野外可见成虫。

豆粉蝶成虫

剑纹云粉蝶

〖鳞翅目 粉蝶科〗

Pontia callidica Hübner

天山、阿尔泰山有分布。寄主为野生的、人工种植的十字花科植物。

成虫体背黑色，翅粉白色，前翅中室末有 1 个黑色方形斑，斑为“S”形细白线形纹所分割。顶角及外缘前部有两排黑斑。后翅有淡灰色云状斑纹。

新疆年世代不详。以蛹越冬。

剑纹云粉蝶

突角小粉蝶

〖鳞翅目 粉蝶科〗

Leptidea amurensis (Menetries)

阿尔泰山有分布。寄主为蔷薇科植物。

成虫体黑色，翅白色。前翅翅基部及前缘灰黑色，顶角圆而突出，有一大黑斑。

1 年 2 代，以蛹越冬。成虫 5 ～ 8 月可见。

突角小粉蝶

任萨豆粉蝶

〖鳞翅目　粉蝶科〗

Colias thisoa Menetries

天山、阿尔泰山、帕米尔 2000m 山地有分布。寄主为野生豆科植物。

翅橙黄色。翅顶角及外缘具宽黑色带，带中具黄斑，中室端部有 1 个黑色椭圆斑，翅中部红色。

1 年 1 代。6 ~ 7 月在野外可见成虫。

任萨豆粉蝶成虫

珠蛱蝶

〖鳞翅目　蛱蝶科〗

Issoria lathonia (Linnaeus)

新疆分布天山、阿尔泰山。

成虫体灰色。翅黄褐色。前翅端部有 2 横列黑斑，内侧的 1 列呈"S"形排列。后翅端半部有 3 列黑斑，臀角为直角。其他虫态描述缺。

1 年 2 ~ 3 代。4 ~ 10 月自荒漠到亚高山可见成虫活动。

珠蛱蝶成虫

银斑豹蛱蝶

〖鳞翅目 蛱蝶科〗

Argynnis aglaja Linnaeus

分布天山、阿尔泰山山地。寄主为堇菜科植物。

成虫体黑色。翅黄褐色，外缘有2条黑线纹，内具2条黑斑列，前翅中室具3条黑纹。后翅后缘灰褐色。6～7月山地可见成虫活动。

银斑豹蛱蝶成虫

潘豹蛱蝶

〖鳞翅目 蛱蝶科〗

Argynnis pandora (Denis et Schiffer.)

分布天山、阿尔泰山地。

成虫体黑色。翅橙黄色，翅脉粗而清晰。前翅中室内具5条黑线纹，端部有2个黑色圆斑。后翅中部黑斑连成横线。

5～9月可见成虫活动。

潘豹蛱蝶成虫

月牙网蛱蝶

〖鳞翅目 蛱蝶科〗

Melitaea sibina Alph.

分布阿尔泰山山地。

成虫体黑色。翅棕黄色，外缘有月牙形黄斑列，基部具网状线纹。前翅具“S”形黑斑列。5～7月可见成虫活动。

月牙网蛱蝶

庆网蛱蝶

〖鳞翅目　蛱蝶科〗

Melitaea cinxia (Linnaeus)

新疆分布天山、阿尔泰山。

成虫体灰色。翅红黄色，外缘具新月形黄斑。前翅具曲形黑点列。后翅外缘具一列黑斑。5 ~ 8 月山地可见成虫活动。

庆网蛱蝶成虫

斑网蛱蝶

〖鳞翅目　蛱蝶科〗

Melitaea didymoides Eversmann

分布天山山地。

成虫体黑色。翅橙黄色，外缘黑带宽，亚外缘为黑点列。翅中部“S”形斑列断裂。中室内具“8”字形纹。后翅基部具网状线纹。

6 ~ 7 月可见成虫活动。

斑网蛱蝶成虫

大网蛱蝶

〖鳞翅目　蛱蝶科〗

Melitaea scotosia Butler

分布阿尔泰山山地。

成虫体黑色。翅棕黄色，外缘黑带细窄，亚外缘带内突翅中部“S”形斑列断裂。后翅基部具网状线纹。

7 月可见成虫活动。

大网蛱蝶

荨麻蛱蝶

〖鳞翅目　蛱蝶科〗

Aglais urticae (Linnaeus)

主要分布北疆地区。寄主为荨麻。

成虫体黑色。前翅外缘黑色，上有一列黄斑。基部灰黄色，前缘有 3 个矩形大黑色块，后缘部分红褐色，有黑色斑块。后翅外缘有黑色宽带，上有 6 个半月形蓝色斑点。翅基部为大片黑色斑块。基部斑块和外缘宽带间为红褐色。幼虫黑灰色。体节前后缘具多个小白点形成的横纹 2 条。背线黑色，被暗蓝色圆点分割。体节具蓝黑色枝刺。蛹金黄色，有光泽。

1 年 1 代。以成虫越冬。7 ~ 8 月份为幼虫盛发期，4 龄前幼虫群集吐丝连缀寄主枝叶，群集在网内取食叶片，进入 5 龄分散取食。

荨麻蛱蝶危害状

荨麻蛱蝶蛹

荨麻蛱蝶成虫

黄缘蛱蝶

〖鳞翅目　蛱蝶科〗

Nymphalis antiopa (Linnaeus)

全疆分布，寄主有桦树、榆树、柳树、杨树等。

成虫黑色，翅深紫褐色，外缘有灰黄色宽边，内侧有7～8个蓝紫色的椭圆斑点。幼虫黑色，后胸到腹部第七节背有红褐色蝶形斑，体有枝刺，枝刺无明显分叉。蛹灰褐色或红褐色。

1年1代，以成虫越冬。成虫在寄主顶部嫩梢上产卵。卵块呈环状或半环状。幼虫食叶危害。

黄缘蛱蝶成虫

小红蛱蝶

〖鳞翅目　蛱蝶科〗

Vanessa cardui Linnaeus

世界广布种。寄主记载超过100种植物，主要有菊科、紫草科、锦葵科、豆科、伞形科和鼠李科等。

成虫体黑灰色。翅红黄色，外缘白色，被一列黑斑分割。前翅基部及后缘灰黄色，靠顶角部分黑色，翅面有白斑及黑褐色斑块。前翅反面顶角黑褐色，中部横带鲜红色。后翅反面多灰白色线及不规律分布的褐色纹，外缘有1条淡紫色带，其内侧有4～5个中心青色的眼状纹。幼虫体黑色，布有短棘刺。蛹淡黄白色。

年发生世代不详。以成虫越冬。幼虫取食寄主叶片危害。

小红蛱蝶成虫展翅状

小红蛱蝶成虫

孔雀蛱蝶

〖鳞翅目 蛱蝶科〗

Junonia almanac (Linnaeus)

广泛分布。寄主为荨麻科、车前等植物。

成虫体棕黑色，密布棕褐色绒毛。翅外缘具黑褐色宽边。前翅为鲜艳的朱红色，顶角处有一椭圆形大眼状斑。后翅大部分被大椭圆形眼斑占据。冬型个体翅膀外缘具尖角突出，且翅面不具眼纹，拟态枯叶状。幼虫体黑色，具不分枝的枝刺。

1 年 1 代。以成虫越冬。春季至秋末均可见成虫活动。其眼斑，尤其是后翅的眼斑酷似某些肉食捕鸟动物的眼睛，研究证实可以大大减少孔雀蛱蝶的被捕食率。

孔雀蛱蝶成虫

福蛱蝶

〖鳞翅目 蛱蝶科〗

Fabriciana niobe (Linnaeus)

广布新疆山地。寄主为堇菜科植物。

成虫体黑色。翅深棕红色，外缘有 2 条黑线纹，内具新月形黑斑列，再内有黑点列。前翅中室具 4 条黑纹。后翅基及后缘灰褐色。6 ~ 7 月山地可见成虫活动。

福蛱蝶雌虫补充营养

福蛱蝶雄成虫

榆黄黑蛱蝶 又称朱蛱蝶

〖鳞翅目 蛱蝶科〗

Nymphalis xanthomelas Denis et Schiffermüller

全疆分布，寄主有榆树、柳树、杨树等。

成虫体黑色，翅红黄色。前翅有大小黑斑7个，外缘有宽黑带，外侧有灰黄色斑7个。后翅前缘有大黑斑，外缘黑带纹镶紫蓝色带纹，背面中部有模糊小白点。卵矮柱形，灰紫色，顶部凹陷。幼虫灰黑色，头两侧具角状突起，中、后胸、腹部各节有枝刺。枝刺1、2个分叉及很多斜向硬毛。蛹灰褐色，体有灰白细粉。体前端有2个大角状突起，胸、腹部两侧各有1个角状突起。

1年1代，以成虫越夏、越冬。早春成虫出蛰，喜吸食树液。卵块多产林木嫩梢部。幼虫5龄，1～2龄群集吐丝结网，在网内取食叶片，3～5龄分散取食。蛹为悬蛹。

榆树幼林严重被害状

榆黄黑蛱蝶幼虫

榆黄黑蛱蝶老熟幼虫（察布查尔县林检局）

榆黄黑蛱蝶危害状（察布查尔县林检局）

榆黄黑蛱蝶预蛹（察布查尔县林检局）

榆黄黑蛱蝶蛹（察布查尔县林检局）

榆黄黑蛱蝶成虫

榆黄黑蛱蝶成虫（示后翅背面的小白斑）

榆黄黑蛱蝶雌蝶

榆黄黑蛱蝶雄虫

黄钩蛱蝶

〖鳞翅目 蛱蝶科〗

Polygonia c-aureum（Linnaeus）

寄主有榆树、杨、柳、桦等。

成虫棕色，翅黄红色，前翅外缘前、后有2个较深内凹，有大小黑斑9个。后翅背面中部有十分明显的黄色“＜”形纹1个。

1年1代，以成虫越夏、越冬。幼虫食叶危害。

黄钩蛱蝶成虫

黄钩蛱蝶后翅腹面（示黄钩状纹）

白钩蛱蝶

〖鳞翅目　蛱蝶科〗

Polygonia c-album（Linnaeus）

全疆分布，寄主有榆树、柳树、忍冬、莓类、大麻、醋栗、桦等。

成虫黑色，翅红褐色，前翅外缘前、后有2个较深内凹，有大小黑斑8个，外缘具宽黑带，黑带内侧具7个黄色色斑。后翅背面中部有十分明显的白色“<”形纹1个。卵圆柱形，灰色。幼虫灰白色，头两侧具角状突起。体节具枝刺，枝刺白色或淡棕色，软。蛹褐色或灰褐色，体上有灰白细粉。

1年1代，以成虫越夏、越冬。幼虫食叶危害。

白钩蛱蝶危害状

白钩蛱蝶蛹壳

白钩蛱蝶幼虫

白钩蛱蝶成虫

白钩蛱蝶后翅腹面（示白钩状纹）

白矩朱蛱蝶 又称白“C”纹蛱蝶

〖鳞翅目 蛱蝶科〗

Nymphalis vau-album (Denis et Schiff.)

全疆分布，寄主有榆树、杨、柳、桦等。

成虫黑色，翅红褐色，外缘锯齿状。前翅有大小黑斑7个，外缘具宽黑带。后翅背面中部有十分明显的白色“C”状弧形纹1个。卵圆柱形，灰色。幼虫黑灰色，头两侧具角状突起。体节具枝刺，枝刺淡棕色，软。蛹褐色或灰褐色，体上有灰白细粉。

1年1代，以成虫越夏、越冬。幼虫食叶危害。

白矩朱蛱蝶蛹壳

白矩朱蛱蝶腹面（示后翅背面的白钩状纹）

白矩朱蛱蝶成虫正面图

颤网蛱蝶

〖鳞翅目 蛱蝶科〗

Melitaea pallas Stgr.

颤网蛱蝶成虫

新疆分布天山、帕米尔。

成虫体灰色。翅棕红色，外缘黑带内具新月形黄斑列。前翅中室中部及端部具黑边红斑纹。后翅基黑色。7月山地可见成虫活动。

单环蛱蝶

〖鳞翅目　蛱蝶科〗

Neptis rivularis (Scopoli)

分布天山、阿尔泰山山地。寄主为蔷薇科植物。

成虫体、翅黑褐色，前翅中室4段白斑与后面的3个白斑及后翅的6个中横白斑形成环状。7月可见成虫活动。

单环蛱蝶成虫

天山绢蝶

〖鳞翅目　绢蝶科〗

Parnassius tianshanicus Oberthur

天山绢蝶雌蝶

天山绢蝶雄蝶

国内分布四川、西藏，新疆分布1000m以上山地。寄主为景天科植物。

成虫体灰白色。翅白色或淡黄白色。半透明。前翅中室中部及端部各有1个大黑斑，中室外有2个黑斑，后缘中部有1个圆形黑斑；中室外2个黑斑及后缘黑斑中间为红色；翅外缘部分淡黑褐色，亚外缘有不规则的黑褐带。后翅基部和内缘基半部黑色；前缘及翅中部各有1个近圆形的镶黑边红斑；臀角及内侧有2个黑斑，有时靠后缘的黑斑中心呈红色。

年生活史不详。海拔1000m以上山区7～8月份可见成虫活动。

阿波罗绢蝶

〖鳞翅目　绢蝶科〗

Parnassius apollo (Linnaeus)

国内仅分布新疆山地。阿波罗绢蝶为国产30多种绢蝶中较珍贵的种类，分布于1000m以上山地，是国家二级保护动物。寄主为景天科植物。

阿波罗绢蝶成虫

成虫体灰白色。翅白色或淡黄白色，半透明。前翅中室中部及端部各有1个大黑斑，中室外有2个黑斑，后缘中部有1个黑斑。5个黑斑均近圆形；翅外缘部分淡黑褐色，亚外缘有不规则的黑褐带。后缘中部有1个圆形黑斑。后翅基部和内缘基半部黑色；前缘及翅中部各有1个近圆形的镶黑边红斑，红斑有时中心白色；臀角及内侧有2个黑斑；亚外缘线黑带断裂为6个模糊黑斑。翅反面与正面相似，但翅基部有4枚镶黑边的红斑，2枚臀斑也为具黑边的红斑。雌蝶色深，前翅外缘半透明带及亚缘黑带较雄蝶宽而明显，后翅红斑较雄蝶大而鲜艳。卵卵圆形，扁平，黄绿色。幼虫体黑色，前胸至第九腹节背面有红色圆形斑。蛹暗褐色，覆盖有灰白色粉。

一年1代，以卵越冬。栖息于海拔750～2000m山区。7～8月份可见成虫活动，飞翔缓慢。其野外生活习性不详。

锦葵花弄蝶

〖鳞翅目　弄蝶科〗

Pyrgus malvae (Linnaeus)

天山、阿尔泰山、准噶尔盆地有分布。

翅黑褐色。翅具不完整白斑列，前翅中室白斑矩形，大而明显。

5～6月份可见成虫活动。

锦葵花弄蝶成虫

奥枯灰蝶

〖鳞翅目　灰蝶科〗

Cupido osiris (Meigen)

阿尔泰山、准噶尔盆地至塔城有分布。

雄成虫翅深蓝色。翅端部具6个小黑斑的黑斑列，中室内外具黑斑。后翅外缘具黑斑列。翅基部具蓝色光泽。

5～7月可见成虫活动。

奥枯灰蝶成虫

多眼灰蝶

〖鳞翅目　灰蝶科〗

Polyommatus eros Ochsenheimer

塔城山区分布。寄主为豆科植物。

多眼灰蝶雄成虫

蓝灰蝶

〖鳞翅目　灰蝶科〗

Everes argiades (Pallas)

新疆分布伊犁河谷。成虫体、翅蓝灰色。翅前缘、外缘、后缘边暗褐色。

1年2代。4～8月荒漠可见成虫活动。

蓝灰蝶成虫

阿曼眼灰蝶

〖鳞翅目 灰蝶科〗

Polyommatus amandus（Schneier）

北疆分布。寄主为豆科植物。

成虫体、翅紫蓝色。翅外缘具模糊齿状黑斑列，中室端具弧形黑斑。前后翅基蓝绿色。

年发生代数不详。5 ~ 7 月可见成虫活动。

阿曼眼灰蝶成虫腹面

阿曼眼灰蝶成虫

阿撒灰蝶

〖鳞翅目 灰蝶科〗

Athamanthia athamantis（Eversmann）

准噶尔盆地至塔城有分布。寄主为蓼科植物。

雄成虫翅红棕色。翅外缘具黑斑列，中室内外具黑斑。后翅外缘具黑边，内具黑斑列，具尾突。后翅背面银灰色，布满黑点，亚外缘红棕色。

6 ~ 7 月可见成虫活动。

阿撒灰蝶成虫

阿撒灰蝶腹面图

居间云眼蝶

〖鳞翅目　眼蝶科〗

Hyponephele interposita (Erschoff)

东天山、阿尔泰山、伊犁河谷有分布。

翅棕褐色。雌蝶前翅端部有黄色区域，内有2个圆形黑斑，上边斑中白色。后翅灰褐色，中横线黑色，波状。

5～7月可见成虫活动。

居间云眼蝶成虫

卡都云眼蝶

〖鳞翅目　眼蝶科〗

Hyponephele kadusina (Staudingger)

天山、阿尔泰山、准噶尔盆地有分布。

翅褐黄色。翅近顶角有1个圆形黑斑。后翅灰褐色，中间色淡。雄性前翅基半部有一粗的斜置性标。

7月可见成虫活动。

卡都云眼蝶成虫

寿眼蝶

〖鳞翅目　眼蝶科〗

Pseudochazara hippolyte (Esper.)

天山、塔城有分布。

翅基部灰褐色，外缘带黑褐色。亚外缘带宽，橙黄色，内有2个圆眼斑，斑中心白色。近臀角有一小眼斑。

1年1代。6～8月可见成虫活动。

寿眼蝶成虫

仁眼蝶

〖鳞翅目 眼蝶科〗

Eumenis autonoe（Esper.）

天山、阿尔泰山、准噶尔盆地有分布。

翅棕褐色。翅亚外缘黄褐色，前翅亚外缘有 2 个圆眼斑。

6 月份可见成虫活动。

仁眼蝶成虫

八字岩眼蝶

〖鳞翅目 眼蝶科〗

Hazara briseis（Linnaeus）

天山、阿尔泰山、伊犁河谷有分布。

翅褐色，前翅前缘黄色，具黑色细横纹。亚外缘有 2 个中心有白色小点的眼斑，中部有 7 个相连的矩形白斑。后翅中部为宽大白色带，内缘污白色。

6 ～ 8 月份可见成虫活动。

八字岩眼蝶成虫

槁眼蝶

〖鳞翅目 眼蝶科〗

Karanasa regeli Alpheraky

分布天山。

翅淡黄褐色，翅基及外缘色稍深。前翅亚外缘有 2 个黄白色大斑，近前缘的中心有白色小点。后翅近臀角小斑。

7 ～ 8 月份可见成虫活动。

槁眼蝶成虫

蛇眼蝶

〖鳞翅目　眼蝶科〗

Minois dryas (Scopoli)

阿尔泰山有分布。

翅黑褐色，主脉黄褐色，前翅亚外缘有 2 个眼斑，中心为蓝白色小圆点，外有淡黄色环。后翅近臀角有一小眼斑。

7 ～ 8 月份可见成虫活动。

蛇眼蝶成虫

潘非珍眼蝶

〖鳞翅目　眼蝶科〗

Coenonympha pamphilus（Linnaeus）

天山、阿尔泰山、塔城有分布。

翅棕黄色。前翅前缘、外缘近顶角处及后翅外缘色深，前翅近顶角处有 1 个黑色圆斑。

1年2代。5 ～ 9 月份可见成虫活动。

潘非珍眼蝶成虫

西方云眼蝶

〖鳞翅目　眼蝶科〗

Hyponephele dysdora（Lederer）

天山、阿尔泰山、伊犁河谷有分布。

翅红褐色。前翅三边黑褐色，亚外缘有 2 个黑色圆斑。后翅臀角处黑褐色。

西方云眼蝶成虫

黄衬云眼蝶

〖鳞翅目 眼蝶科〗

Hyponephele lupina Costa

天山、阿尔泰山有分布。

翅褐色。前翅顶角有1个眼斑。后翅黑褐色。前翅反面黄褐色，顶角眼斑明显，围有黄环。

1年1代。6、7月份可见成虫活动。

黄衬云眼蝶成虫腹面

劳彼云眼蝶

〖鳞翅目 眼蝶科〗

Hyponephele naubidensis (Staudinggcr)

天山、帕米尔、准噶尔盆地有分布。

翅灰褐色。雌蝶翅中间棕黄色，近顶角有2个紧挨一起的圆形黑斑。后翅灰褐色，中间棕黄色。雄性前翅基半部有斜置性标。

6～7月份可见成虫活动。

劳彼云眼蝶成虫

吉尔云眼蝶

〔鳞翅目　眼蝶科〕

Hyponephele kirghisa (Alpheraky)

吉尔云眼蝶成虫

东天山、阿尔泰山、准格尔盆地有分布。

翅黄色。前翅三边黑褐色，前翅顶角有1个黑眼斑，眼斑中间白色。雄蝶翅中部具斜置的黑色性标。后翅基半部黑褐色，外缘有黑斑列。

6～7月份可见成虫活动。

旖凤蝶　又称欧洲杏凤蝶、杏凤蝶

〔鳞翅目　凤蝶科〕

Iphiclides podalirius (Linnaeus)

分布于阿勒泰、塔城山地。危害杏、李、扁桃、梨、苹果、山楂、花楸等植物。

成虫体黑色。翅黄白色。前翅有7条黑色横带，后翅后缘和中部各有1条黑带，外缘黑带上有5个新月形斑；臀角有1个黑色蓝心的圆斑，圆斑被黄、红及白色围绕。卵扁球形，淡黄白色。幼虫头部绿色。体上有白色、黄色、橙色小圆斑。前胸臭丫腺橙黄色。蛹橙褐色。

旖凤蝶成虫

发生世代不详。幼虫食叶。

金凤蝶 又称黄凤蝶

〖鳞翅目 凤蝶科〗

Papilio machaon Linnaeus

广泛分布。寄主主要有花椒、柑橘、茴香、胡萝卜、芹菜、防风及黄檗、杜仲、黄波罗等。

成虫体黄色。翅面具多条黑色纵纹及黑色横斑块及黄色斑块。翅外缘具有黑色宽带，宽带中嵌有 8 个黄色半圆斑。后翅臀角处具长尾状突，外缘黑色宽带中嵌有 6 个黄色新月形斑，内侧有蓝斑。近臀角有一橙红色圆斑，有时红色中还有一个小黑点。卵近球形，淡黄色。幼虫粗壮，绿色。前胸臭丫腺翻出时黄色。体节有由黑色点状、条状斑、绿色或白色条状斑、黄色点状斑组成的艳丽斑纹。蛹黄褐色，体具条纹及突起。

1 年 2 代，以蛹在寄主枝条上越冬。幼虫食叶、花或芽。幼虫受惊时可从前胸伸出臭丫腺，惊吓天敌。

金凤蝶成虫

【鞘翅目】

光泽钳叶甲

〖鞘翅目 叶甲科〗

Labidostomis metallica centrisculpta Pic.

北疆分布，危害多种荒漠植物。

成虫头、体、胸足蓝黑色，有光泽。触角锯齿状，基部 4 节黄棕色，其余各节黑色。前胸背板中央有一细黑纵线，后缘两侧角尖锐刺状。中胸小盾片蓝黑色，舌状。鞘翅黄棕色。

年生活史及危害情况不详。

光泽钳叶甲成虫

白杨叶甲　又称杨赤叶甲

〖鞘翅目　叶甲科〗

Chrysomela populi Linnaeus

全疆分布。寄主为多种杨、柳树。

成虫椭圆形，蓝黑色。鞘翅橙红色或橙褐色，两鞘翅末端交会处黑色。前胸背板蓝紫色。卵椭圆形，橙黄色。幼虫灰白色，前胸背板有“W”字形黑纹，体节具黑色疣状突起，受惊时会溢出乳白色液体。蛹橙黄色，背有成列黑点。

1 年 2 代，以成虫越冬。成虫、幼虫食叶。卵多产在叶背面，竖立排列，呈块状。幼虫有 4 龄。初龄幼虫群聚取食，被害叶片呈网状，2 龄以后幼虫和成虫蚕食叶片，形成缺刻。枝叶多被油状黏性分泌物及虫粪污染，致使苗木顶梢变黑、干枯。在植株及叶片上化蛹。

杨树被害状

白杨叶甲严重危害状

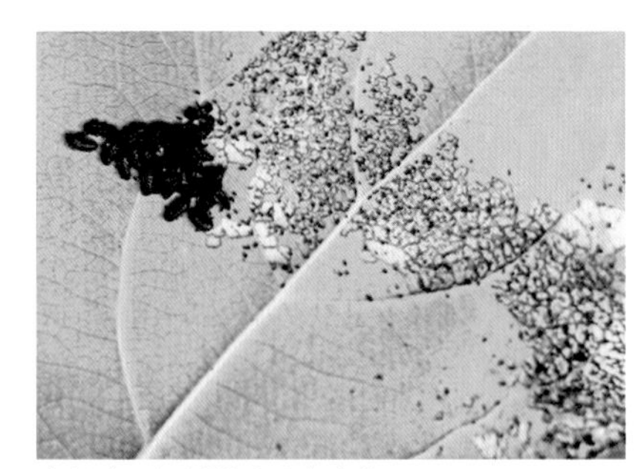

白杨叶甲初孵幼虫及危害状

白杨叶甲卵

白杨叶甲3龄幼虫

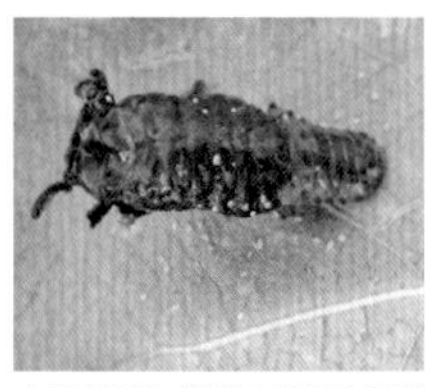

白杨叶甲蛹（阿勒泰地区林检局）

白杨叶甲成虫

杨毛臀萤叶甲东方亚种 又称杨蓝叶甲

〖鞘翅目 叶甲科〗

Agelasfica alni orientalis Baly

全疆分布。寄主为杨、柳、榆、苹果、巴旦等。

成虫椭圆形，黑蓝色。鞘翅密布纵行小刻点。卵椭圆形，灰黄色。幼虫蓝黑色，各节两侧均有 3 个黑色瘤状突起，腹末呈吸盘状。蛹橙黄色，长椭圆形。

1 年 1 代，以成虫在浅土层中越冬。成虫、幼虫食叶，初孵幼虫有群集性，2 龄后分散取食。幼虫共 3 龄。入土化蛹。

杨毛臀萤叶甲东方亚种成虫危害状

杨毛臀萤叶甲东方亚种卵块

杨毛臀萤叶甲东方亚种幼虫

杨毛臀萤叶甲东方亚种幼虫危害状

杨毛臀萤叶甲东方亚种成虫

杨毛臀萤叶甲东方亚种成虫交配状

枸杞龟甲

〖鞘翅目　叶甲科〗

Cassida deltoides Weise

广泛分布，危害枸杞、黑果枸杞等。

体淡黄绿色，椭圆形。前胸背板扩展将头部完全遮盖，边缘略透明。鞘翅有一小红色斑纹及整齐的纵列圆形小突。幼虫宽椭圆形，鲜绿色，边缘有刺状突起16对。幼虫背负脱皮壳。蛹鲜绿色，前胸背板扇状，背负成串的蜕。

1年1代，成虫越冬。幼虫取食叶片。

枸杞龟甲预蛹（哈密地区林检局）

沙枣跳甲

〖鞘翅目　叶甲科〗

Altica elaeagnusae

全疆分布，寄主有多种沙枣与沙棘。

成虫体蓝黑色，有金属光泽，鞘翅密布小刻点。腿节粗大。卵长卵形，黄色。幼虫蓝黑色，胸腹各体节具黑色瘤状突起。体上往往粘有白色蜡质碎屑。腹末呈吸盘状。蛹黄褐色。

1年2代，以成虫越冬。成虫、幼虫食叶，被害叶片呈白色花斑状，严重时可将整株树叶食光。幼虫有3龄。成虫善于飞行、跳跃。

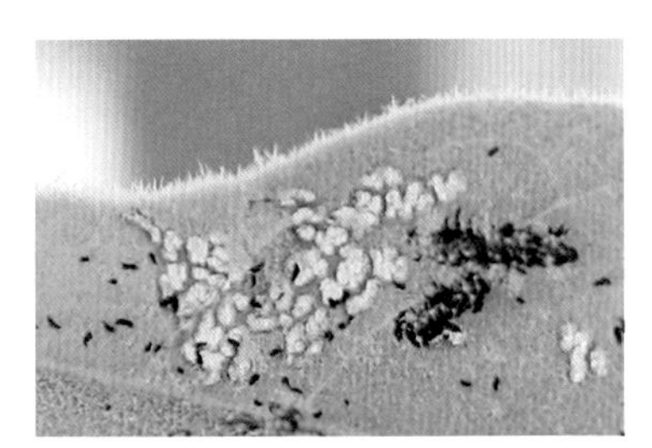

沙枣跳甲幼龄幼虫危害状

沙枣跳甲老熟幼虫

沙枣跳甲成虫危害状

沙枣跳甲成虫交配

沙枣跳甲成虫

蓝跳甲

〖鞘翅目 叶甲科〗

Phyllotreta cruciferae Goeze

全疆分布。寄主为多种野生及栽培的十字花科植物。

成虫体小型，椭圆形，体、鞘翅蓝黑色、有光泽。触角11节，第一节端部到第四节基部为黄褐色，其余部分褐黑色。卵黄色。幼虫黄白色，头部黄褐色。蛹灰黄色。

1年3代，以成虫越冬。成虫食叶，幼虫在土壤中生活，危害根部。

蓝跳甲危害状

蓝跳甲成虫在取食危害

蓝跳甲成虫

马铃薯甲虫

〖鞘翅目　叶甲科〗

Leptinotarsa decemlineata Say

国际性检疫害虫，20 世纪 90 年代初期传入新疆伊犁、塔城等地，目前已经扩散到阿勒泰、博乐、奎屯、石河子、昌吉、巴音郭楞和乌鲁木齐市等地。寄主植物有马铃薯、茄子、番茄、烟草、辣椒及野生茄科植物天仙子等。马铃薯叶甲是世界性具毁灭性的马铃薯害虫，成虫和幼虫暴食叶片，还能传染褐斑病、环腐病等病害，是国内外重要检疫对象。

成虫短卵圆形，淡黄色，体背明显隆起。每鞘翅具 5 条纵行黑纹。腹部每节有黑斑 4 个。卵椭圆形，鲜黄色，有光泽。幼虫橙黄色或砖红色。腹部膨大而隆起。腹部 9 节，除最末两个体节外，虫体每侧有两行大的暗色黑斑。离蛹，淡橘黄色。

1 年发生 3 代，部分 4 代。以成虫越冬。成虫、幼虫食叶危害，黑色排泄物会污染植株茎、叶。成虫寿命为 12 ~ 14 个月，个别可达 2 年。

马铃薯叶甲危害状

马铃薯叶甲卵

马铃薯叶甲幼虫

马铃薯叶甲成虫

马铃薯叶甲成虫侧面图

柳蓝叶甲

〖鞘翅目　叶甲科〗

Plagiodera versicolora (Laicharting)

北疆分布。寄主为多种杨、柳树。

成虫椭圆形，体、鞘翅、胸足深蓝色，有金属光泽。鞘翅橙红色或橙褐色，两鞘翅末端交会处黑色。前胸背板蓝紫色。卵椭圆形，橙黄色。幼虫灰黑色，前胸背板有 2 个褐色斑。蛹黄褐色，背有 4 列黑斑。

1 年 2 代，以成虫越冬。成虫、幼虫食叶。卵多产在叶背面，竖立排列，呈块状。初龄幼虫群聚剥食叶片，被害叶片呈网膜状；老龄幼虫及成虫蚕食叶片形成缺刻。在植株及叶片上化蛹。

柳蓝叶甲危害状

柳蓝叶甲预蛹（右）及蛹（左）

柳蓝叶甲幼虫

柳蓝叶甲成虫

柳蓝叶甲成虫危害状

柳金叶甲

〖鞘翅目　叶甲科〗

Chrysolina pdita Linnaeus

沙漠、戈壁广泛分布。危害多种柳属植物。成虫卵圆形，体、翅红褐色。前、中足胫节及跗节扁平。

年生活史及危害情况不详。

柳金叶甲成虫

丽色叶甲

〖鞘翅目　叶甲科〗

Entomoscelis adonidis Pallas

新疆南北疆分布，取食栽培及野生的十字花科植物叶片。

成虫体长椭圆形，红褐色。头部中央、前胸背板中央及两侧、每个鞘翅中部及中央缝合线均为长形黑色条纹。幼虫黑色、光亮。

1年1代，以卵或幼虫在表土越冬。幼虫老熟后入土化蛹。

丽色叶甲成虫危害状（自治区林检局）

黑盾锯角叶甲

〖鞘翅目 叶甲科〗

Clytra atraphaxidis Pall.

北疆分布，取食白刺、红柳等植物叶片。

成虫体长椭圆形，红褐色。头部中央、前胸背板中央黑色，鞘翅肩部、中部有黑斑，后1/3处有黑色宽横斑。幼虫棕黑色。

1年1代，成虫土壤内越冬。

黑盾锯角叶甲成虫

金绿沟胫跳甲

〖鞘翅目 叶甲科〗

Hemipyxis plagioderoides(Motschulsky)

危害多种荒漠植物。

北疆分布。成虫卵圆形，体、鞘翅金绿色，具强光泽。足腿节基半部粗壮，胫节长过其余任何一节。年生活史及危害情况不详。

金绿沟胫跳甲成虫

杨小李叶甲

〖鞘翅目 肖叶甲科〗

Cleoporus sp.

全疆分布，成虫危害多种杨柳叶片，幼虫在土内取食植物幼根。

体、翅棕红色，前胸棕黑色。每鞘翅具 11 条纵行小刻点。幼虫黄白色，头部及前胸盾黄褐色，体背具数排横列刺毛。

1 年 1 代，以幼虫在土内越冬。5 ~ 6 月为成虫危害期。成虫取食叶肉呈网状，常致树叶枯焦早落。幼虫食根会影响树体发育。

杨小李叶甲危害状

杨小李叶甲成虫危害状

杨小李叶甲成虫

中华萝藦叶甲

〖鞘翅目 肖叶甲科〗

Chrysochus chinensis Baly

我国北方广布种。主要取食萝藦科的鹅绒藤、雀瓢，豆科的紫云英等。

成虫体蓝、蓝绿或蓝紫色，有金属光泽。前胸背板横宽，两侧边略呈圆形，向基部收窄。成虫喜干燥、阳光强的环境。成虫食叶，幼虫食根。

1年1代，以老熟幼虫在土中做土室越冬。

中华萝藦叶甲成虫

新疆杨梢叶甲

〖鞘翅目 肖叶甲科〗

Parnops vaillanti Pic.

南疆分布，危害多种杨树叶片。

体、翅灰白色。鞘翅具纵行小刻点，鞘翅末端圆。

1年1代，以幼虫在土内越冬。5～6月为成虫危害期。成虫取食叶肉呈网状，常致树叶枯焦早落。幼虫食根会影响树体发育。

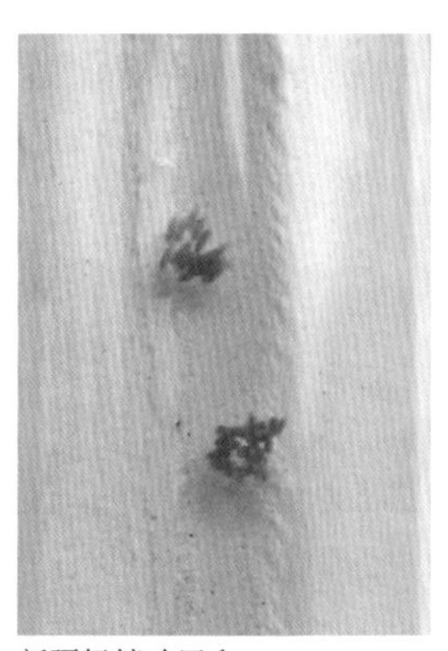

新疆杨梢叶甲卵

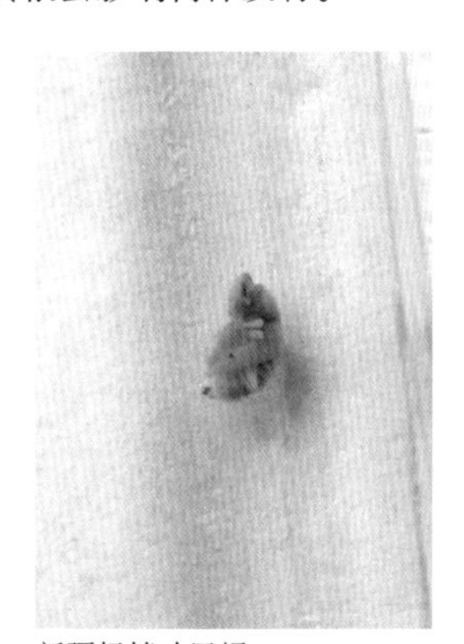

新疆杨梢叶甲蛹

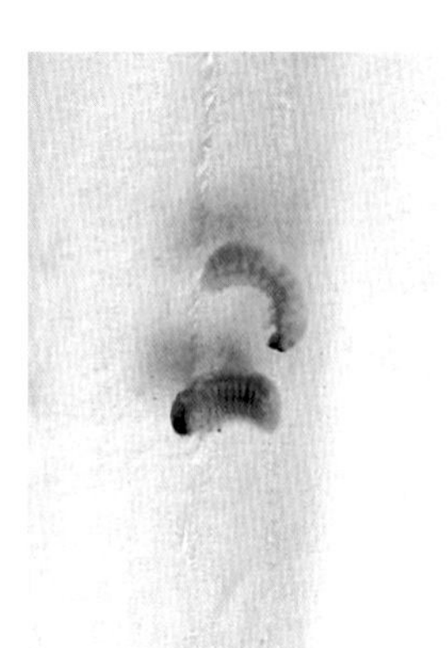

新疆杨梢叶甲幼虫

柽柳粗角萤叶甲 又称柽柳条叶甲

〖鞘翅目 萤叶甲科〗

Diorhabda deserticola Chen

全疆分布，危害柽柳科柽柳属植物。

成虫暗黄色，前胸背板有 4 个大小不一的黑斑。每鞘翅各有 2 条黑褐色宽纵带。卵椭圆形，灰白色。幼虫棕褐色。前胸背板黑褐色，中央有 1 条黄色纵纹。中胸到腹部第八节背面有黑色横线及褐色瘤突。蛹乳黄色。

在吐鲁番地区 1 年 4 代，在北疆 1 年 3 代，以成虫越冬。每代历期 50 ~ 60 天。有世代重叠现象。成虫、幼虫取食嫩枝、鳞状叶和嫩茎表皮危害，严重受害的柽柳小枝弯曲、干枯。做土茧化蛹。

柽柳粗角萤叶甲成虫危害状

柽柳粗角萤叶甲幼虫

柽柳粗角萤叶甲幼虫危害状

柽柳粗角萤叶甲成虫

柽柳粗角萤叶甲成虫交配

白茨粗角萤叶甲

〖鞘翅目 萤叶甲科〗

Diorhabda rybakovi Wse.

全疆分布，危害白刺等多种荒漠植物。

成虫黄色，前胸背板有一细黑纵线。每鞘翅各有2条黑褐色窄纵带。

年生活史及危害情况不详。

白茨粗角萤叶甲成虫

小青花金龟

〖鞘翅目 金龟科〗

Oxycetonia jucunda Faid.

成虫可危害多种花卉、林木、果树的花蕾、花被和花蕊。

体暗绿色。前胸背板具4块纵向白斑，中间2个短，两侧缘的长。鞘翅具黄白色短横斑。

1年1代。成虫在土内越冬。

小青花金龟（乌鲁木齐市林检局）

褐带异丽金龟

〖鞘翅目　丽金龟科〗

Anomala vittata Gebler

成虫可危害多种林木、果树。

体黄褐色，胸腹背面高隆，前胸背板具中央有纵沟，两侧有大三角形黑斑。鞘翅具黑色纵纹，两鞘翅相接处色纹最宽，长达翅后缘，其余的窄，不及后缘。

生活史不详。成虫取食寄主芽、叶。

褐带异丽金龟成虫

黑额喙丽金龟

〖鞘翅目　丽金龟科〗

Adoretus nigrifrons（Steven）

全疆分布。寄主为苹果、梨、桃等多种果树及柳、杨、榆等林木。

成虫长卵圆形，胸、腹背面隆起。体红褐色，具光泽。前足胫节短粗，前端外缘具3齿，第一齿小于第二、三齿。鞘翅具10条模糊纵隆线。其间有刻点散布。幼虫呈“C”形弯曲。头部黄褐色，体乳白色。

1年发生1代，以成虫在土中越冬。春季出蛰危害果树花、嫩叶。也危害柳、杨、榆树叶片。成虫入土产卵。幼虫以腐殖质和植物根为食。

黑额喙丽金龟成虫

二十八星瓢虫

〖鞘翅目 瓢虫科〗

Henosepilachna vigintioctopunctata (Fabricius)

全疆有分布。龙葵、茄子、番茄、马铃薯等茄科野生及栽培作物。

成虫体长 7 ~ 8mm，呈半球形，红褐色，密被黄色细毛。前胸背板有黑斑 6 个，两鞘翅上各有黑斑 14 个，表面密生黄褐色短毛。幼虫体长 9mm 左右，淡黄褐色，长椭圆形，背面隆起，各节具黑色枝刺。卵长约 1.4mm，鲜黄色。蛹长约 6mm，椭圆形，淡黄色，背面有稀疏细毛及黑色斑纹。

年发生代数不详。以成虫群集越冬。成虫、幼虫取食叶片危害。

二十八星瓢虫成虫

戈壁琵琶甲

〖鞘翅目 拟步甲科〗

Blaps kashgerensis gobiensis Bates.

沙漠、戈壁广泛分布。体、翅黑色，鞘翅愈合，包被身体防止水分蒸发。后翅退化。土栖或洞栖，以适应性沙漠、戈壁严酷的气候。

2 年 1 代，世代不整齐，以成虫和不同龄期的幼虫在土壤里越冬。幼虫一般为 12 龄，幼虫期为 1 年到 1 年半。戈壁琵琶甲食性杂，不喜光，活动有明显的节律性。成虫具有利用防御腺进行自卫的特性，其防御腺分泌物可成为医学上的天然药物，该幼虫各项营养成分较高，是一种很有开发价值的昆虫资源。

戈壁琵琶甲成虫

枸杞负泥虫 又称十点叶甲

〖鞘翅目 负泥虫科〗

Lema decempunctata Gebler

广泛分布，寄主为野生及人工栽培的枸杞及黑果枸杞。

成虫头胸宽度显著小于鞘翅。头及前胸背板黑色，鞘翅棕褐色，翅面有粗大刻点形成的纵列纹，两鞘翅有大小不等的黑点 10 个，但有成对减少或无黑点现象。卵长圆形，橙黄色。幼虫灰黄色或灰绿色。体背负有灰绿色的稀泥状排泄物。腹部腹面呈吸盘状构造。蛹淡黄色。

1 年 4 ～ 6 代，以成虫越冬。有明显的世代重叠现象。成虫、幼虫食叶。入土做土茧化蛹。

枸杞负泥虫危害状

枸杞负泥虫危害状

枸杞负泥虫幼虫及其危害状

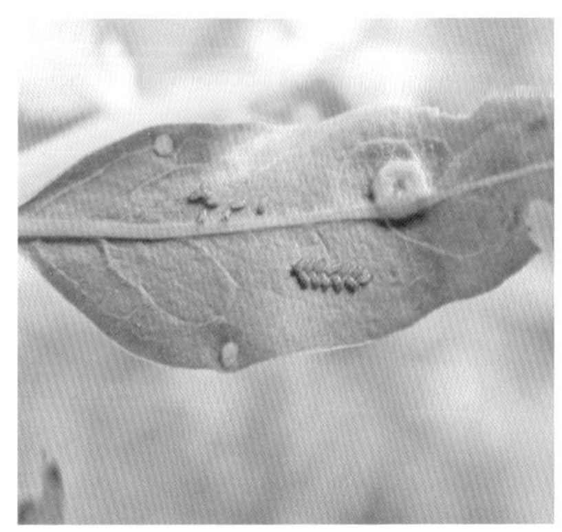

枸杞负泥虫卵

枸杞负泥虫初孵幼虫

枸杞负泥虫预蛹

枸杞负泥虫蛹

枸杞负泥虫成虫

枸杞负泥虫成虫侧面图

枸杞负泥虫交配

杨潜叶跳象

〖鞘翅目　象虫科〗

Rhynchaenus empopulifolis Chen

2007年笔者研究鉴定名称，并与农二师33团合作完成研究课题。首次确认分布新疆塔里木河流域胡杨林区。阿勒泰地区也有发现。寄主为胡杨、灰杨等，成虫也能危害林带下的棉花等农作物。

成虫椭圆形，体长2.4～3.0mm，黑褐色。鞘翅上各有9条纵向刻点列。后足腿节发达膨大。卵长卵形，乳白色。幼虫体扁宽，橙黄色。幼虫取食叶肉后消化道内绿色可从体外透视。前、中、后胸及第一、二腹节逐渐变宽，以后的腹节逐渐变窄。体节两侧有泡突。蛹头部深褐色，蛹体黄色，羽化前黑褐色。

1年1代，以成虫在树皮翘皮下及树皮裂缝中越冬。成虫危害啃食叶、芽，留下刻点被害状。幼虫潜叶取食叶肉危害，蛀食成渐宽的隧道。幼虫老熟后在叶片蛀食隧道末端做一圆形“豆荚”状叶片蛹室，叶片蛹室掉落地面后，由于幼虫在其中不断弹跳，“豆荚”状蛹室会跳动，寻找黑暗、隐蔽的枯枝落叶层或土块下等处化蛹。成虫对防护林带下的棉花、辣椒苗也可啃食，造成危害。

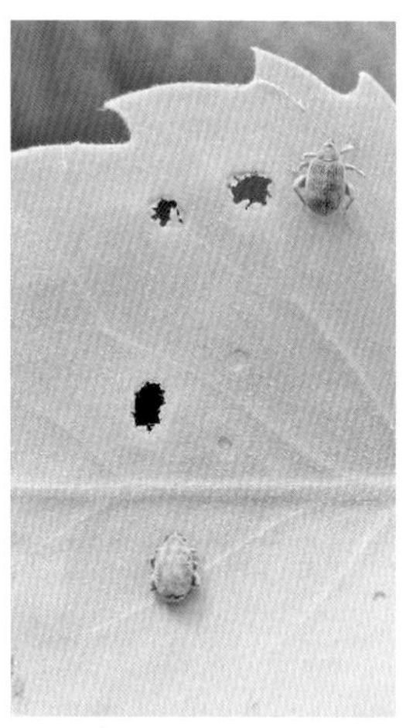

杨潜叶跳象成虫的危害状（农2师33团森防站）

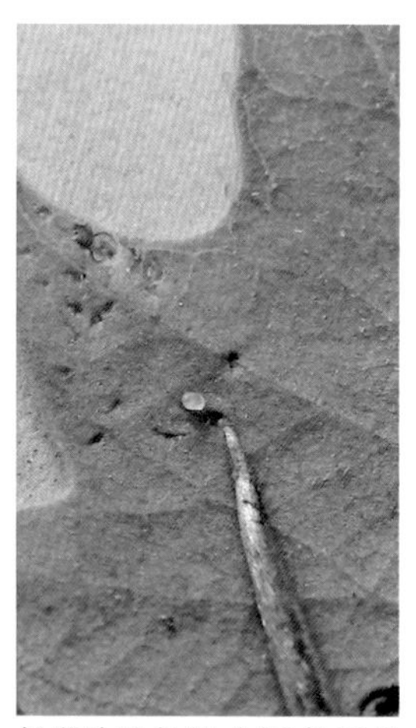

杨潜叶跳象卵（农2师33团森防站）

杨潜叶跳象成虫及幼虫的危害状

杨潜叶跳象的危害严重影响胡杨叶片生长

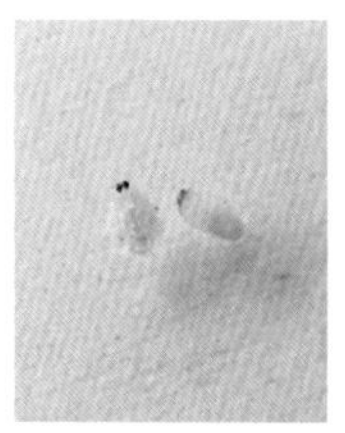

杨潜叶跳象末期预蛹

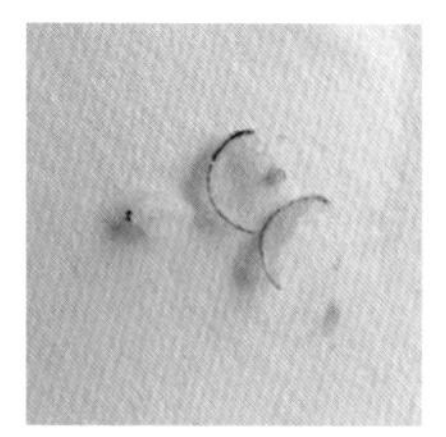

杨潜叶跳象蛹

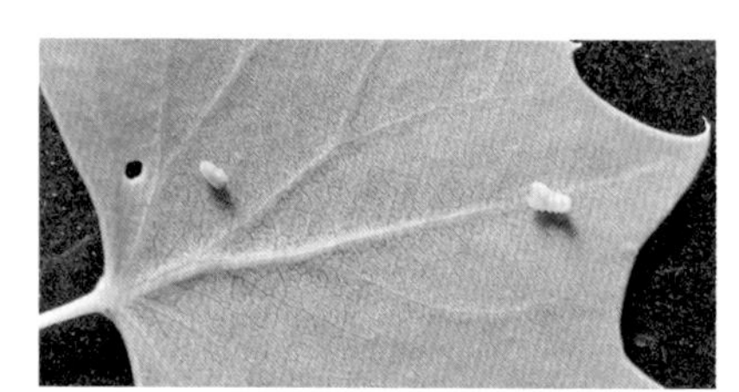

杨潜叶跳象低龄幼虫

杨潜叶跳象老熟幼虫在造蛹室

从叶片上脱落的杨潜叶跳象“豆荚”状蛹室（农2师33团森防站）

杨潜叶跳象在树皮下越冬状（农2师33团森防站）

尚未羽化的杨潜叶跳象成虫

杨潜叶跳象成虫交配

法氏锥喙象

〖鞘翅目 象虫科〗

Conorhynchus faldrmanni (Faust.)

北疆荒漠植被分布区有分布。寄主为多种荒漠植物。

成虫长椭圆形，体长13mm左右，头部棕褐色，前胸背板黑色，具白色纵纹4条。鞘翅上各有9条纵向刻点列。刻点列密被灰白色鳞片。

年发生代数及习性不详。

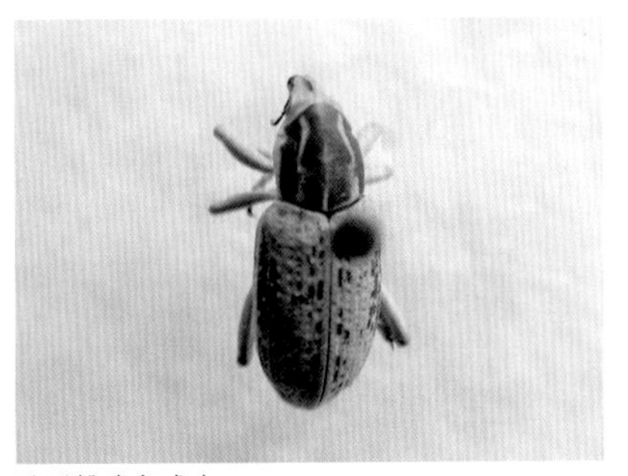

法氏锥喙象成虫

榆跳象

〖鞘翅目　象虫科〗

Rhynchaenus alini Linnaeus

1993年笔者首次在新疆昌吉市发现并与昌吉市园林植保站合作完成研究课题。现已经全疆分布。寄主为白榆、倒榆、大叶榆等多种榆科树木。

成虫头部黑色，前胸、鞘翅及足黄褐色。鞘翅近肩角1/3处有两个不规则的黑色斑点，2/3处有1个左右相连的大型黑色横斑。鞘翅背面各有10条纵列刻点。卵长椭圆形，无色透明至米黄色。幼虫乳白色，头、前胸背板黑褐色，体密布细小黑色颗粒。蛹乳白至黄白色。

1年1代，以成虫越夏、越冬。幼虫共3龄，潜叶取食，在叶片上形成8～15mm宽的虫道，常使虫道形成空泡状，受害叶片多呈焦枯色皱缩状。这是榆跳象的主要危害方式。成虫补充营养时啃食嫩芽及叶片，形成空洞或网眼状被害状，啃食形成的孔洞为椭圆形，大小与大米粒相似。

榆树被害状

榆跳象蛹

榆跳象幼虫

榆跳象幼虫及其危害状

榆跳象产卵痕及幼虫蛀道

榆跳象成虫

绿鳞象甲 又称大绿象、棉叶象鼻虫

〖鞘翅目 象虫科〗

Hypomeces squamosus Fabricius

普遍分布。寄主有松、桑、甘草、白刺及棉花、玉米等。

成虫纺锤形，紫褐色，密布闪光粉绿色、灰色或褐色鳞毛，常呈黄绿色、灰色或褐色，腿节膨大。幼虫乳白色至淡黄色。

1 年 1 代，以成虫及老熟幼虫在土中越冬。成虫取食嫩枝、芽、叶。幼虫取食林木、杂草的根。

绿鳞象甲成虫

绿鳞象甲危害状

大甜菜象

〖鞘翅目 象虫科〗

Stephanophorus verrucosus Gebler

全疆分布。危害野生小藜、猪毛菜、白藜、地肤、盐蒿及甜菜、玉米等农作物。

成虫体长 17mm 左右，黑色，密被土黄色鳞片，鞘翅中央及两端各有黑点组成的松散斜条纹。幼虫乳白色，体多皱纹，虫体中间最宽，向腹部弯曲。

1 年 1 代，以成虫及少数蛹和幼虫越冬。幼虫共 5 龄。大甜菜象越冬成虫对甜菜幼苗、心叶及主根危害很大。甜菜象喜欢温热、干燥的气候，干旱地区发生重。

大甜菜象成虫

东方甜菜象

〖鞘翅目　象虫科〗

Bothynoderes foveicollis (Gebler)

全疆分布。寄主有藜科等多种荒漠植被及甜菜、菠菜、白菜等农作物。

成虫体长 12 ～ 16mm，长椭圆形。体、翅黑褐色，密被黄白色鳞片，鞘翅有纵列粗刻点，中部自中缝到前缘的断续斜带。足和腹部散布黑斑。喙直，两侧有深沟。卵球形，长径 1.5mm 左右，初产乳白色，有光泽，后转米黄色，光泽减退。末龄幼虫体长约 15mm，乳白色，肥胖弯曲，多皱折，头部褐色，无足。裸蛹，米黄色。

1 年 1 代，以成虫在土层内越冬。成虫寿命长。3 月开始危害茎叶。幼虫在表土下 15 ～ 25cm 处活动，咬害作物主根和侧根。

东方甜菜象成虫

青杨绿卷象

〖鞘翅目　象虫科〗

Byctiscus populi (Linnaeus)

阿勒泰地区有分布。危害青杨、黑杨等。

成虫椭圆形，体长 7.4 ～ 8.0mm，头、胸、鞘翅深绿色，有强烈光泽。鞘翅密生粗刻点。腹部、足黑绿色。

1 年 1 代，以成虫越冬。成虫危害啃食叶、芽，留下刻点被害状。幼虫卷叶，潜在其中取食叶肉危害。

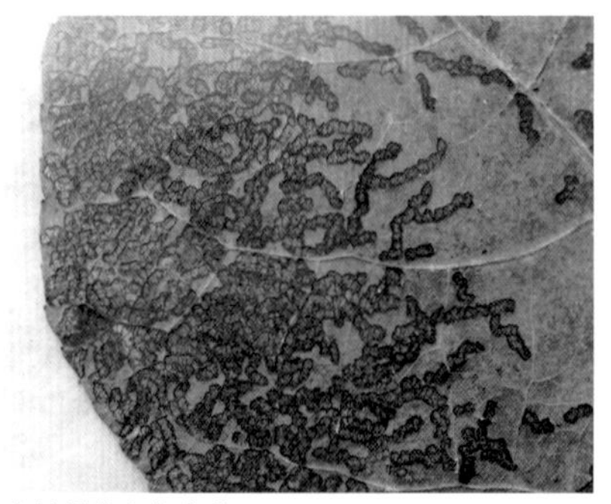

青杨绿卷象危害状

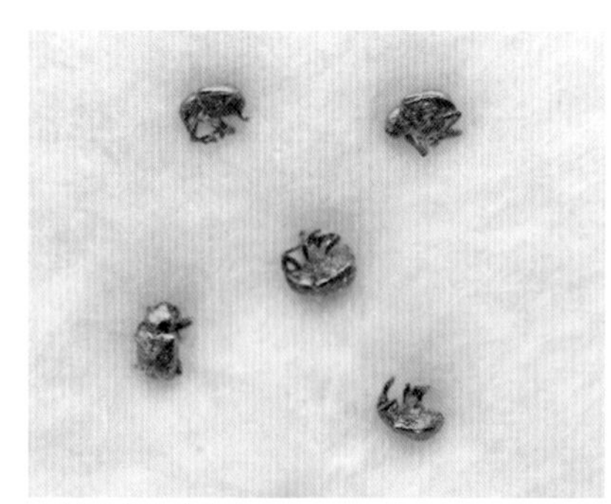

青杨绿卷象成虫

甜菜象

〖鞘翅目 象虫科〗

Stephanophorus crispicollis (Ball.)

甜菜象成虫

全疆分布。危害藜、地肤、蒿及甜菜等农作物。

成虫体长16mm左右，黑色，密被灰白色鳞片，鞘翅中央黑，色深，斑纹不呈条纹状。幼虫乳白色，体多皱纹，虫体中间最宽，向腹部弯曲。

1年1代，以成虫越冬。成虫危害寄主地上部分，幼虫危害根部。甜菜象越冬成虫对甜菜幼苗、心叶及主根危害很大。甜菜象喜欢干热气候，干旱地区发生重。

粉红锥喙象

〖鞘翅目 象虫科〗

Conorhynchus conirostris (Gebl.)

全疆分布。寄主有藜科等多种荒漠植被。

成虫体长14mm左右，长椭圆形。体、翅、胸足黑褐色，密被粉红色鳞片，鞘翅有纵列粗刻点。足胫节白色。年发生代数及习性不详。

粉红锥喙象成虫侧面图

粉红锥喙象成虫交尾

粉红锥喙象成虫危害梭梭

列氏浑圆象

〖鞘翅目　象虫科〗

Epexochus lehmanni (Men.)

全疆分布。寄主有藜科等多种荒漠植被。

成虫体长 14 ~ 16mm，长椭圆形。头部及前胸背板棕红色，有光泽。鞘翅上各有 9 条纵向沟列。

年发生代数及习性不详。

列氏浑圆象成虫

裸结甜菜象

〖鞘翅目　象虫科〗

Bothynoderes obsoletefasciatus (Men.)

全疆分布。寄主有藜科等多种荒漠植被。

成虫体长 10mm 左右，长椭圆形。头部及前胸背板棕红色，有光泽。鞘翅上各有 7 条纵向沟列。

年发生代数及习性不详。

裸结甜菜象成虫

玛瑙色斑象

〖鞘翅目 象虫科〗

Cyphocleonus achates (Fabrs.)

全疆分布。寄主有藜科等多种荒漠植被。

成虫体长15mm左右，长椭圆形。体、翅、胸足黑色。头部黄棕色，中线两侧具黑斑。前胸背板中纵线及其两侧具白色纵纹。鞘翅有纵列粗刻点，呈黑白斑点交错状。

年发生代数及习性不详。

玛瑙色斑象成虫

巴筒喙象

〖鞘翅目 象虫科〗

Lixus bardanae (Fabricius)

南北疆荒漠植被分布区有分布。寄主为多种荒漠植物。

成虫：长形，体长14mm左右，棕褐色，全体密被褐色鳞片，其间散布白色鳞片形成的斑点。

年发生代数及习性不详。

巴筒喙象成虫

黑斑齿足象

〖鞘翅目　象虫科〗

Deracantus grumi Suveorov

全疆分布。寄主有藜科等多种荒漠植被。

成虫体长 12mm 左右，长椭圆形。体、翅、胸足黑褐色，密被白色鳞片，呈斑驳点状。头部白色。前胸背板侧缘弧形外突。鞘翅上各有 7 条纵向刻点列。

年发生代数及习性不详。

黑斑齿足象成虫

近裸毛象

Trichalophus subnudus Fst.

全疆分布。寄主有藜科等多种荒漠植被。

成虫体长 13mm 左右，长椭圆形。体、翅、胸足棕褐色，密被短绒毛，散布棕黑刻点。

年发生代数及习性不详。

近裸毛象成虫

条带尖眼象

〖鞘翅目　象虫科〗

Chromontus confluens (Fabrs.)

全疆分布。寄土有藜科等多种荒漠植被。

成虫体长 14mm 左右，长椭圆形。体、翅、胸足黑色。头部灰黄色。前胸背板中纵线及其两侧共有 5 道白色纵纹。鞘翅黑白相间的纵条纹。

年发生代数及习性不详。

条带尖眼象成虫

帕氏美加象

〖鞘翅目　象虫科〗

Mecaspis pallasi (Fabrs.)

全疆分布。寄主有藜科等多种荒漠植被。

成虫体长 15mm 左右，长椭圆形。

帕氏美加象成虫

中华豆芫菁　又称中国黑芫菁、中华芫菁、毛胫豆芫菁

〖鞘翅目　芫菁科〗

Epicauta chinensis Lap.

中华豆芫菁成虫

普遍分布。寄主主要有苗木、农作物及野生植物。成虫体长 12 ~ 18mm，头部黄红色，体、翅黑褐色，被白色绒毛。前胸背板中央有 1 条纵凹纹。

年发生代数不详。成虫常群聚危害叶片。

暗头豆芫菁

〖鞘翅目　芫菁科〗

Epicauta obscurocephala Reitter

成虫体长 11.5 ～ 18.5mm，体黑色，头部暗黑色，在额的中央有一条红色纵斑纹。寄主主要为豆科植物、马铃薯、甜菜、茄、花生、黍子等，成虫常群聚危害叶、花。

暗头豆芫菁成虫

锯角豆芫菁　又称白条芫菁、豆芫菁

〖鞘翅目　芫菁科〗

Epicauta gorhami Marseul

新疆普遍分布。寄主主要有大豆、花生、马铃薯、棉、甜菜、油菜等农作物，大蒜芥等十字花科野生植物及林木花被。

成虫：体长 11 ～ 19mm，头部红色，胸、腹部黑色。复眼黑色。触角基部有 2 个黑色瘤状突起。前胸背板中央有 1 条中沟。鞘翅黑色，周缘灰白色，翅中央有 1 条灰白色毛组成的纵纹。中、后胸腹面及腹部各节后缘灰白色。

卵：椭圆形，黄白色。

幼虫：共 6 龄，各龄幼虫形态不相同，1 龄幼虫体形似双尾虫，2 ～ 4 龄形似蛴螬，5 龄形似象甲幼虫，6 龄形又似蛴螬。

蛹：体长 15.4 mm，灰黄色。复眼黑色，前胸背板后缘左右各有长刺 9 根，1 ～ 6 腹节背板后缘左右各 6 根，7 ～ 8 腹节左右各 5 根。

1 年 1 代，以 5 龄幼虫（伪蛹）在土中越冬。春季越冬幼虫蜕皮发育成 6 龄幼虫，再发育化蛹。成虫羽化后常群聚，危害嫩叶、心叶和花。4 ～ 5 天后交配、产卵。卵产于雌虫挖掘的土穴穴底。幼虫孵化后从土穴爬出寻找蝗虫卵及土蜂巢内幼虫为食，发育至 4 龄，5 ～ 6 龄不需取食。幼虫可消灭蝗虫卵，但成虫群集危害大豆、花生、马铃薯、油菜等农作物及林木花被，影响结果及产量和品质。

锯角豆芫菁成虫

红头纹豆芫菁

〖鞘翅目 芫菁科〗

Epicauta erthrocephala Pallas

普遍分布。寄主主要有大豆、油菜等农作物及野生植物。

成虫体长 12 ~ 19mm，体黑色。头部鲜红色。中胸背板黑色。鞘翅黑色，周缘镶以灰白色边，各鞘翅中央有 1 条由灰白色毛组成的细纵纹。

1 年 1 代，以 5 龄幼虫（伪蛹）在土中越冬。成虫常群聚危害叶、花。幼虫可消灭蝗虫卵，成虫群集危害。

红头纹豆芫菁成虫

绿芫菁

〖鞘翅目 芫菁科〗

Lytta caraganac Pallas

普遍分布。寄主主要有国槐、大豆等及野生植物。

成虫体、翅绿色或蓝绿色，有光泽。两侧各有 1 条黄色宽纵纹。

年发生代数不详。成虫常群聚危害叶片。

绿芫菁成虫正面图

绿芫菁成虫腹面图

绿芫菁成虫侧面图

什任克斑芫菁

〖鞘翅目　芫菁科〗

Mylabris schrenki Gebl.

北疆分布。寄主主要有多种野生植物。

成虫体长约12mm，头部及前胸背板黑色，鞘翅红黄色。鞘翅上有3排黑色横斑，第一排往往变为4个圆斑。

1年1代，以幼虫在土中越冬。幼虫可消灭蝗虫卵，成虫群集危害。

什任克斑芫菁成虫

曲角短翅芫菁

〖鞘翅目　芫菁科〗

Meloe proscarabaeus Linnaeus

普遍分布。寄主主要有多种野生豆科植物等。成虫体、翅深蓝色，有光泽。触角短而弯曲。前翅短，腹部后几节裸露。后翅退化。腹部肥大。

年发生代数不详。

曲角短翅芫菁成虫

红头豆芫菁

〖鞘翅目 芫菁科〗

Epicauta ruficeps Illiger

红头豆芫菁成虫

普遍分布。寄主主要有大豆、油菜等农作物及野生植物。

成虫体长约17mm，体黑色。头部深红色。中胸背板有2条纵白纹。鞘翅黑色，各鞘翅中央有1条由灰白宽纵纹。1年1代，以幼虫在土中越冬。成虫常群聚危害叶、花。卵产于土穴。幼虫孵化后寻找蝗虫卵及土蜂巢内幼虫为食，发育至4龄，5～6龄不需取食。幼虫可消灭蝗虫卵，成虫群集危害。

西藏绿芫菁

〖鞘翅目 芫菁科〗

Lytta caraganae Pallas

普遍分布。寄主主要有豆科植物。

成虫体、翅绿色或蓝绿色，有光泽。两侧各有1条占鞘翅宽度1/2左右的鲜黄色宽纵条纹。

年发生代数不详。成虫常群聚危害叶片。

西藏绿芫菁成虫（乌鲁木齐市林检局）

草原斑芫菁

Mylabris frolovi Pallas

〖鞘翅目　芫菁科〗

普遍分布。寄主主要有豆类、油菜等农作物及荒漠野生植物叶及花被。

成虫体长约12mm，体黑色，鞘翅具3组红黄色斑纹。斑纹自前至后逐渐变大。

1年1代，以5龄幼虫（伪蛹）在土中越冬。成虫常群聚危害叶、花。

草原斑芫菁危害花

黄黑花芫菁　又称眼斑芫菁

Mylabris ciohorii Linnaeus

〖鞘翅目　芫菁科〗

普遍分布。寄主主要有大豆、马铃薯、茄子、苋菜、油菜等农作物，大蒜芥等十字花科野生植物及林木花被。

成虫体长约15mm，体、翅黑色。前胸背板有显著的纵缝。鞘翅上有3排橙黄色斑纹。

1年1代，以幼虫在土中越冬。成虫羽化后常群聚危害叶、花。

黄黑花芫菁成虫

黄黑花大芫菁

Mylabris phalerata Pallas

〖鞘翅目 芫菁科〗

普遍分布。寄主主要有大豆、马铃薯、茄子、苋菜、油菜等农作物，大蒜芥等十字花科野生植物及林木花被。

成虫体长约 20 ~ 28mm，体、翅黑色。前胸背板纵缝不明显。鞘翅黑色，上有 3 排红色横向斑纹。

1 年 1 代，以幼虫在土中越冬。成虫群集危害。

黄黑花大芫菁危害花

黄黑花大芫菁成虫

苹斑芫菁

Mylabris calida Pallas

〖鞘翅目 芫菁科〗

北疆分布。寄主主要有瓜类、苹果、沙果等及荒漠野生植物叶、及花被。

成虫体长约 17mm，体、足黑色，鞘翅浅黄至棕黄色，具黑斑。头略呈方形，后角圆，中央具 2 个红色小圆斑。触角 11 节，短，末端 5 节膨大呈棒状。前胸背板长略大于宽，两侧平行。鞘翅前端 1/3 处向前束窄，在近基部 1/4 处生黑圆斑 1 对，中部、端部 1/4 处各具 1 横斑，有时端部横斑分裂成 2 个斑。

1 年 1 代，以幼虫在土中越冬。成虫常群聚危害叶、花。

苹斑芫菁成虫

小花斑芫菁

〖鞘翅目 芫菁科〗

Mylabris atrata Pallas

普遍分布。寄主主要有豆科、十字花科等植物。

成虫前胸背板有显著的纵缝，鞘翅黑色，上有红黄色横带，第一条变得很小的红斑。

1年1代，以幼虫在土中越冬。成虫常群聚危害。

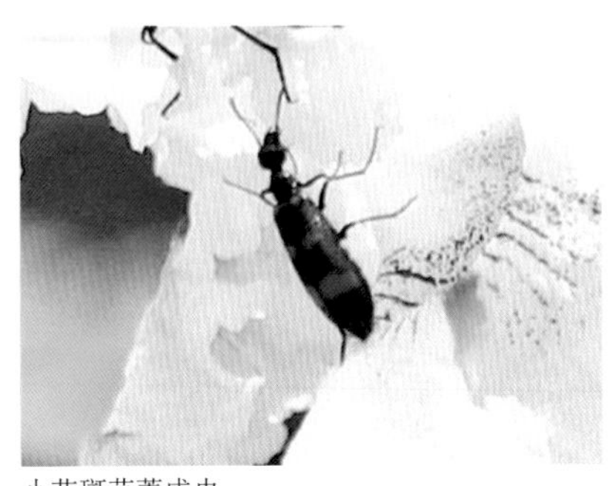
小花斑芫菁成虫

〖双翅目〗

南美斑潜蝇

〖双翅目 潜蝇科〗

Liriomyza huidobrenisis（Blanchard）

全疆温室、大棚、菜地、花坛等处有分布。寄主有瓜类、蔬菜、花卉多种植物。

成虫头前部灰黄色。胸、腹背面黑色，腹面黄色。足基节、腿节黄色有黑纹。幼虫无足型，蛆状，乳白色或带少量浅黄色。蛹棕黑色。

各地发生代数不同，北方自然条件下不能越冬，在保护地内可越冬或继续繁殖危害，一年发生9～13代。幼虫在叶内蛀食，形成沿叶脉的直短的虫道。

南美斑潜蝇危害花卉

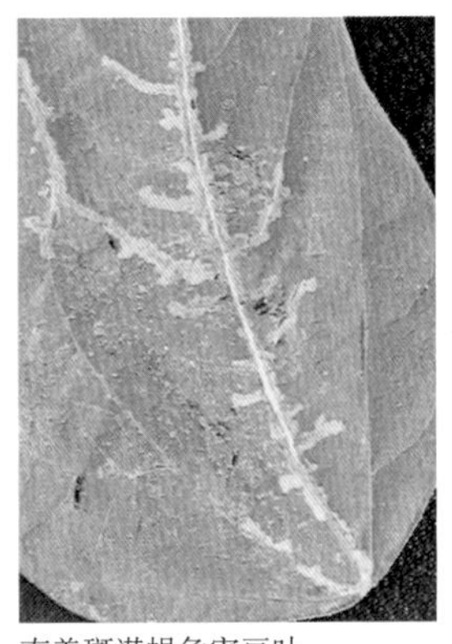
南美斑潜蝇危害豆叶

南美斑潜蝇幼虫

美洲斑潜蝇

〖双翅目 潜蝇科〗

Liriomyza sativae (Blanchard)

全疆温室、大棚、菜地、花坛等处有分布。寄主有瓜类、蔬菜、棉花、瓜叶菊、一串红等 22 科 110 多种植物。

成虫头前部鲜黄色。胸、腹背面黑色，腹面黄色。足基节、腿节黄色。幼虫无足型，蛆状，浅橙黄色至橙黄色。蛹黄色至棕黄色。

各地发生代数不同，北方自然条件下不能越冬，在保护地内可越冬或继续繁殖危害，一年发生 9 ~ 13 代。幼虫在叶内蛀食，形成蛇行线状虫道。

美洲斑潜蝇危害黄瓜

美洲斑潜蝇危害豆类叶片

美洲斑潜蝇危害茄

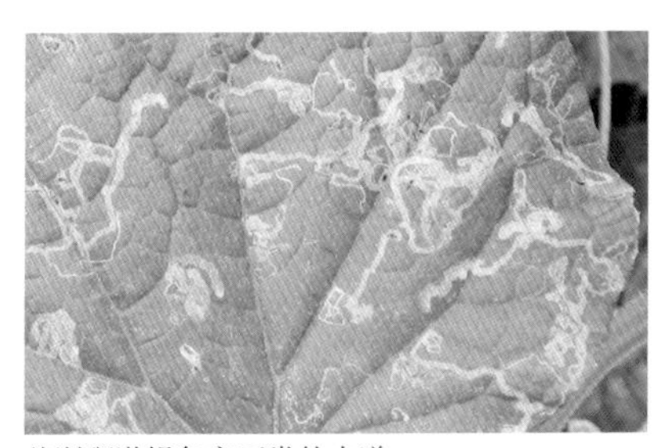
美洲斑潜蝇危害豆类的虫道

美洲斑潜蝇成虫侧面图

沙棘潜蝇

〖双翅目　潜蝇科〗

学名待定。

新疆有分布。寄主为沙棘。

成虫体橙黄色。复眼橙褐色，橙褐色的胸部背面有 2 条白色宽纵带，腹部背面具 3 条褐黄色宽横带。幼虫在沙棘嫩叶上蛀食叶肉，蛀道片状。其余虫态形态及其生物学习性待研究。

沙棘潜蝇危害状

沙棘潜蝇虫道正面观

沙棘潜蝇虫道背面观

杨柳潜蝇

〖双翅目　潜蝇科〗

学名待定。

南北疆有分布。寄主为杨、柳。

幼虫蛆形，淡黄白色。口钩黑色，体中段为浓重的黑色。围蛹绿褐色，体中部黑色。幼虫在寄主叶上蛀食叶肉，蛀道线状或片状。其余虫态形态及其生物学习性待研究。

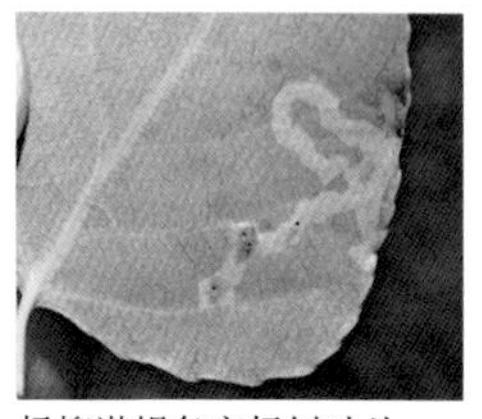
杨柳潜蝇危害杨树叶片

杨柳潜蝇对柳树的危害

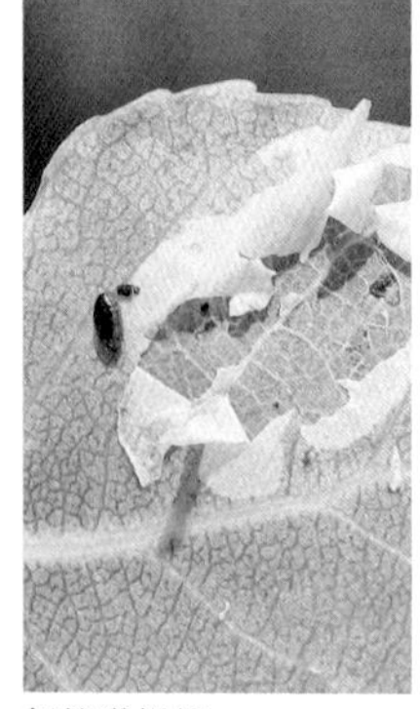
杨柳潜蝇蛹

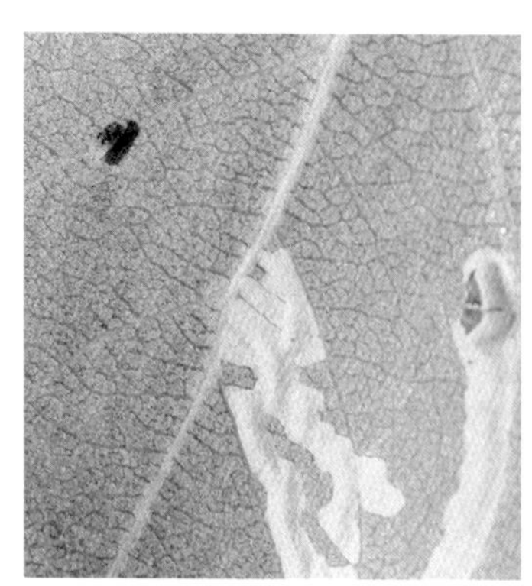
杨柳潜蝇虫道及幼虫

榆潜蝇

〖双翅目 潜蝇科〗

学名待定。

笔者2011年首次发现并观测、记录，乌鲁木齐市榆树严重发生。

成虫体、翅黑色，翅面具2横列鲜明白斑。成虫刺破叶表皮产卵，产卵痕白色、圆形，明亮透光，明显可见。幼虫无足型，蛆状，浅黄色至黄绿色。幼虫在寄主叶上蛀食叶肉，初期蛀道呈弯曲线状，后期呈不规则片状。虫道内遗留有黑绿色粪粒。其余虫态形态及其生物学习性待研究。

榆树严重被害状

榆潜蝇白点状卵室

榆潜蝇严重危害榆树叶片

榆潜蝇幼虫

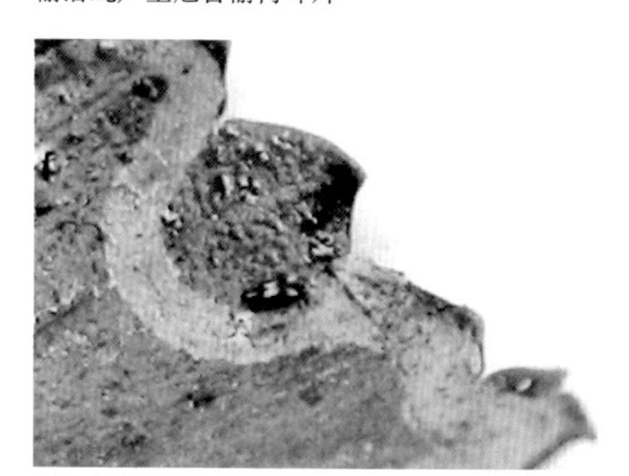
榆潜蝇成虫

榆潜蝇虫道内的幼虫

〖毛翅目〗

石蛾

〖昆虫纲　毛翅目　长角石蛾科〗

学名待定。

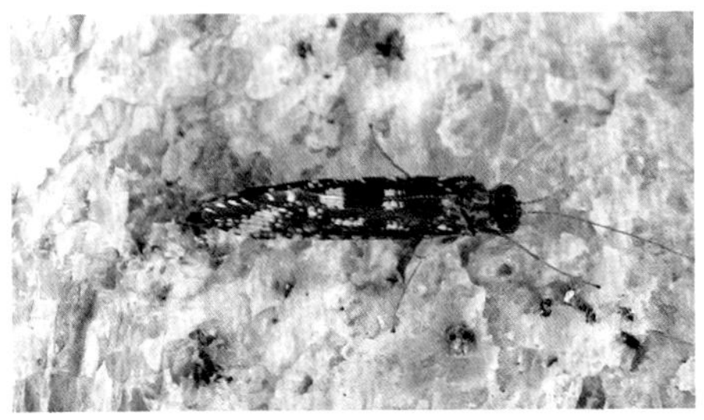

一种长角石蛾成虫

一种长角石蛾的成虫

成虫外形似蛾，通称石蛾。复眼发达，触角丝状，多节，长。口器咀嚼式，弱或退化，无咀嚼功能。胸足细长。翅两对，膜质具毛。卵块产在水中。幼虫、蛹均在水中生活。幼虫具胸足3对，腹部除有1对具钩的臀足外，无腹足。幼虫常吐丝把砂石或枯枝落叶等物做成筒状巢匿居其中，或仅吐丝做成锥形网，取食藻类或蚊、蚋等幼虫，少数种类如银斑长角石蛾可危害水稻苗。

〖襀翅目〗

襀翅虫

〖昆虫纲　襀翅目〗

Kiotina sp.

标本采自新疆伊犁河畔和新疆额尔齐斯河畔。

成虫体细长、软。复眼发达，单眼3个或无。丝状触角。口器退化。4翅膜质，静止时平覆于体背。卵产于水中。幼虫水生。渐变态，幼虫形似成虫。有些种类有危害植物芽、花的报道。

襀翅虫成虫

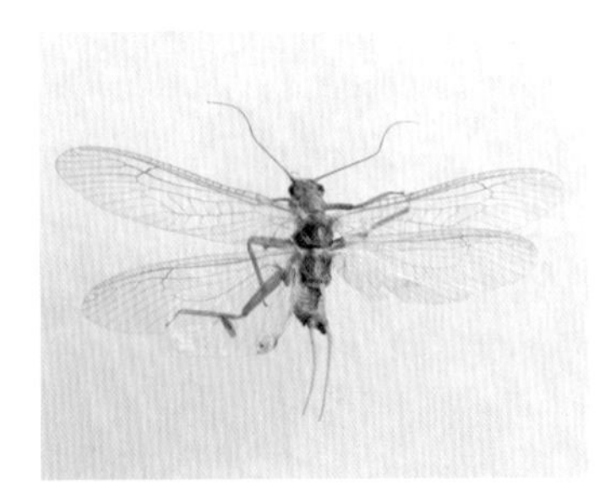

襀翅虫成虫展翅状

【膜翅目】

梨黏叶蜂

【膜翅目 叶蜂科】

Caliroa cerasi (Linnaeus)

分布于乌鲁木齐、伊犁等地。主要寄主有梨、杜梨、苹果、桃、李、杏、樱桃、山楂等。

成虫体黑色有光泽。翅脉深黑褐色，翅中央部分呈褐色。雌蜂腹部末端有锯状产卵器。幼虫体黄绿色，胸部膨大。全身覆盖暗绿色黏液。1 年 2 代，以老熟幼虫在土里做土茧越冬。幼虫啃食叶肉，残留另一表皮和叶脉。可营孤雌生殖。

梨黏叶蜂危害叶片状（阿克苏地区森防站）

梨黏叶蜂危害梨幼果（阿克苏地区森防站）

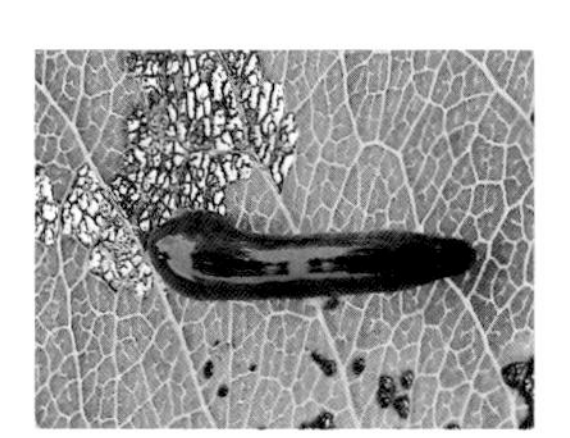

梨黏叶蜂幼虫（阿克苏地区森防站）

桃黏叶蜂

【膜翅目 叶蜂科】

Calivoa matsunwtonis (Harukawa)

分布伊犁等地。主要寄主桃、梨、苹果、杏、樱桃、山楂等。

成虫体黑色有光泽。翅脉褐色，翅中央部分呈褐色。雌蜂腹部末端有锯状产卵器。幼虫体黄绿色，胸部特别膨大，几乎将头和胸足包藏其中。全身覆盖暗绿色黏液。1 年 2 代，以老熟幼虫在土里做土茧越冬。幼虫啃食叶肉，残留另一表皮和叶脉。可营孤雌生殖。

桃黏叶蜂危害樱桃李（伊犁州林检局）

桃黏叶蜂危害苹果叶片（伊犁州林检局）

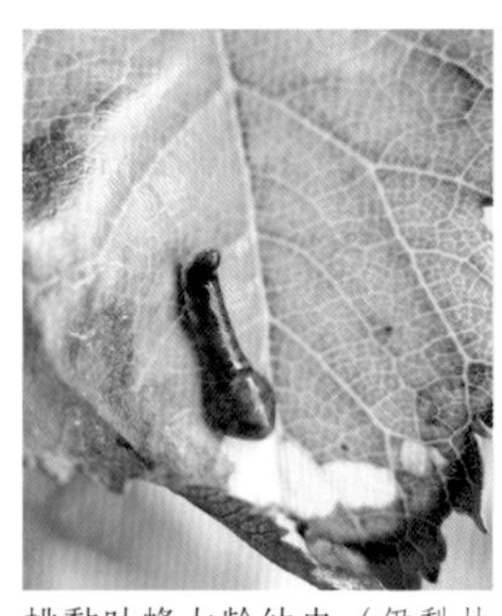

桃黏叶蜂大龄幼虫（伊犁林检局）

柳厚壁叶蜂 又称垂柳瘿叶蜂

〖膜翅目 叶蜂科〗

Pontania dolichura Tbomson

全疆分布。寄主为垂柳、龙爪柳等。

成虫体土黄色。头部橙黄色，中胸背板中部有一椭圆形黑斑，两侧各有 2 个近菱形黑斑。腹部橙黄色，各节背面具黑色斑纹。幼虫黄白色，稍弯曲。

1 年 1 代，以老熟幼虫在土中茧内越冬。幼虫危害叶片、叶柄后受害部位逐渐形成椭圆形或肾形、绿色或紫红色厚壁虫瘿。雌蜂可营孤雌生殖。

柳厚壁叶蜂危害垂柳

柳厚壁叶蜂危害状

柳厚壁叶蜂危害龙爪柳

柳厚壁叶蜂危害初期虫瘿

柳厚壁叶蜂卵

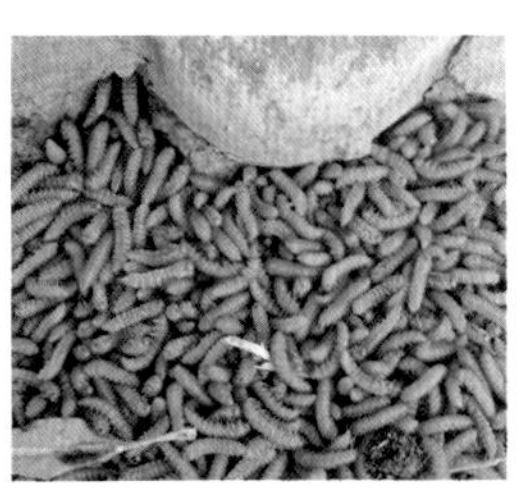
柳厚壁叶蜂寻找化蛹场所的老熟幼虫（石河子市林检局）

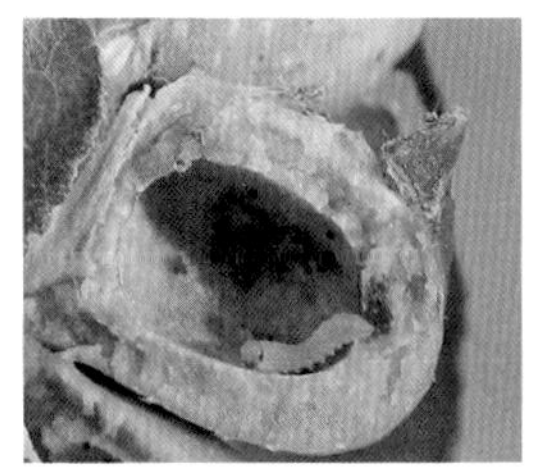
柳厚壁叶蜂虫瘿及幼虫

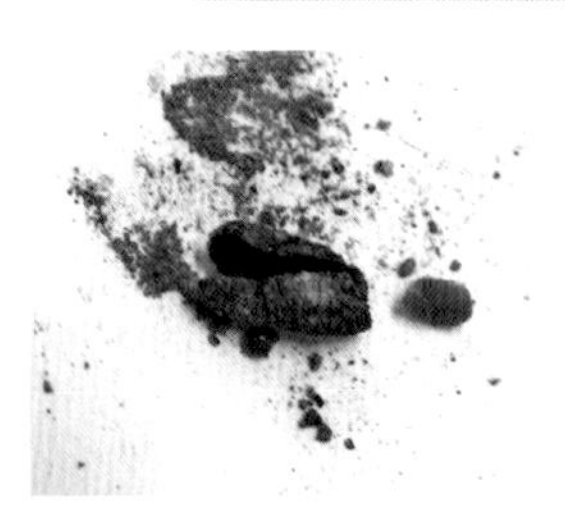
柳厚壁叶蜂蛹及土茧（石河子林检局）

柳厚壁叶蜂成虫腹面（石河子市林检局）

柳厚壁叶蜂成虫（石河子市林检局）

杨黑点叶蜂 又称桦树花环扁叶蜂

〖膜翅目 叶蜂科〗

Pristiphora conjugata (Dahlbom)

国内分布新疆北疆地区。寄主为杨、柳、桦等。

成虫黄褐色，有光泽。翅透明，翅痣外沿黄褐色，中央淡黄色。腹部1～8背面中央有黑斑点。幼虫体黄绿色。胸部3节背面有7排横列的黑斑点。腹部1～7节侧面各有5个黑斑点。

1年5代，以老熟幼虫在地下做茧越冬。各代幼虫危害叶片。有世代重叠现象。

杨黑点叶蜂危害状

蔷薇叶蜂　又称月季叶蜂、玫瑰三节叶蜂

〖膜翅目　叶蜂科〗

Arge pagana Panzer

分布广泛。危害月季、蔷薇和玫瑰等。

成虫体褐色状，头、胸、翅和足蓝黑色，有金属光泽，腹部黄色。卵淡黄色，椭圆形。老熟幼虫体长约22mm，黄绿色，头部黄色，臀板红褐色，胸部第二节至腹部第八节，每体节上均有3横列黑褐色疣状突起。蛹头部、胸部褐色，腹部棕黄色。有淡黄色薄茧。

1年发生2代，有世代重叠现象。以老熟幼虫在土中结茧越冬。雌蜂将卵产在寄主枝条皮层内，产卵处皮层开裂，孵化的幼虫自裂缝爬出，集聚到嫩梢。主要以幼虫群集危害，啃食叶肉，仅留主脉。影响植株的光合作用，降低其观赏价值，甚至导致死亡。

蔷薇叶蜂危害状

蔷薇叶蜂幼虫（自治区林检局）

蔷薇叶蜂成虫

蔷薇叶蜂雌蜂产卵

蔷薇叶蜂成虫侧面图

杨直角叶蜂

〖膜翅目 叶蜂科〗

Stauronematus compressicornis (Fabricius)

分布新疆伊犁河谷地区。寄主为多种杨树。

成虫黑色，有光泽。触角褐色，侧扁。翅痣黑褐色，翅脉淡褐色。幼虫鲜绿色。胸部每节两侧各有 4 个黑斑。胸足黄褐色。体上有许多不均匀的褐色小圆点。

1 年 5 代，以老熟幼虫在土中作茧以预蛹越冬。幼虫取食叶危害。可孤雌生殖。有世代重叠现象。

杨直角叶蜂危害状

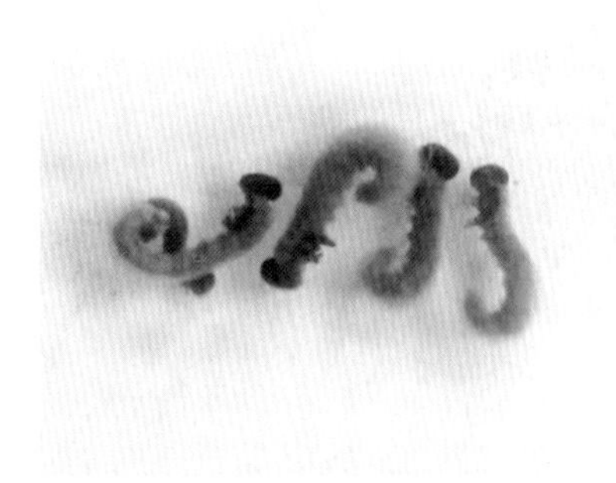

杨直角叶蜂幼虫

桦三节叶蜂

〖膜翅目 三节叶蜂科〗

Arge pullata Zaddach

新疆海拔 1000m 以上地区有分布。寄主为桦、柳等。

成虫蓝黑色，具光泽。翅烟褐色。足蓝黑色。幼虫绿色，头部黑褐色。虫体各节具有 3 排横列的褐色肉瘤。

1 年 1 代，以老熟幼虫在土中结丝茧过冬。幼虫食叶危害。

桦三节叶蜂被害状

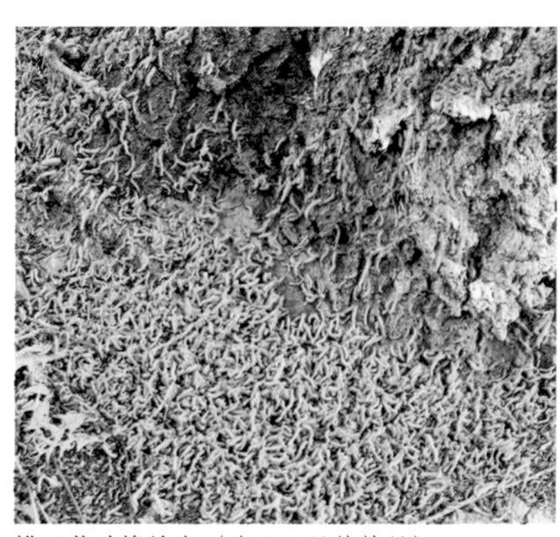

桦三节叶蜂幼虫（哈巴河县林检局）

月季切叶蜂　又称蔷薇切叶蜂

〖膜翅目　切叶蜂科〗

Megachile nipponica Cockerell

广泛分布各地。成虫从多种月季、蔷薇、玫瑰及白蜡等植株上切叶筑巢，可造成危害。

雌虫黑色，有光泽，头胸部具棕灰色长毛。幼虫无足型。头黄褐色，胸、腹部乳白色，中部粗，腹末细尖，体表多皱。年发生代数不详。以老熟幼虫在巢中做茧越冬。雌蜂切取、搬运叶片用以筑巢。雌蜂喜欢切取月季、白蜡等植物嫩、薄、质地柔软的叶片。一旦选中适合的植株会在其上重复切叶，而使植株叶片孔洞累累，对植株生长影响很大。

月季切叶蜂危害白蜡

月季切叶蜂危害玫瑰

蔷薇瘿蜂

〖膜翅目　瘿蜂科〗

Diplolepis rosae Linnaeus

广泛分布，危害蔷薇科植物叶片或茎干。

体黑褐色，有光泽。胸部鼓突。腹部短圆，色淡。腹前具柄，腹末短截。产卵器自腹末前方向腹后面伸出。头黄色，胸、腹部乳白色，中部粗，腹末细尖，体表多皱。

雄蜂罕见，一般为孤雌生殖。卵由雌虫针状产卵器产入叶脉植物组织中。卵孵化为幼虫后植物组织生长为球状虫瘿，幼虫被分隔在虫瘿组织虫室内，幼虫取食植物组织并在瘿中化蛹。生活史不详。

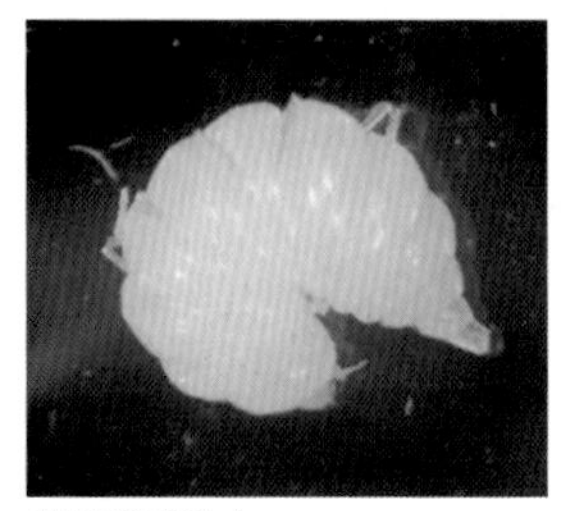

蔷薇瘿蜂幼虫

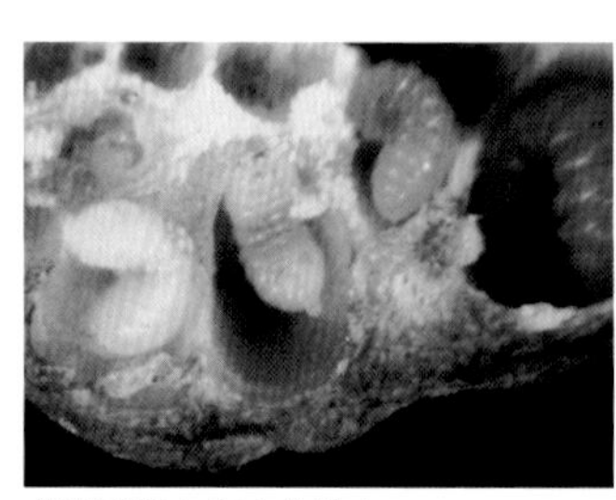

蔷薇瘿蜂虫瘿内的幼虫

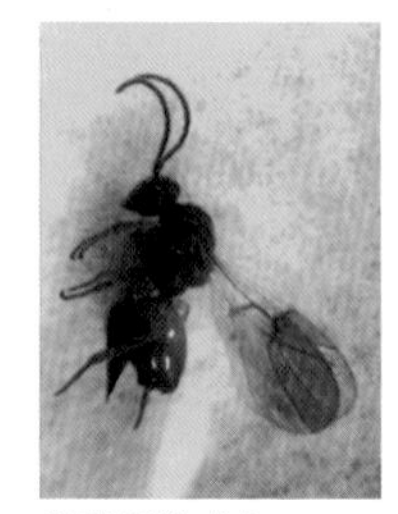

蔷薇瘿蜂成虫

【直翅目】

细距蝗

〖直翅目　斑翅蝗科〗

Leptopternis gracilis (Ev.)

全疆荒漠、草场有分布，取食多种草本植物及荒漠植物。

成虫触角剑状。前胸背板沟前区明显较窄。前、后翅均发达，前翅明显超过后足腿节的顶端。若虫随龄期发育体长及翅芽逐渐发育长长。

1 年 1 代，以卵在土中越冬。蝗蝻及成虫喜食菊科的多种蒿类，藜科如梭梭、白梭梭，禾本科等植物。

细距蝗危害状

白梭梭被害状

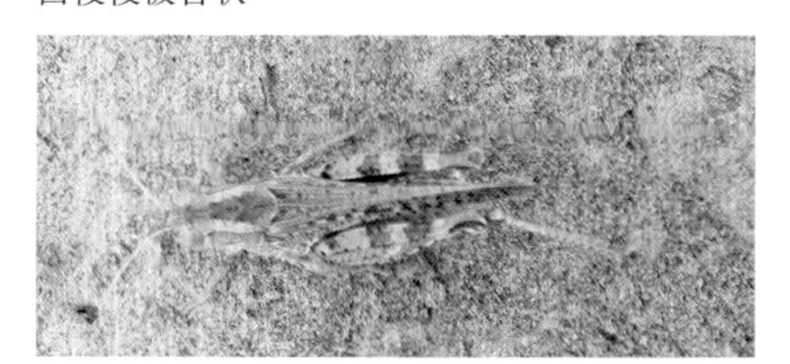

细距蝗成虫

黑翅束颈蝗

〖直翅目　斑翅蝗科〗

Sphingonotus obscuratus latissimus Uvarov

北疆荒漠有分布。以荒漠植物为食。

黑翅束颈蝗成虫

瘤背束颈蝗

〖直翅目　斑翅蝗科〗

Sphingonotus salinus (Pall.)

北疆荒漠有分布。以荒漠植物为食。

瘤背束颈蝗成虫

亚洲飞蝗

〖直翅目　斑翅蝗科〗

Locusta migtratoria migratoria Linnaeus

北疆干旱、半干旱草原及河湖湿地有分布。主要以禾本科和莎草科牧草为食，也危害玉米、大麦、小麦等作物。

成虫体型较大，有群居型、散居型、中间型3种类型。群居型体色为黑褐色，散居型绿色至黄褐色，中间型灰色。若虫有5龄。若虫随龄的发育体色加深，体长及翅芽逐渐发育长长。

除吐鲁番地区1年2代外，均1年1代，以卵在土中越冬。成、若虫啃食寄主叶片，咬断茎秆和幼芽。被害叶片成缺刻，严重时被吃光。

亚洲飞蝗成虫

亚洲飞蝗成虫背面观

八纹束颈蝗

〖直翅目 斑翅蝗科〗

Sphingonotus octofasciatus (Serville)

北疆荒漠有分布。以荒漠植物为食。

八纹束颈蝗成虫

黑腿星翅蝗

〖直翅目 斑腿蝗科〗

Calliptamus barbarous cephalotes F.-W.

新疆荒漠、草场有分布，取食多种草本植物及荒漠植物。

成虫体短粗，褐色。前胸背板中隆线较低，侧隆线明显，达后缘。后足腿节内侧玫瑰色，具一卵形黑斑。若虫有4龄。随不同龄的发育前后翅翅芽逐渐发育长长。

1年1代，以卵在土中越冬。虫口发生量大，以成、若虫啃食寄主叶、茎，对草场植被及产草量危害极大。

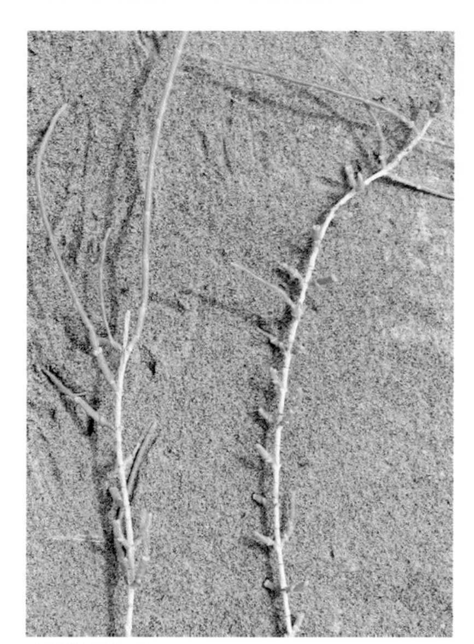

白梭梭被害状

黑腿星翅蝗发生环境

黑腿星翅蝗若虫

黑腿星翅蝗雌成虫

意大利蝗

〖直翅目　斑腿蝗科〗

Calliptamus italicus (Linnaeus)

新疆荒漠、草场有分布，取食多种草本植物及荒漠植物。

成虫前胸背板中隆线、侧隆线明显，几乎平行，3条横沟均明显。前胸腹板在两前足基部之间具有圆柱状的前胸腹板突。后足腿节粗短，上隆线具有细齿，后足腿节内侧玫瑰色或红色，常有2条不完全的黑色横纹，后足胫节上侧和内侧红色。前、后翅均发达，前翅明显超过后足腿节的顶端，后翅基部玫瑰色。卵粒黄褐色或土红色，长5～6mm。藏在卵囊下部的卵室内。雄性若虫有5龄，雌性6龄。若虫随龄期发育体色加深，触角节数增加，体长及翅芽逐渐发育长长。

1年1代，以卵在土中越冬。翌年5月中、下旬为卵的孵化盛期，6月中旬为羽化盛期。产卵初期在6月下旬，盛期在7月上、中旬，8月为产卵末期。成虫可进行多次交配。蝗蝻及成虫喜食菊科的多种蒿类，藜科如梭梭、白梭梭，禾本科等植物。新疆草原、荒漠发生多，受害重。

意大利蝗若虫

黑伪星翅蝗

〖直翅目　斑腿蝗科〗

Metromerus coelesyriensis coelesyriensis (G.T.)

新疆荒漠、草场有分布，取食多种草本植物及荒漠植物。

成虫体粗短，暗黑色。前胸背板中隆线较低，侧隆线明显，不达后缘。后足腿节内侧玫瑰色。若虫有4龄。随不同龄的发育前后翅翅芽逐渐发育长长。

1年1代，以卵在土中越冬。虫口发生量大，以成、若虫啃食寄主叶、茎，对草场植被及产草量危害极大。

农田里的黑伪星翅蝗成虫

黑伪星翅蝗成虫

红翅瘤蝗

〖直翅目 斑腿蝗科〗

Dericorys annulata roseipennis (Redtenbachey)

全疆荒漠有分布。以荒漠植物为食。

红翅瘤蝗成虫

短额负蝗

〖直翅目 蝗科〗

Atractomorpha crenulata (Fabricius)

新疆有分布。取食多种草本植物及荒漠植物。

雌成虫体长 41 ～ 43mm，雄成虫体长 26 ～ 31mm，绿色或黄褐色。头部长锥形，颜面斜度与头顶成锐角。触角剑状。前翅翅端尖削，翅长超过后足腿节后端；后翅基部红色，端部淡绿色。卵长椭圆形，长 3 ～ 4mm，黄褐色，在卵囊内不规则的斜排成 3 5 行。若虫 5 龄，形态与成虫相似。

1 年 1 代。以卵在土壤内越冬。若虫、成虫啃食植物茎叶危害。

短额负蝗危害禾本科草坪草

短额负蝗成虫

普通蚤蝼

〖直翅目　蚤蝼科〗

Tridactylus variegatus Latt.

吐鲁番地区有分布。栖息于水边沙地。取食多种草本植物。

成虫体长约5mm，黑色，前胸背板、胸足腿节具黄白色斑纹。前翅棕褐色，短。后翅为膜翅，纵卷于前翅下。前足适宜挖掘，似蝼蛄。后腿腿节粗大，跳跃能力很强。雄虫无发声器。多栖息于水边潮湿沙地，会挖土穴居。若虫体似成虫，褐色，体长及翅芽逐渐发育长长。

生活习性与危害不详。

普通蚤蝼成虫

蚤蝼

〖直翅目　蚤蝼科〗

Tridactylus sp.

吐鲁番地区有分布。栖息于水边沙地。取食多种草本植物。

成虫体长约4mm，黑色，前胸背板中央具一道白色细纵线、两边各具白色长形白斑2个。前翅棕褐色，短。后翅为膜翅，纵卷于前翅下。胸足棕黄色。足均为步行足，后足腿腿节也不粗大。雄虫无发声器。多栖息于水边潮湿沙地，会挖土穴居。若虫体似成虫，褐色，体长及翅芽逐渐发育长长。

生活习性与危害不详。

蚤蝼成虫

戈壁花硕螽

〖直翅目 硕螽科〗

Daralacantha deracanthoides B.-Bienko

北疆草场、荒漠有分布。主要以禾本科、莎草科、蒿属牧草为食。

成虫绿灰色，体型大，无翅。触角细，长于体长。前胸背板近方形，前缘的侧棘小而不尖锐。腹部背面无斑点，两侧具黑斑，黑斑内侧红色。是新疆荒漠草原重要害虫之一，新疆荒漠及丘陵地带多有分布。若虫、成虫食量大，虫口数量爆增时危害重。

戈壁花硕螽危害荒漠植物

戈壁花硕螽雌成虫

戈壁花硕螽雄成虫

戈壁灰硕螽

〖直翅目　硕螽科〗

Damalacantha vacca sinica B.-Bienko

北疆草场、荒漠有分布。主要以禾本科、莎草科、蒿属牧草为食。

成虫黄灰色，体型大，无翅。触角粗，短于体长。前胸背板近方形，前缘具尖锐的侧棘。腹部背面具均匀圆形黑点，两侧具黑斑。是新疆荒漠草原重要害虫之一，新疆北部盆地荒漠及草场多有分布。若虫、成虫食量大，爆增时危害重。

戈壁灰硕螽雌成虫

绿螽斯

〖直翅目　螽斯科〗

Holochlora sp.

北疆山地、草场、荒漠有分布。危害植物叶、花。

成虫体、翅鲜绿色，翅往往长于腹末。前翅末端棕色。触角细，棕色，远长于体长。体节、足密布细小棕色斑点。荒漠及草场多有分布。

绿螽斯若虫取食危害状

绿螽斯若虫

绿螽斯若虫危害菊科植物花

绿螽斯成虫背面图

绿螽斯成虫展翅状

〖竹节虫目〗

荒漠竹节虫

〖竹节虫目　角棒竹节虫科〗

Ramulus bituberculatus Redt.

国内仅分布于新疆北疆荒漠及低山地带。寄主主要是禾本科、菊科植物。

成虫体纤细，灰色，有拟态，树枝状。雄虫体长 52 ～ 65mm，雌虫体长 62 ～ 80 mm。头部向后方变尖狭，上方具一对纵行结节。

1 年 1 代，以卵块在土壤中越冬。翌年春孵化，若虫期发育约 2 个月，7 月羽化。成、若虫啃食寄主叶、茎。

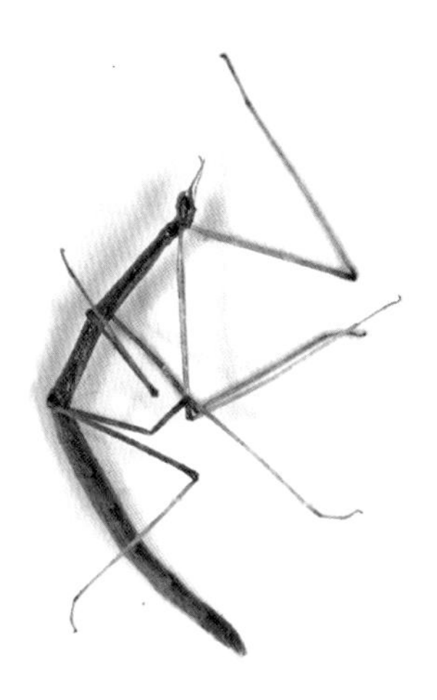

荒漠竹节虫成虫

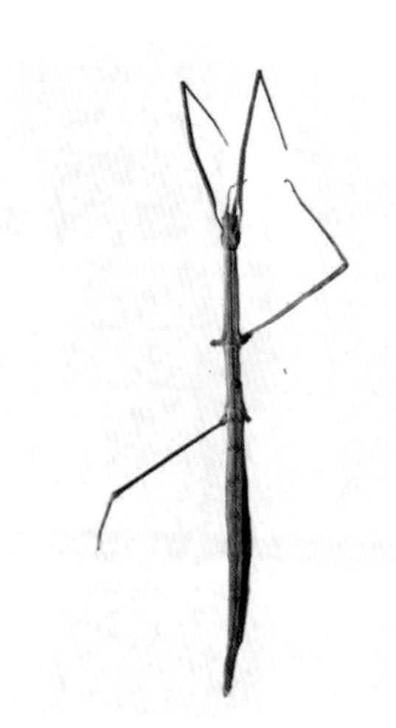

荒漠竹节虫若虫

竹节虫

〖竹节虫目　角棒竹节虫科〗

Ramulus sp.

分布伊犁地区。成虫体纤细，绿色，有拟态，树枝状。头顶部浑圆。

寄主及生活史不详。

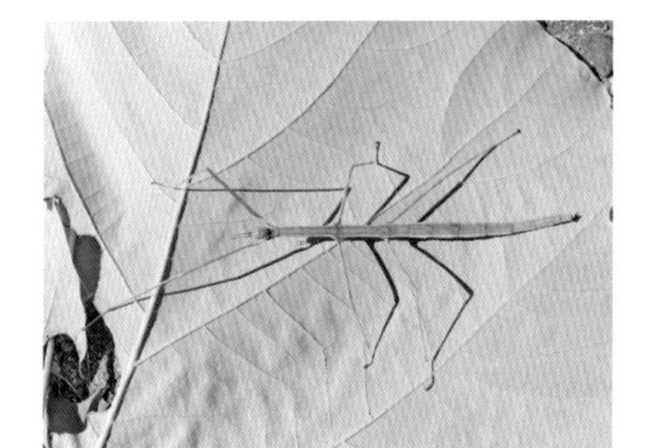

竹节虫成虫

Chapter Two

第二章

刺吸性及枝梢害虫

【半翅目】

麻皮蝽

Erthesina fullo Thunberg 〖半翅目 蝽科〗

南北疆有分布。主要寄主有杨、柳、榆、刺槐、苹果、葡萄、杏、枣、石榴等。

成虫体长 21 ~ 24mm，棕黑色，密布黑色刻点。头两侧有黄白色细脊边，头前端至小盾片中部有 1 条黄白色或黄色细纵脊。触角 5 节，黑色，丝状，第五节基部 1/3 淡黄白或黄色。前胸背板、中胸小盾片、前翅革质部有不规则细碎黄色凸起斑纹，前翅膜质部黑色。卵鼓形，顶端具盖，灰白色。若虫体红褐或黑褐色，头前端至小盾片有 1 条黄色或黄红色细纵线。前胸背板、小盾片、翅芽暗黑褐色。前胸背板中部具 4 个横排淡红色斑点，内侧 2 个稍大，小盾片两侧角各具淡红色稍大斑点 1 个。足黑色。腹部背面中央具纵列暗色大斑 3 个。

1 年 1 代，以成虫于草丛或树洞、树皮裂缝及枯枝落叶下越冬。成虫、若虫刺吸芽、嫩枝、叶片汁液危害。5 ~ 7 月交配产卵，5 月下旬可见初孵若虫，7 ~ 8 月羽化为成虫危害至深秋，10 月开始越冬。成虫飞行力强，有假死性，受惊扰时分泌有挥发性臭味的液体。

麻皮蝽卵块

麻皮蝽若虫

麻皮蝽成虫

茶翅蝽

〖半翅目　蝽科〗

Halyomorpha picus (Fabricius)

南北疆有分布。寄主有梨、苹果、桃、李、杏等。

成虫体长 12 ~ 16mm，椭圆形，略扁平，有淡黄褐色、黄褐色、灰褐色、茶褐色等，但均略带紫红色。触角 5 节，黄褐色至褐色，第四节两端及第五节基部黄色。前胸背板、小盾片和前翅革质部有密集的黑褐色刻点。前胸背板前缘有 4 个黄褐色小点。小盾片基部有 5 个小黄点。体侧缘黄黑相间，腹面为淡黄褐、黄褐或红褐色。卵短圆筒状，高 1mm，顶部有盖，周缘有刺，黑褐色。若虫胸部两侧有刺状突起。腹部背面中部有横长方形纵向排列黑斑 5 个，每节腹板两侧均具长形黑斑。腹部淡橙黄色。

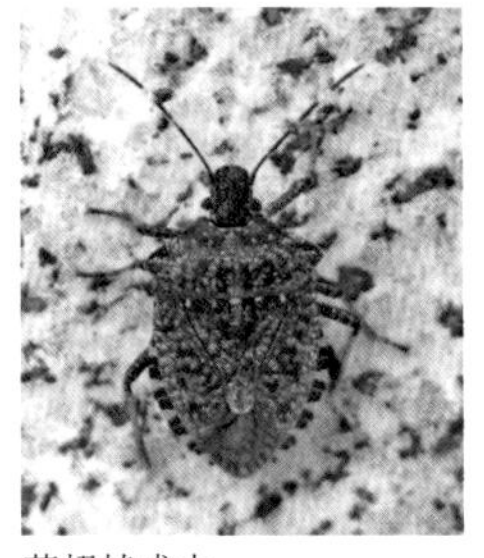
茶翅蝽成虫

1 年 1 代，以成虫在树洞、草丛等处越冬。5 月下旬出蛰危害，6 月中旬至 7 月上旬产卵。卵产于叶背面，20 余粒排成 1 块。6 月下旬至 7 月中旬若虫孵化。7 月中、下旬成虫羽化。成虫、若虫刺吸危害芽、嫩枝、叶片。成虫常在果园危害果实。9 月下旬进入越冬状态。

横纹菜蝽　又称乌鲁木齐菜蝽、盖氏菜蝽

〖半翅目　蝽科〗

Eurydema gebleri Kolenati

全疆分布。主要寄主为小麦、苜蓿、甘草及伞形花科、十字花科植物等。

成虫体长 5.5 ~ 7.5mm，椭圆形。头蓝黑色，边缘红黄色。前胸背板橘黄色，有 6 个蓝黑色斑，小盾片具“丫”形橘黄色斑。前翅革区末端有 1 个横置黄白斑。

1 年 2 ~ 3 代，以成虫在石块下、土缝、落叶、枯草中越冬。成虫喜危害寄主幼嫩部位。卵呈块状。常产于地表、杂草及寄主叶片背面。初孵若虫常群聚于卵壳上，后逐渐分散活动。5 ~ 9 月是成虫、若虫的主要危害时期。

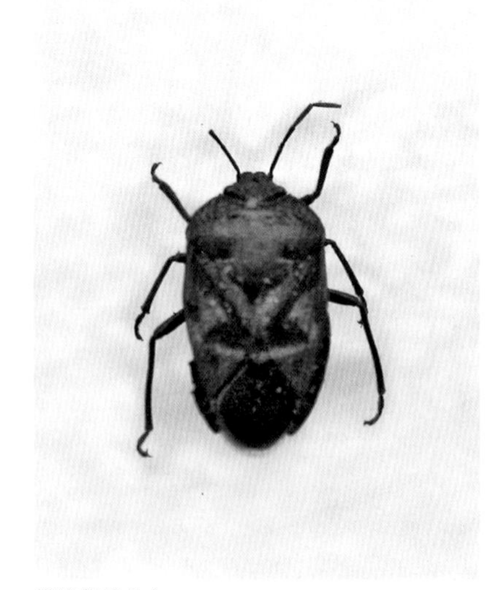
横纹菜蝽成虫

斑须蝽 又称细毛蝽、斑角蝽

〖半翅目 蝽科〗

Dolycoris baccarum (Linnaeus)

南北疆有分布。主要寄主有梨、苹果、桃、李、杏及棉花、麦、玉米等。

成虫体长10～12mm，椭圆形，紫褐色或灰黄色，全身被有细毛和黑色小点。触角5节，黑色，第一节短而粗，第2～5节基部黄白色，形成黄黑相间的“斑须”。小盾片三角形，末端淡黄色。前翅革质部淡红褐至红褐色，膜质部透明，黄褐色。足黄褐色，散生黑点。卵长约1mm，桶形，灰黄色，卵壳有网纹，密被白色短绒毛。若虫共5龄。灰褐或黄褐色，触角4节，黑色，节间黄白色，腹部黄色，背面中央自第二节向后均有一黑色纵斑，各节侧缘均有一黑斑。

1年1代，以成虫在树洞、草堆等处越冬。有群集性、假死性。成虫、若虫刺吸寄主汁液危害。6月上旬开始产卵。6月下旬至7月上旬孵化出若虫。7月中、下旬成虫羽化。9月下旬起逐渐转移越冬。

斑须蝽危害枸杞

斑须蝽卵

斑须蝽成虫

蓝蝽 又称纯蓝蝽、蓝盾蝽

〖半翅目 蝽科〗

Zicrona caerula Linnaeus

全疆分布。主要危害玉米、高粱、大豆、花生、水稻等农作物、甘草、桦和各种杂草，也取食其他昆虫幼虫。

成虫体长6～9mm，盾形，体、足蓝、蓝黑或紫黑色，有光泽。触角5节，蓝黑色。前胸背板侧角圆微、外突。

1年3～4代，以成虫在杂草和土缝等处越冬。翌春4月上旬出蛰危害。有世代重叠现象。

蓝蝽成虫

沙枣润蝽

〖半翅目　蝽科〗

Rhaphigaster nebulosa Poda

南北疆有分布。主要寄主有沙枣、柳、李、沙果等。

成虫体略扁平，盾形，体长16～17mm，暗褐色。体色不均匀，色深部分现不规则云斑，并具密集黑色刻点。中胸小盾片近末端两侧有两个模糊小黑点。腹部背面黑色，腹面棕黄色，散生黑点。腹部腹面具一前伸的腹刺，腹刺长度能越过中足基节。卵长约1mm，高桶形，棕黄色。若虫共5龄。灰褐色，触角4节，黑色，腹部黄色。

1年1代，以成虫在树洞、草丛等处越冬。5月中旬出蛰危害，6月产卵。卵产于叶背面，10几粒1块。6月下旬至7月中旬若虫孵化。7月中、下旬成虫羽化。成虫、若虫刺吸危害芽、嫩枝、叶片。成虫可在果园危害果实。9月下旬进入越冬状态。

沙枣润蝽卵

沙枣润蝽若虫

沙枣润蝽成虫

示沙枣润蝽腹部伸向前方的刺状物

柳蝽

〖半翅目　蝽科〗

Palomena amplificata Distant

伊犁地区有分布。主要寄主有柳、栎、落叶松、醋栗等。

成虫体长9～10mm，扁椭圆形，头部、前翅绿紫色。足白色，跗节棕黑色。前胸背板、中胸小盾片、腹部鲜绿色。小盾片末端浑圆、色浅。

1年1代，以成虫越冬。成虫、若虫刺吸寄主汁液危害。

柳蝽成虫

赤条蝽

〖半翅目 蝽科〗

Graphosoma rubrolineata (Westwood)

南北疆有分布。主要寄主有栎、榆、黄菠萝等林木及胡萝卜、茴香等伞形花科植物。

成虫体长11mm左右，长椭圆形，红褐色，体表粗糙，有密集刻点。黑色条纹纵贯体背。头部有2条黑纹。触角5节，棕黑色，基部2节红黄色。前胸背板两侧中间向外突，似菱形，后缘平直，上有6条黑色纵纹，两侧的2条黑纹靠近边缘。小盾片宽大，前缘平直，上有4条黑纹。体侧缘每节具黑、橙相间斑纹。体腹面黄褐色或橙红色，散生许多大黑斑。足黑色，有黄褐色斑纹。卵长约1mm，桶形，浅黄褐色，卵壳上被白色绒毛。若虫共5龄。末龄若虫体长8～10mm，体红褐色，有纵条纹，腹部各节有橙红色斑。

1年1代，以成虫在田间枯枝落叶、杂草丛中、石块下、土缝里越冬。4月下旬出蛰。卵多产于叶上，呈块状。5月中旬至8月上旬若虫陆续孵化。初孵若虫群集在卵壳附近，2龄以后分散。6月下旬成虫开始羽化。成虫、若虫刺吸寄主汁液危害。8月下旬至10月中旬陆续进入越冬状态。

赤条蝽成虫

宽碧蝽

〖半翅目 蝽科〗

Palomena viridissima (Poda)

全疆有分布。

成虫体宽椭圆形，鲜绿至暗绿色。体背密布均匀的黑刻点。触角红棕色。前胸背板侧角短，末端钝圆。前胸背板侧缘、前翅革质部侧接具淡黄褐色窄饰边。足淡褐色。

年生活史及危害情况不详。

宽碧蝽成虫

菜蝽 又称河北菜蝽

〖半翅目 蝽科〗

Eurydema dominulus (Socopoli)

全疆广泛分布。主要寄主为野生及人工栽培的十字花科植物，如大蒜芥、甘蓝、花椰菜、白菜、萝卜、油菜、芥菜等。

成虫体长6～9mm，椭圆形。体橙黄或橙红色。头部黑色。前胸背板橙红色，有6块黑斑，2个在前，4个在后。小盾板具橙黄或橙红“Y”形纹，交会处缢缩。腹部腹面黄白色，具4纵列黑斑。足黄、黑相间。卵杯形，黄褐色，有黑褐色纹。若虫共5龄，末龄若虫全身为褐色，头部黑色，腹背有黑褐色条斑和点斑。

1年2～3代，以成虫在杂草及枯枝落叶下越冬。翌年4月先在野生十字花科杂草上取食，4月底、5月初迁至春油菜或十字花科蔬菜种株上危害，5月中旬危害最盛，第一代卵、若虫、成虫出现高峰期分别为5月中旬、5月下旬和6月中旬，第二代则为7月上旬、7月下旬和8月上旬，第三代卵和若虫出现高峰期均在8月中旬。第三代成虫与第二代部分成虫于秋末潜伏越冬。成虫、若虫刺吸寄主汁液危害。5～9月是成虫、若虫的主要危害时期。

菜蝽成虫

菜蝽成虫的不同体色

捉蝽 又称黄胫蝽

〖半翅目 蝽科〗

Jalla dumosa (Linnaeus)

北疆有分布。

成虫体、翅深黄色，密布黑色小圆斑。头、触角、足黑色。足胫节中部深黄色。前翅膜质部分棕黑色。

年生活史及危害情况不详。

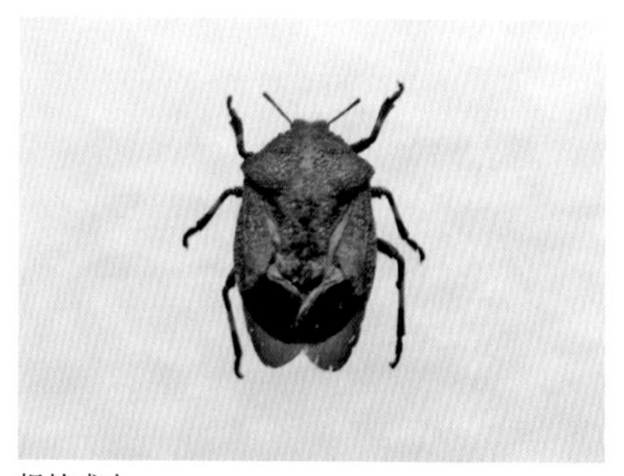

捉蝽成虫

新疆菜蝽

〖半翅目 蝽科〗

Eurydema festiva Linnaeus

全疆广泛分布。主要寄主为野生及人工栽培的十字花科植物。

前胸背板前缘凹，后缘直，侧缘直且光滑，侧角缘、前侧缘及中域“T”字纹，黄白色。小盾片三角状，基部具大黑斑，亦为三角形，近末端两侧各具 1 小黑斑，顶端橙红色。足黄黑相间。

1 年 2 ~ 3 代，以成虫越冬。成虫、若虫刺吸寄主汁液危害。5 ~ 9 月是成虫、若虫的主要危害时期。

新疆菜蝽成虫

新疆菜蝽成虫

巴楚菜蝽

〖半翅目 蝽科〗

Eurydema wilkinsi Distant

全疆分布。主要寄主为麦、葵花、胡麻、刺山柑及野生的十字花科植物等。

成虫体长 6.3 ~ 8.1mm，椭圆形。体青黄色。体背有微小刻点和蓝黑色花纹。触角 5 节，黑色。前胸背板四边黄白色，中间具黑斑，黑斑两侧延伸拐向两后角，其中央纵纹及两侧前后各一的大小斑皆为黄白色。小盾片中线至端部具一白色箭纹，两侧具钩状白纹，两纹弯至中部与箭纹相交，其余均为黑色。前翅革片内侧缘有黑色纵条，外侧近中部及末端各有一小黑斑，内侧近中央处有一不规则的大黑块。侧缘外露，黄黑相间。胸足跗节黑色。其余各节淡黄色，具黑纵纹。

1 年 2 代，以成虫在枯叶下或杂草丛中越冬。5 ~ 9 月是成虫、若虫的主要危害时期。

巴楚菜蝽成虫

长绿蝽　又称苍蝽

〖半翅目　蝽科〗

Brachynema germarii Kolenati

全疆有分布。

成虫前胸、翅绿色，头暗绿色。触角基部两节、头部两侧、前胸背板侧面具黄色饰边。小盾片末端舌状，其上具一鲜明的黄白色水滴状大斑。

年生活史及危害情况不详。

长绿蝽成虫

草蝽　又称栎蝽

〖半翅目　蝽科〗

Holcostethus vernalis (Wolff)

北疆有分布。主要寄主有杨、柳、栎、桦、橡树及多种草本植物等。

成虫体长 9.1mm 左右，椭圆形，赭红色，密布淡黑刻点。头叶较长。触角棕红色。前胸背板侧角浑圆，外突。小盾片大，末端颜色略淡。足红棕色。

1 年 1 代，以成虫越冬。

草蝽成虫

蠋蝽　又称桃茶色蝽

〖半翅目　蝽科〗

Arma custos (Fabricius)

北疆有分布。成虫体盾形，略扁平，茶红色。前胸背板两后侧呈浑圆外突，黑色。小盾片基部有 5 个小黄点。足呈均匀茶色。体侧缘有黑斑。

年生活史及危害情况不详。能捕食鳞翅目幼虫等。

蠋蝽成虫

甜菜蝽

〖半翅目 蝽科〗

Carpocoris lunularus (G.)

南北疆有分布。主要寄主有榆、甜菜及杂草等。

成虫体长9～11mm，长椭圆形，棕褐色，体、足具密集刻点及褐斑。体触角5节，黑色。但第5节及3、4节基部淡棕色。前胸背板六边形，两侧外突浑圆，其后缘两边呈尖角状。小盾片三角形，中央隆突。前翅黄褐色。

1年1代，以成虫越冬。成虫、若虫刺吸寄主汁液危害。

甜菜蝽成虫

西北麦蝽

〖半翅目 蝽科〗

Aelia sibirica Reuter

全疆分布。寄主有麦类、水稻等禾本科农作物及野生禾本科植物。

成虫体长9～11mm，黄褐色，具黑白纵条纹，头前端尖且二裂状。小盾片特发达似舌状，长度超过腹背中央。卵馒头形，红褐色。若虫体黑色，腹节之间为黄色。

1年2～3代，以成虫在杂草基部越冬。翌年4月下旬开始活动，5月初迁进麦田危害麦苗，5月上旬在麦苗下部叶尖或地表的枯枝残叶上产卵，11～12粒排成单列，5月中旬孵化成若虫继续危害，小麦成熟时成虫又飞回越冬杂草上，进入10月间开始潜伏越冬。

西北麦蝽成虫

红足真蝽　又称红足蝽、栗蝽

〖半翅目　蝽科〗

Pentatoma rufipes (Linnaeus)

全疆分布。主要寄主有杨、柳、榆、花楸、桦、橡树、山楂、醋栗、杏、梨、海棠等。

成虫体长 16.5mm 左右，椭圆形，深紫黑色，略有金属光泽，密布黑刻点。触角棕黑色，第一节色淡。前胸背板侧角扁阔，黑色，向外突出，并略上翘，其前部圆，向后呈菱角状略弯，前侧内凹。小盾片大，三角形，末端呈橙红色圆点状。足红，微带褐色。

1 年 1 代，以成虫越冬。

红足真蝽雄成虫

朝鲜果蝽

〖半翅目　蝽科〗

Carpocoris coreanus Distant

南北疆有分布。主要寄主有梨、苹果、桃、李、杏及棉花、麦、玉米等。

成虫体长 11 ~ 13mm，椭圆形，黄红色。触角 5 节，黑色，第一节短而粗，色淡。头部具 4 条纵向细小黑斑形成的粗纹。前胸背板侧角外突，黑色。小盾片三角形，棕黑色，末端色淡。前翅革质部红褐色，膜质部透明。足红褐色。

1 年 1 代，以成虫越冬。成虫、若虫刺吸寄主汁液危害。

朝鲜果蝽成虫

稻绿蝽

〖半翅目 蝽科〗

Nezara viridula Linnaeus

全疆分布。主要寄主有水稻、玉米、花生、棉花、豆类、十字花科蔬菜、茄子、辣椒、马铃薯、桃、李、梨、苹果等。

成虫盾形，体长 12 ~ 16mm，体色多变，有全绿型、点斑型、黄肩型等。体、足全鲜绿色、橙黄到橙绿色等。小盾片长三角形，末端狭圆，色淡，基缘有斑点，为白色、绿色、黄色等。卵筒状，初产时浅褐黄色。卵顶端有一环白色齿突。若虫共 5 龄，形似成虫，绿色或黄绿色，前胸与翅芽散布黑色斑点，外缘橘红色。

1 年 1 代，以成虫越冬。

稻绿蝽成虫

蓝菜蝽

〖半翅目 蝽科〗

Eurydema oleracea Linneus

全疆分布。主要寄主为野生及人工栽培的十字花科植物，如甘蓝、花椰菜、萝卜、油菜等。

成虫体长 6 ~ 9mm，椭圆形。体深蓝色，有光泽。前胸背板中央有一粗黄白色纵纹，两旁各有 1 块黄白斑。小盾片末端及其两侧具黄白色三角形纹，此三斑横向排成一排。足黑色，胫节中段黄色。

1 年 2 ~ 3 代，以成虫在杂草及枯枝落叶下越冬。成虫、若虫刺吸寄主汁液危害。

蓝菜蝽成虫

尖角蠋蝽

〖半翅目　蝽科〗

Arma sp.

北疆有分布。成虫体盾形，略扁平，茶红色。前胸背板前缘两侧呈前突状，两后侧呈尖角状外突，黑色。前胸背板两后侧内具 2 个圆形小黑斑。体侧缘有黑斑。

年生活史及危害情况不详。能捕食鳞翅目幼虫等。

尖角蠋蝽成虫

藜蝽

〖半翅目　蝽科〗

Tarisa sp.

全疆分布，主要危害多种野生及人工栽培的藜科植物。

成虫体长 0.5 ~ 0.7mm，盾形，绿色。背腹面显著鼓起，光滑，具浅色刻点。头及前胸背板前缘带棕黄色。足棕黄色。

年生活史不详。

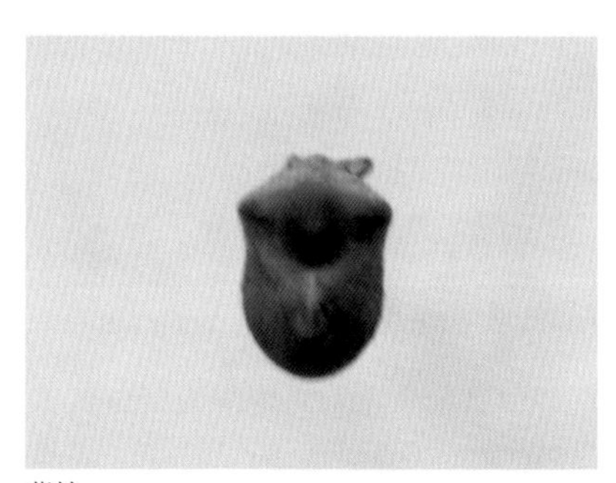

藜蝽

短叶草蝽

〖半翅目　蝽科〗

Holcostethus breviceps (Wolff)

北疆有分布。主要寄主有杨、柳、栎、桦、橡树及多种草本植物等。

成虫体长 14.5mm 左右，椭圆形，深紫黑色，略有金属光泽，密布黑刻点。头叶短。触角棕红色。前胸背板侧角浑圆，外突。小盾片大，三角形，末端颜色略淡。足灰棕色。

1 年 1 代，以成虫越冬。

短叶草蝽成虫

小漠曼蝽

〖半翅目　蝽科〗

Desertomenida guadrimaculata (Horyatn)

小漠曼蝽成虫

全疆分布。

成虫体长 0.6 ~ 0.9mm，盾形。头、前胸背板及小盾片赭色，具同色粗刻点，有光泽。头短宽。前胸背板侧缘呈角状外突。足棕黄色。

寄主及年生活史不详。

广二星蝽　又称黑腹蝽、小二星蝽

〖半翅目　蝽科〗

Stollia ventralis (Westwood)

广二星蝽成虫

全疆分布。主要寄主有稻、麦、高粱、玉米、甘薯、棉花、大豆、狗尾草、马蔺等。

成虫体长 5.3mm 左右，圆盾形，黄褐色，密被黑色刻点。触角基部3节淡黄褐色，端部2节棕褐色。前胸背板侧缘有略卷起的黄白色狭边。小盾片长，舌状，基部两角处黄白色。腹部乌黑色。足黄褐色，具黑点。成虫越冬。

新疆年生活史不详。

淡色尖长蝽

〖半翅目　长蝽科〗

Oxycarenus pallens(Herrich-Schiffer.)

北疆有分布。成虫体长 5mm 左右，淡棕色。头部尖而前突。触角 4 节，第四节端部黑色。前胸背板梯形，颜色单一。小盾片三角形，色淡。

寄主及生活史不详。

淡色尖长蝽成虫

红柳侏长蝽

〖半翅目　长蝽科〗

Artheneis alutalea Fieher

南北疆有分布。主要寄主为多种红柳。

成虫体长 4mm 左右，淡棕色。复眼红色。触角 4 节，黑色。前胸背板梯形，周缘色稍深。小盾片三角形，基部具 2 个斜置的白色小斑。

年发生代数不详。以成虫在土中越冬。成虫、若虫刺吸危害。

红柳侏长蝽若虫

红柳侏长蝽成虫

横带红长蝽

〖半翅目　长蝽科〗

Lygaeus equestris（Linnaeus）

南北疆均有分布。主要寄主为野生及人工栽培的十字花科植物。

成虫体长 12.5 ~ 14mm，朱红色。复眼内侧黑色。触角 4 节，黑色。前胸背板梯形，朱红色，前缘黑，后缘常有一个双驼峰形黑纹。小盾片三角形，黑色。前翅中部有一圆形黑斑及一条不规则的黑色横带，膜质基部具不规则的白色横纹，中央有一个圆形白斑。

横带红长蝽成虫

1 年 1 ~ 2 代，以成虫在土中越冬。翌春 5 月中旬开始活动，6 月上旬交配产卵，6 ~ 8 月为发生盛期。成虫有群集性，于 10 月中旬陆续越冬。

桃红长蝽

〖半翅目　长蝽科〗

Lygaeus murinus Kirit.

南北疆有分布。主要寄主为野生及人工栽培的十字花科植物。

成虫体长 11 ~ 12mm，桃红色。复眼内侧黑色。触角 4 节，黑色。前胸背板梯形，黑色，侧缘具桃红色长形斑各一个。小盾片三角形，黑色。前翅中部有一模糊黑斑及一条不规则的黑色横带，膜质基部中央有一个圆形白斑。

1年1～2代，以成虫在土中越冬。成虫、若虫刺吸危害。

桃红长蝽成虫

沙棘长蝽

〖半翅目　长蝽科〗

学名待定。

北疆分布。笔者于2009年首次发现。主要危害沙棘。

成虫体长1.2～2.1mm。体、前翅黄红色。腹部背面两侧具黑色斑。若虫灰黄灰色。

年发生代数不详。以成虫越冬。成虫、若虫危害。

沙棘长蝽造成沙棘嫩枝扭曲变形状

沙棘长蝽造成沙棘嫩叶扭曲增厚枯焦状

沙棘长蝽若虫

绿盲蝽　又称棉盲蝽

〖半翅目　盲蝽科〗

Lygus lucorum Meyer-Dür

南北疆均有分布。主要寄主有柳、桑、葡萄、苹果、桃、梨、李、杏及棉花、玉米、胡萝卜、马铃薯、瓜类、苜蓿、花卉等。

成虫体长5mm，绿色，密被短毛。复眼黑色。触角4节，丝状，约为体长2/3，从基部向端部颜色逐渐变深。前胸背板深绿色，有许多小黑点。小盾片三角形，黄绿色，中央具1浅纵纹。足黄绿色，腿节末端、胫节色较深，后足腿节末端具褐色环斑。卵长约 1mm，黄绿色，长口袋形，卵盖奶黄色，中央凹陷，两端突起，边缘无附属物。若虫有 5 龄。老熟若虫体鲜绿色，密被黑细毛；触角淡黄色，端部色渐深。

1 年 3 ～ 5 代，以卵在棉花枯枝铃壳内或苜蓿茎秆、果树皮或断枝内及土中越冬。翌春旬均温高于 10℃或连续 5 日均温达 11℃，卵开始孵化。第一、二代多危害苜蓿等作物。非越冬代卵多散产在嫩叶、茎、叶柄、叶脉、嫩蕾等组织内，6 月中旬棉花现蕾后迁入棉田，7 月达高峰，8 月下旬棉田花蕾渐少，便迁至其他寄主上危害蔬菜或果树。

绿盲蝽成虫

牧草盲蝽

〖半翅目 盲蝽科〗

Lygus pratensis (Linnaeus)

新疆广泛分布。主要寄主有杨、柳、榆、果树及棉花、苜蓿、蔬菜等。

成虫体长 6.5mm 左右，春夏青绿色，秋冬棕褐色。头顶后缘隆起。复眼黑色。触角 4 节，丝状，第二节长等于 3、4 节之和。前胸背板有橘皮状刻点，前缘具横沟划出明显的“领片”，两侧边缘黑色，后缘生 2 条黑横纹，背面中前部具黑色纵纹 4 条。小盾片三角形，黄色，中央黑褐色下陷，呈一心脏形纹。前翅膜片透明，脉纹在基部形成 2 个封闭的翅室。卵长卵形，长 1.5mm，浅黄绿色，卵盖四周无附属物。若虫黄绿色，前胸背板中部两侧和小盾片中部两侧各具黑色圆点 1 个，腹部背面第三腹节后缘有 1 黑色圆形臭腺开口，构成体背 5 个黑色圆点。

1 年 3 ～ 4 代，以成虫在杂草、枯枝落叶、土石块下越冬。翌春寄主发芽后出蛰活动，喜欢在嫩叶、嫩茎、花蕾上刺吸汁液，取食一段时间后开始交尾、产卵，卵多产在嫩茎、叶柄、叶脉或芽内，卵期约 10 天。若虫共 5 龄，经 30 多天羽化为成虫。成、若虫喜白天活动，早、晚取食最盛，活动迅速，善于隐蔽。发生期不整齐，6 月常迁入棉田，秋季又迁回到木本植物或秋菜上。

牧草盲蝽成虫

赤须盲蝽 又称赤角盲蝽

〖半翅目 盲蝽科〗

Trigonotylus coelestialium (Kirkaldy)

分布于北疆沿天山中部地区。主要寄主有棉花、小麦、玉米、甜菜等农作物和多种禾本科草坪草及杂草。

成虫体细长，长 5 ～ 6mm，鲜绿色或浅绿色。头顶中央具 1 纵沟，前伸不达头部中央。触角4节，红色。前胸背板梯形，具暗色条纹4个。小盾片黄绿色，三角形。前翅略长于腹部末端。足浅绿或黄绿色，胫节末端及跗节暗红色。卵长1mm左右，长袋状，白色透明，卵盖上具突起。若虫具5龄。老熟若虫体长5mm左右，黄绿色，触角红色，略短于体长。

1年3代，以卵在禾草茎叶上越冬。翌年春孵化，成虫5月出现，5月中下旬产卵。卵多产于叶鞘上端。卵于6月上旬开始孵化。6～7月第二代、第三代发生与危害。雌虫产卵不整齐，有世代重叠现象。

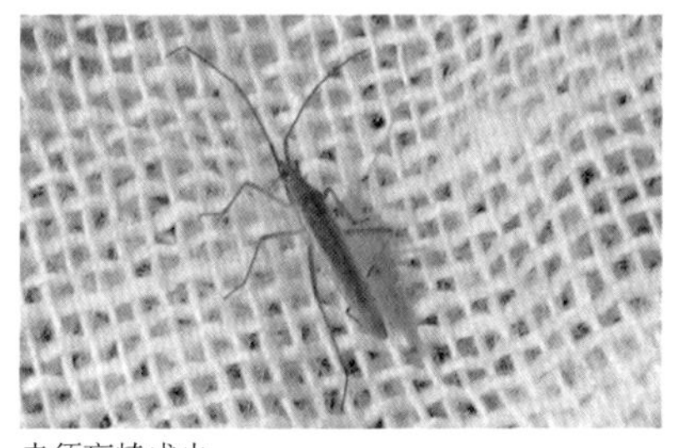
赤须盲蝽成虫

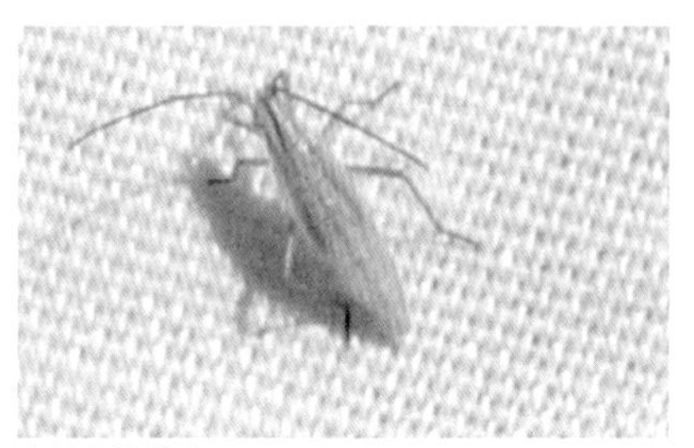
赤须盲蝽若虫

三点盲蝽

〖半翅目　盲蝽科〗

Adelphocoris fasiaticollis Reuter

新疆广泛分布。主要寄主有杨、柳、榆、枣、枸杞、黄芪等乔灌木及苜蓿、玉米、马铃薯、向日葵等多种农作物。

成虫体长约7mm，黄褐色。触角4节，紫褐色，与体等长。前胸背板绿色，前缘有2个黑斑，后缘有1条黑色横纹。中胸小盾片与前翅2个楔片黄绿色，呈三角形排列，故称“三点盲蝽”。足黄绿色，胫节褐色，腿节有黑斑。卵长约1.1mm，淡黄绿色，口袋形，中间略弯曲，顶端一端有指状突起。若虫有5龄。体橙黄色，密被黑色细毛，触角呈4节，第二至第四节基部淡青色，其余部分褐红色。足淡青色，有赭红色斑点。

1年发生2～3代，以卵在树皮内越冬。卵多产树皮组织及疤痕处。越冬卵于4月下旬至5月上旬孵化，5月下旬至6月上旬羽化。第二代若虫6月中旬孵化，7月上旬成虫羽化并交配产卵。第三代若虫7月中旬开始孵化，8月中、下旬成虫羽化后陆续产卵越冬。第一、二代卵主要产在棉株或苜蓿茎、叶连接处，或棉花叶柄和叶片主脉附近。有世代重叠现象。

三点盲蝽成虫

苜蓿盲蝽

〖半翅目　盲蝽科〗

Adelphocoris lineolatus Goeze

南北疆均有分布。主要寄主有苜蓿、棉花、马铃薯、枸杞、向日葵等。

成虫体长 7.5 ~ 9mm，体黄褐色，复眼扁圆，黑色。触角 4 节，棕褐色，比体长。前胸背板前缘有 2 个短黑纹，后部有 2 个圆形黑斑。小盾片暗黄色，有"┐ ┌"形黑纹。前翅革片黄褐色，爪片褐色，膜片半透明，黑褐色。卵：埋于植物组织，卵盖外露。长约 1.5mm，淡黄色，香蕉形，卵盖有一指状突起。若虫共 5 龄，暗绿色，全身被黑色刚毛。刚毛着生在黑色毛基片上。触角黄色，末端较深。足淡绿色，腿节上有黑斑。

苜蓿盲蝽成虫

南疆 1 年 3 代，以卵在枯死的苜蓿秆、杂草秆、棉叶柄内越冬。翌春孵化，5 月上旬第一代成虫羽化。6 月中、下旬第二代成虫羽化，7 月下旬第三代成虫羽化，9 月上、中旬第四代成虫羽化，10 月上、中旬产卵越冬。除越冬卵外，一般卵产在棉花、苜蓿的叶柄或嫩茎上。为多食性昆虫，寄主有 20 多科 50 多种。主要危害棉花、苜蓿等经济作物和牧草。成虫、若虫吸食嫩茎、芽、叶、花蕾、果实的汁液，导致嫩枝凋萎变黄、落花、落蕾、茎叶枯干，影响作物和牧草的产量。

短头姬缘蝽

〖半翅目　缘蝽科〗

Brachycarenus tigrinus (Schilling)

北疆有分布。寄主为野生禾本科植物及麦类农作物。

成虫体长 12mm 左右，灰绿色，体上具黑色小刻点。前胸背板刻点密且显著，浅褐色，后侧角不突出，圆钝。前翅革质部前缘绿色，余茶褐色，膜质部深褐色。

生活史不详。

短头姬缘蝽成虫

嗯缘蝽

〖半翅目 缘蝽科〗

Enoplops sibiricus Jak.

北疆有分布。成虫体长19mm左右，棕褐色。触角第四节末端膨大呈锤状。前胸背板刻点密且显著，褐色，侧缘圆钝。

生活史及危害情况不详。

嗯缘蝽成虫

欧珠缘蝽

〖半翅目 缘蝽科〗

Alydus calcaratus Linnaeus

北疆有分布。成虫体两侧平直，呈棍棒状，体长14mm左右，体、触角、胸足黑褐色。触角各节基半部黄棕色。胸足跗节及第一胫节黄棕色，腿节后方具刺4～6枚。

生活史及危害情况不详。

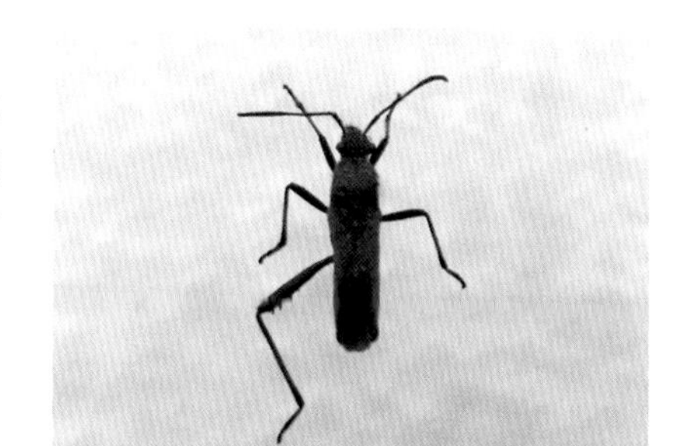

欧珠缘蝽成虫

原缘蝽

〖半翅目 缘蝽科〗

Coreus marginatus Linnaeus

北疆有分布。成虫体长16.5～18.5mm，黄褐至黑褐色。头小，略呈方形，头前具棘刺前伸。触角第一节最粗大，向外弯，第二、三节略扁，第四节纺锤形。前胸背板前部向下陡斜，侧缘圆钝外突。腹部侧接缘扩展，显著宽于前胸侧角的宽度。

生活史及危害情况不详。

原缘蝽成虫

亚姬缘蝽

〖半翅目　缘蝽科〗

Corizu tetraspilus Horvath

北疆有分布。危害豆类、萝卜、蒲公英等。体长 7.8 ~ 9.2mm，长椭圆形，橘红色，具黑色斑纹。头三角形，中央橘红色部分呈菱形。触角黑褐色。前胸背板黑色。小盾片黑色，末端橘黄色。前翅中部具块状黑斑。

生活史及危害情况不详。

亚姬缘蝽成虫

哈缘蝽

〖半翅目　缘蝽科〗

Haploprocta semenovi Jak.

北疆有分布。成虫体长 18mm 左右，红棕色。触角第四节最短。前胸背板前缘显著窄于后缘，侧缘凹，镶淡色边。

生活史及危害情况不详。

哈缘蝽成虫

坎缘蝽

〖半翅目　缘蝽科〗

Camptopus lateralis Germar

北疆有分布。成虫体两侧平直，呈棍棒状，体长 21mm 左右，黑褐色。触角第四节最长。一条白色毛带自头前方中央沿前胸背板中央达其后缘。

生活史及危害情况不详。

坎缘蝽成虫

欧姬缘蝽

〖半翅目 缘蝽科〗

Corizus hyosciami (Linnaeus)

北疆有分布。危害沙枣、豆类、蒲公英等。体长 7.8 ~ 9.2mm，长椭圆形，红色，具显著黑色斑纹。头三角形，中央红色部分呈菱形。触角黑褐或黑色。前胸背板前端与后端黑色。小盾片黑色。前翅中部具不规则黑斑。

生活史及危害情况不详。

欧姬缘蝽成虫

赭长缘蝽

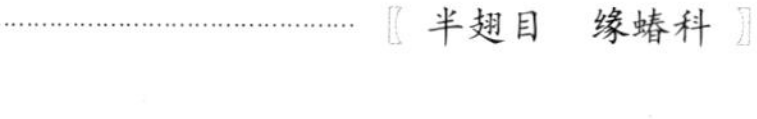

〖半翅目 缘蝽科〗

Megalotomus ornaticeps Stål

北疆有分布。危害胡枝子等荒漠植物。成虫体两侧平直，呈棍棒状，体长 13mm 左右，体、触角、胸足棕黑色。前胸背板侧缘外突呈直角状。胸足跗节及第一胫节黄棕色，腿节后方具刺 4 ~ 5 枚。

生活史及危害情况不详。

赭长缘蝽成虫

绿盾蝽

〖半翅目 盾蝽科〗

Tavisa fauderia Holrath

体长 6mm 左右，盾形，深绿色，密布同色刻点。小盾片长、宽，覆盖到腹末。

生活史及危害情况不详。

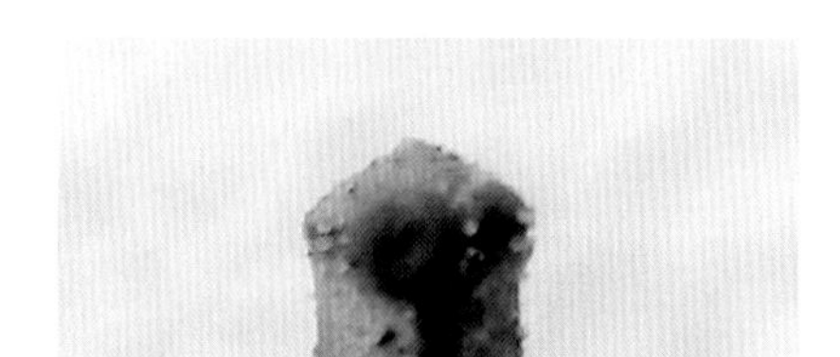

绿盾蝽成虫

麦扁盾蝽

〖半翅目　盾蝽科〗

Eurygaster integriceps Puton

麦扁盾蝽成虫

全疆分布，危害禾本科草本植物及小麦等农作物。

成虫体长 10 ~ 13mm，椭圆形，体背高隆，红褐色，密布黑色小刻点。前胸背板前半部低，刻点多而密集，后半部高而光滑。小盾片长宽，长盖过腹末，宽盖住体背 3/4，前缘基部近两边缘处各具一长形灰黄色斑。胸足棕红色。

1 年 1 ~ 2 代，以成虫在土中越冬。早春开始活动，6 ~ 8 月为发生盛期。10 月中旬陆续越冬。

始红蝽　又称无膜翅红蝽

〖半翅目　红蝽科〗

Pyrrhocoris apterus（Linnaeus）

全疆分布，危害多种草本植物及人工栽培的蔬菜、小麦等作物。

成虫体长 4 ~ 5mm，体、翅红色。头、触角、中胸小盾片黑色。前胸背板具矩形黑斑，黑斑前边向后凹入。前翅具 4 个前小后大的黑斑，腹部背面中央呈短宽黑色大斑。鞘翅短，无膜翅。

1 年 1 ~ 2 代，以成虫在土中越冬。翌年早春开始活动，5 ~ 8 月为活动盛期。成虫有群集性，10 月中旬陆续越冬。

始红蝽危害状

始红蝽成虫

小板网蝽

〖半翅目 网蝽科〗

Monostira unicostata (Mulsant et Rey)

南北疆均有分布。主要寄主有杨、柳、梨、李、山楂、樱桃和扁桃等。

成虫体长 1.9 ~ 2.3mm。复眼圆形，灰黑色。头胸部灰黑色，体腹面黑色。触角 4 节，丝状。头具 4 个刺状突，中央具一个椭圆形斑块。前胸背板两侧上隆，具网状刻点。足和前翅黄褐色，前翅和小盾片网纹清晰，翅面折合后中部显现“X”或“大”字形灰褐色斑纹。卵长椭圆形，长 0.2mm，灰白色。若虫末龄若虫体长 1.6 ~ 1.9mm，黄灰或浅灰色。复眼圆形，红黑色。头具刺突 4 个，后 2 个较大。前胸背板中部色较深，向外渐变淡黄。翅芽两端灰黑色、中段灰黄色。腹部第四、七、十节背中部各 1 个黑斑。

1 年发生 5 代，以成虫在树皮裂缝内和落叶层下越冬。4 月中旬均气温达 12.7℃时，越冬成虫普遍上树危害，12 ~ 15 天后始交尾、产卵。卵主要散产于叶背主脉两侧的叶肉内，有卵盖的一端约 1/3 外露。若虫共 3 龄，1 ~ 2 龄多群集于叶背，3 龄后分散活动，从树下向上、由内向外蔓延危害。成虫、若虫刺吸树木芽、嫩枝、叶片汁液危害，取食时不断排泄酱褐色黏液，严重污染叶片。该虫适应性很强，在素有“火州”之称的吐鲁番盆地、温暖多雨的伊犁河谷和高寒的阿尔泰山深处均有分布，但高温、干旱的地方受害重。

小板网蝽对胡杨林的危害状

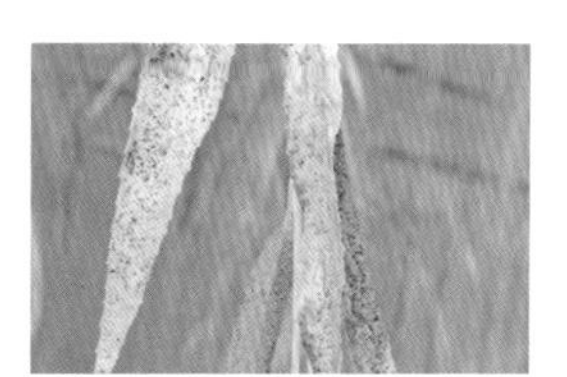

小板网蝽对柳树的危害状

小板网蝽对胡杨的危害状

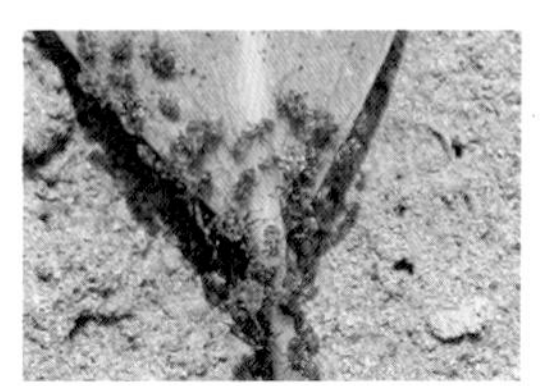

小板网蝽若虫

梨冠网蝽 又称梨网蝽、军配虫

〖半翅目 网蝽科〗

Stephanitis nashi Esaki et Takeya

新疆主要在吐鲁番地区有分布。主要寄主有桑、泡桐、杨、樱花、桃、苹果、梨等。

成虫体长 3.3 ~ 3.5mm，扁平，暗褐色。复眼暗黑色。前胸背板隆起，向后延伸呈扁板状，盖住小盾片，两侧呈扇状外突，并具网状花纹。静止时前翅合叠平覆体背，翅上黑斑构成“X”形黑褐斑纹。腹部金黄色，有黑色斑纹。足黄褐色。卵长椭圆形，长 0.6mm，稍弯，淡黄色。若虫暗褐色，翅芽明显，触角丝状，翅上布满网状纹。头、胸、腹部均有刺突。

1 年 4 代，以成虫在杂草、落叶、土块下和树皮裂缝、翘皮下越冬。翌年 4 月上旬越冬成虫开始活动，4 月下旬为活动盛期，5 月中第一代卵孵化。以后出现世代重叠。危害至 9 月上、中旬以成虫越冬。成虫在叶背取食，卵产于主脉两侧叶肉内。初孵若虫群聚，2 龄后渐扩散，喜群集叶背主脉附近。被害处叶面具黄白色斑点，叶片常有黑褐色黏性分泌物和排泄物严重污染，影响光合作用。

梨冠网蝽危害果树叶

梨冠网蝽危害状（叶正面）

梨冠网蝽危害状（叶背面）

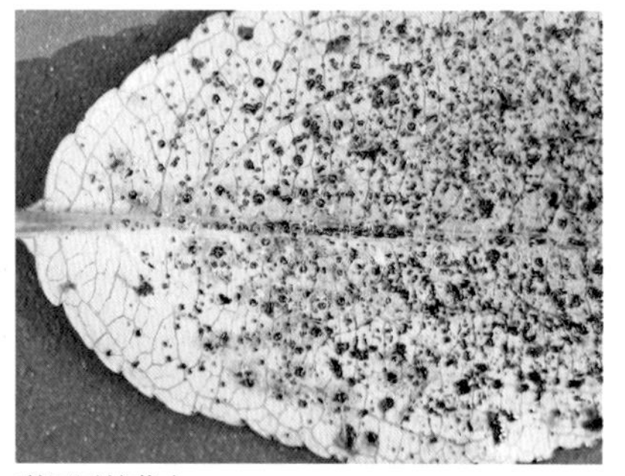

梨冠网蝽若虫

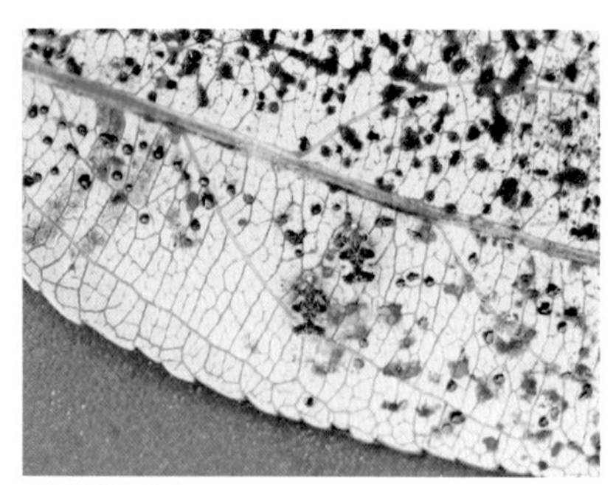

梨冠网蝽成虫

灰匙同蝽

〖半翅目 同蝽科〗

Elamucha grisea Linnaeus

体长 7.7mm 左右，灰棕色或浅红棕色，具分散的黑色刻点。触角黄褐色，第五节端部棕黑色。前胸背板前角伸向侧后方，末端钝圆。小盾片长，中间黑色，末端色淡。

寄主及生活史不详。

灰匙同蝽成虫

泛刺同蝽

〖半翅目 同蝽科〗

Acanthosoma spinicolle Jakovlev

体长 12mm 左右，长盾形，深棕色，密布棕黑色刻点。头及前胸背板前部黄褐色，侧缘呈黑色刺状尖突。小盾片长，末端水滴状，色淡。

寄主及生活史不详。

泛刺同蝽成虫

直同蝽

〖半翅目 同蝽科〗

Elasmostethus interstinctus（Linnaeus）

体长 11mm 左右，长盾形，深棕色，密布同色刻点。头及前胸背板前部黄褐色，后半部色深。小盾片长，末端水滴状，色淡。

寄主及生活史不详。

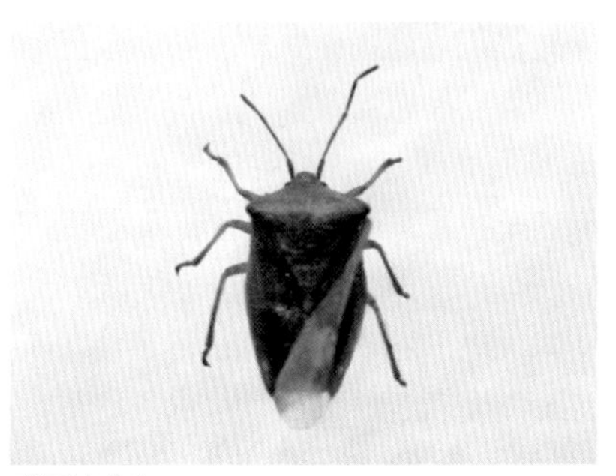

直同蝽成虫

〖同翅目〗

月季长管蚜

〖同翅目　蚜科〗

Macrosiphum rosivorum Zhang

月季长管蚜危害状

月季长管蚜无翅孤雌蚜

分布广泛，危害多种蔷薇科花卉。

无翅孤雌蚜体卵形，体长约4.2mm，头部土黄至浅绿色。触角6节，短于体长。腹管长圆管形，黑色。有翅孤雌蚜体长3.5mm左右，草绿色，中胸土黄色。腹管长，黑色。

1年10余代，以成蚜和若蚜在芽腋处越冬。翌春寄主萌发后，越冬成蚜开始取食、活动，春、秋两季危害重。初冬季节开始以无翅雌成蚜或若蚜在月季上越冬；受害嫩叶和花蕾生长停滞、扭曲畸形。排出的蜜露会污染叶片，诱发煤污病，严重影响观赏。

棉黑蚜

〖同翅目　蚜科〗

Aphis atrata Zhang

新疆棉区普遍发生。主要寄主有棉花、苜蓿、苦豆子。

无翅孤雌蚜体长2.1mm左右，黑绿色，被蜡粉。有翅胎生蚜体长1.6mm左右，紫黑色，有光泽。腹部背面有黑色斑纹，前翅中脉3支。

1年发生10代～20余代。以卵在土表4～5cm的苦豆子或苜蓿嫩茎及根茎部越冬。翌年春气温10℃以上时越冬卵孵化为干母，进行孤雌生殖，继续在土表根茎上生活、繁殖2～3代后，4月下旬至5月上旬产生有翅迁移蚜，迁到刚出土的棉苗上危害，孤雌卵胎生数代，产生有翅侨蚜，飞至其他棉株上，5月下旬至6月上旬进入危害盛期。棉黑蚜生长发育要求的适宜温度为20～22℃，进入高温季节后棉黑蚜数量急剧下降，部分在苜蓿上越夏。晚秋在苜蓿上产生雌蚜和雄蚜，交配后越冬卵。在棉苗危害会造成幼叶弯曲皱缩、腋芽丛生、畸形的棉株。

黄金树上棉黑蚜越冬卵与虫体

加利福尼亚大蚜

Cinara californica Hottes et Essing

〖同翅目 蚜科〗

南北疆有分布。危害樟子松等。

无翅孤雌蚜体卵圆形，长 3.8 ～ 4.2mm，深褐色，后胸有 2 对横斑，腹部 1 ～ 2 节各具 1 个横长斑，3 ～ 5 节各有 4 个圆斑，第六节有 2 个圆斑。有翅孤雌蚜体卵圆形，长 3.7 ～ 4.0mm，深褐色。前翅 2 肘脉基部相互靠近，后翅有 2 斜脉。卵长椭圆形，长 1.6 ～ 1.8 mm，初产时橘红色，后变为黑色。

1 年约 20 代，以卵在樟子松针叶上越冬。4 月下旬当平均气温达 10℃左右孵化后多集中在当年嫩枝上刺吸危害，4 月底至 5 月中旬达危害高峰。干母于 4 月底至 5 月初成熟，营孤雌胎生，气温上升，危害加剧。5 月底至 6 月初气温升高，樟子松生长变缓，营养条件恶化，出现有翅蚜，迁飞其他植物上危害。8 月底至 9 月初有翅蚜迁回樟子松，随气温下降性蚜产生并交尾产卵越冬。卵产于针叶正面中段叶沟正中，呈单列相连状。

樟子松被害状

加利福尼亚大蚜的危害状（昌吉市园林局）

樟子松上加利福尼亚大蚜越冬卵

加利福尼亚大蚜雌蚜在产越冬卵（昌吉市园林局）

加利福尼亚大蚜无翅成蚜

柏大蚜

〖同翅目　蚜科〗

Cinara tujafilina (Del Guercio)

新疆分布于南北疆有柏树的地域，吐鲁番、阿克苏、伊犁等地发生重。主要寄主有侧柏、金钟柏、千枝柏、洒金柏等。

无翅孤雌蚜体宽卵圆形，长 3.0 ～ 3.4mm，咖啡色。头部、触角端部、复眼、腿节末端、跗节和爪及腹管黑色。触角 6 节。胸部背面有黑色斑点组成的“八”字形条纹。腹背有 6 排黑色小点，每排 4 ～ 6 个。腹部腹面覆有白粉。有翅孤雌蚜体长 2.9 ～ 3.2mm，中胸背面有“X”形纹，头、胸黑色，腹部色淡。前翅中脉色淡，其他脉粗黑，近顶角有 2 个小暗斑。腹部背面前 4 节各节整齐排列 2 对褐色斑点。卵长椭圆形，长约 1.8mm，黑褐色。

年发生世代数不详，以卵和无翅胎生雌蚜在小枝、鳞叶上越冬。翌年春越冬卵孵化，干母多集中于有叶的小枝及鳞叶上孤雌胎生若蚜及危害。5 月上旬出现有翅孤雌蚜，进行飞迁扩散，10 月底出现雌、雄性蚜，交配产卵越冬。世代重叠严重。被害枝条颜色变淡，生长不良，严重者枝梢枯萎，沾染大量尘土。蜜露可致煤污病发生。

柏大蚜危害状

柏大蚜越冬卵

柏大蚜无翅孤雌蚜

刺槐蚜

〖同翅目 蚜科〗

Aphis robiniae Macchiati

南北疆均有分布。危害刺槐、中国槐、紫穗槐等多种豆科植物。

无翅孤雌蚜卵圆形，长 2.3mm 左右，漆黑光亮。触角 6 节。头、胸及腹部 1 ～ 6 节背面具六角形网纹。腹管长圆管形，基部粗大。有翅孤雌蚜体黑色，长 2.0mm 左右。触角与足灰黑相间。腹部淡色，具黑斑，1 ～ 6 节呈断续横带，7 ～ 8 节横带横贯全节。翅淡灰色。

1 年 20 多代，以无翅孤雌蚜、若蚜及少量卵于背风向阳处的树木皮孔、疤痕、枝杈及苜蓿等豆科植物的心叶及根茎交界处越冬。翌年 3 月在越冬寄主上大量繁殖，4 月中、下旬第一次扩散高峰期有翅孤雌蚜迁飞、危害。5 月底 6 月初有翅孤雌蚜产生第二迁飞高峰，6 月份在刺槐上大量增殖形成第三扩散高峰。7 月下旬常因高温高湿使种群数量明显下降。10 月后产生有翅蚜迁飞至越冬寄主上繁殖危害并越冬。成、若虫群集于寄主新梢吸食，使嫩叶卷缩、新枝弯曲、枯萎，不能正常生长。

刺槐嫩梢被害状

越冬状态的刺槐蚜

刺槐蚜无翅孤雌蚜的若虫及成虫

刺槐蚜危害豆类蔬菜

群集的刺槐蚜有翅孤雌蚜

绣线菊蚜 又称苹果黄蚜、苹叶蚜虫

〖同翅目 蚜科〗

Aphis citricola Van der Goot

新疆广泛分布。主要寄主有绣线菊、苹果、海棠、李、杏等。

无翅胎生雌蚜长卵圆形，体长1.6～1.7mm，多为黄色，有时黄绿色或绿色。头浅黑色，口器、腹管、尾片黑色。体表具网状纹。触角6节，丝状，短于体躯，基部浅黑色。有翅胎生雌蚜体长约1.5mm，近纺锤形。头部、胸部、腹管、尾片黑色，腹部绿色或淡绿至黄绿色。2～4腹节两侧具大型黑缘斑，腹管后斑大于前斑，第1～8腹节具短横带。复眼暗红色。触角6节，丝状，较体短。体表网纹不明显。卵椭圆形，长0.5mm，漆黑色，具光泽。

1年发生10多代，以卵在枝杈、芽腋及树皮裂缝处越冬。翌春寄主萌动后孵化为干母，4月下旬于芽、嫩梢顶端、新生叶的背面危害，10余天发育成熟开始进行孤雌生殖直到秋末，无翅雌蚜和有翅雄蚜交配产卵越冬。5月下旬开始迁飞扩散，6～7月虫口密度迅速增长，危害严重，常致叶片向叶背横卷，叶尖向叶背、叶柄方向弯曲，影响新梢生长及树体发育。

绣线菊蚜危害状

绣线菊蚜无翅孤雌蚜成虫及若虫

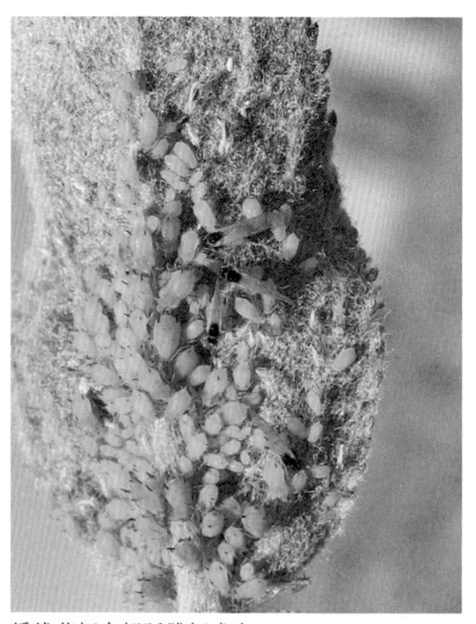
绣线菊蚜有翅孤雌蚜成虫

桃纵卷瘤蚜

〖同翅目 蚜科〗

Myzus varians Davidson

广泛分布。危害桃、杏、李、苹果、梨、梅、海棠等果树，萝卜等十字花科蔬菜及烟、麻、棉等农作物，榆叶梅、月季、石竹等花卉及杂草。

无翅胎生雌蚜体长 1.6 ~ 2.1mm，体绿色、黄色、红褐色，头胸部黑色。头部额瘤显著，腹管绿色。有翅胎生雌蚜体长 1.6 ~ 2.1mm，体淡绿色，头胸部黑色，背面有淡黑色斑纹。额瘤、腹管与无翅蚜相同。卵长椭圆形，长 0.7mm，初产时淡绿色，后变为黑色。

1 年 20 ~ 30 代，以卵于桃、李、杏等冬寄主的芽腋、树皮裂缝、小枝杈等处越冬。翌年春孵化为干母，群集冬寄主芽、叶背和嫩梢上危害、繁殖，陆续产生有翅胎生雌蚜向苹果、梨、杂草及十字花科等寄主上迁飞扩散。5 月繁殖、危害最盛，并陆续迁飞到烟草、棉花、十字花科植物等夏寄主上危害繁殖。成虫、若虫群集刺吸寄主汁液，被害叶向背面不规则的卷曲皱缩，排泄蜜露诱致煤污病发生并可传播病毒病害。秋末迁飞到冬寄主并产生有性蚜，交尾产卵越冬。

桃叶片被害状

桃纵卷瘤蚜刺吸危害状

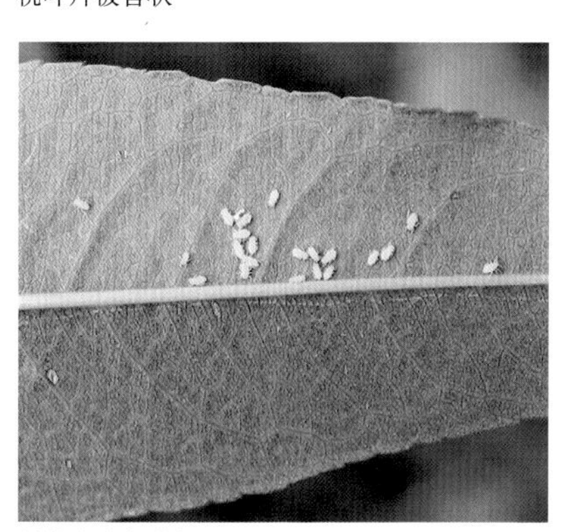

桃纵卷瘤蚜若蚜

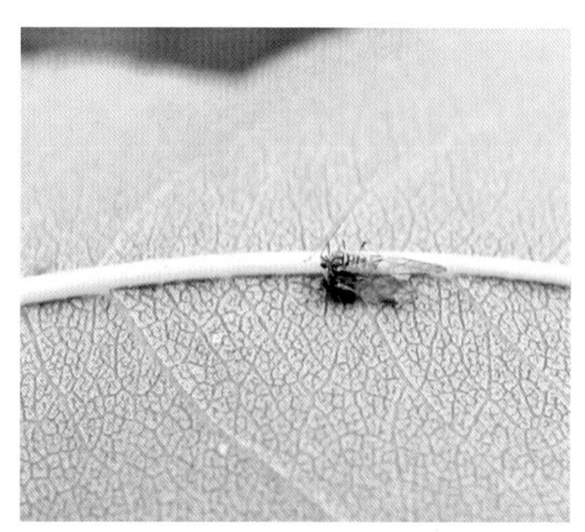

桃纵卷瘤蚜性蚜交配

桃粉大尾蚜 又称桃粉蚜、桃大尾蚜

〖同翅目 蚜科〗

Hyalopterus amygdale (Blanchard)

分布于东北、华北、华东各地，新疆果品产区有分布。危害桃、杏、樱桃、红叶李、榆叶梅及芦苇等。

无翅胎生雌蚜体长2.4mm左右，长椭圆形。体草绿色，被覆白粉。触角6节，短于体长。尾片长圆锥形。有翅孤雌蚜体长2.2mm，长卵形，头、胸部黑色；腹部黄绿色，有斑纹。全身被白粉。触角黑色，短于体长。卵长椭圆形，长0.8mm，初产时淡黄绿色，后变为黑色，有光泽。

1年10多代，以卵于桃、李、杏等的芽腋、树皮裂缝、小枝杈等处越冬。翌年春孵化为干母，群集芽、叶背危害、繁殖。桃树5～6月受害最重，对杏树和李树的危害可延续到7～8月。被害叶向背面对合纵卷，叶片加厚，色变浅，质变脆，蚜虫分泌的白色蜡粉大量附着在叶片上。7月陆续产生有翅蚜迁移到芦苇等禾本科寄主上繁殖。9月末至10月产生性母迁飞到第一寄主上产生有翅雄蚜和无翅雌蚜，交配后产卵越冬。成虫、若虫群集刺吸寄主汁液，排泄的蜜露可诱致煤污病并可传播病毒病害。

桃粉大尾蚜危害致使桃叶纵卷

桃树叶片被害状

桃粉大尾蚜无翅孤雌蚜成虫与若虫

杏圆尾蚜 又称李圆尾蚜、杏短尾蚜

〖同翅目 蚜科〗

Brachycaudus helichrysi（Kaltenbach）

广泛分布南疆及东疆地区等地。主要寄主有杏、李、芹菜及菊科植物。

无翅孤雌蚜体长1.6mm左右，体淡黄至黄绿色，无明显的斑纹，体表光滑。头、足黑色。腹管灰褐色，粗短。有翅孤雌蚜体长1.7mm左右，体绿色。腹部色淡，有黑色斑纹。头、足黑色。

1年多代。以卵在李、杏芽腋处越冬。4月上旬开始危害叶片、嫩梢和幼枝。受害叶片皱缩、畸形、失绿，嫩梢顶弯曲、畸形，杏果缩小、脱落，分泌蜜露污染、引发煤污病。5～6月产生有翅胎生蚜，迁往菊科植物上危害。以孤雌胎生方式繁殖，直到10月中旬再回越冬寄主上，产生两性蚜，交尾产卵越冬。

杏圆尾蚜对新植杏园危害很大

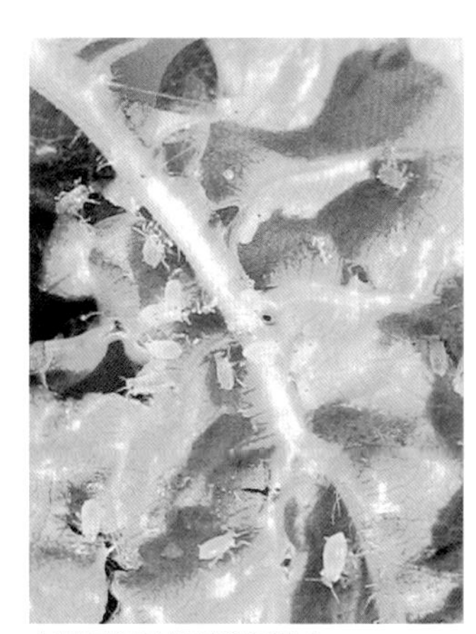
杏圆尾蚜无翅孤雌蚜若虫

杏树嫩枝叶片被害状

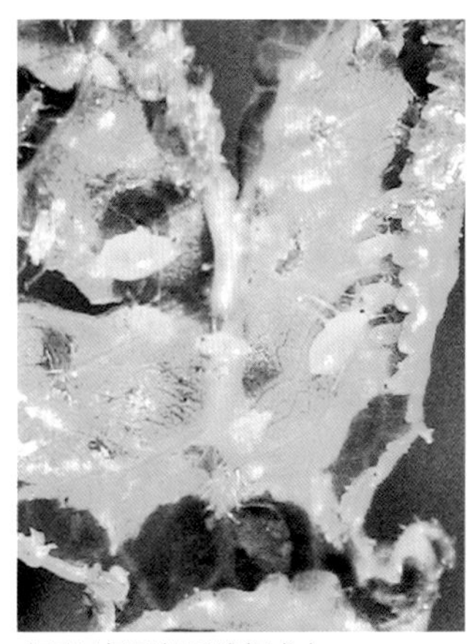
杏圆尾蚜无翅孤雌蚜成虫

棉蚜

〖同翅目 蚜科〗

Aphis gossypii Glover

新疆棉区普遍发生。主要寄主有棉花、瓜类、石榴、梓树、木槿、夹竹桃、菊花、紫叶李等。

无翅孤雌蚜体长 1.5 ~ 1.9mm。夏季体色黄色、黄绿色，春、秋季深绿色或蓝黑色。触角 6 节。有翅孤雌蚜体长 1.2 ~ 1.9mm，体色黄色、浅绿或深绿色。触角 6 节。前胸背板黑色。腹部两侧有 3 ~ 4 对黑斑。卵长约 0.5mm，椭圆形，初产时橙黄色，后变黑色。

1 年发生 10 ~ 20 余代。以卵在石榴、梓树等枝条上或以若虫在温室作物、盆花上越冬。早春在越冬寄主上孵化为干母，孤雌生殖繁殖 3 ~ 4 代，于 5 月上旬产生有翅孤雌蚜飞至棉苗、瓜、菊花等侨居寄主或夏寄主上，繁殖无性孤雌蚜危害。开始点片发生，数量增多后又产生有翅胎生雌蚜，迁飞扩散危害。秋后棉株枯老，产生有翅孤雌蚜飞回越冬寄主上繁殖，产生有翅雄蚜和无翅雌蚜，交配后产卵越冬。在棉苗上群集于嫩头、子叶、真叶反面，吸食汁液危害，幼叶弯曲皱缩，生长点枯萎脱落，各节腋芽丛生，形成粗短、多杈畸形的棉株。

木槿上的棉蚜

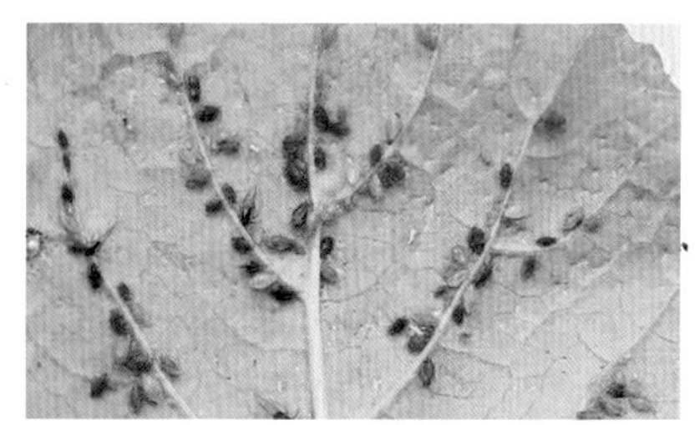

瓜叶上的棉蚜

卫矛蚜

〖同翅目 蚜科〗

Aphis euonymi Fabricius

新疆有卫矛的地方有发生。寄主为卫矛、叶卫矛。

无翅孤雌蚜体长 1.8mm 左右。体黑色，腹管、胸足黑色。有翅孤雌蚜体长 1.4mm 左右，体色灰黑色，腹部色淡。

1 年发生多代。以成蚜、若蚜在寄主嫩梢、叶腋处越冬。早春迁飞、扩散繁殖、危害。

卫矛蚜虫体

苹绿蚜

〖同翅目　蚜科〗

Aphis pomi De Geer

新疆普遍发生。主要寄主有苹果、海棠、山楂等多种果树。

无翅干雌蚜体长 1.6mm 左右，头、胸黄绿色，腹部绿色，稍有光泽。腹管黑色。乔迁蚜头、胸深黑色，有光泽，腹部黑绿色。腹管黑色。

1 年发生 15 ～ 20 余代。以卵在苹果芽基部皱褶处越冬。翌年春气温 9℃以上时越冬卵孵化为干母，进行孤雌生殖。5 月上旬产生有翅乔迁蚜，迁到其他寄主上危害。叶片受害后皱缩、变红、增厚、变脆，横向反折或扭曲。严重时梢部畸形、生长停滞或枯焦。

苹绿蚜危害导致苹果梢生长停滞

苹绿蚜危害苹果新叶

苹绿蚜若蚜

苹绿蚜干雌及乔迁蚜

柳蚜

〖同翅目 蚜科〗

Aphis farinosa Gmelin

新疆普遍发生。主要寄主有多种柳树。

无翅干雌蚜体长 1.5mm 左右，头、胸黄绿色，腹部绿色，稍有光泽，腹背具 2 纵列白斑。腹管白色。

年发生代数不详。以卵在芽基部皱褶处越冬。翌年春越冬卵孵化为干母，进行孤雌生殖。扩散危害。叶片、嫩梢受害后变形、干缩、畸形。

柳蚜危害状

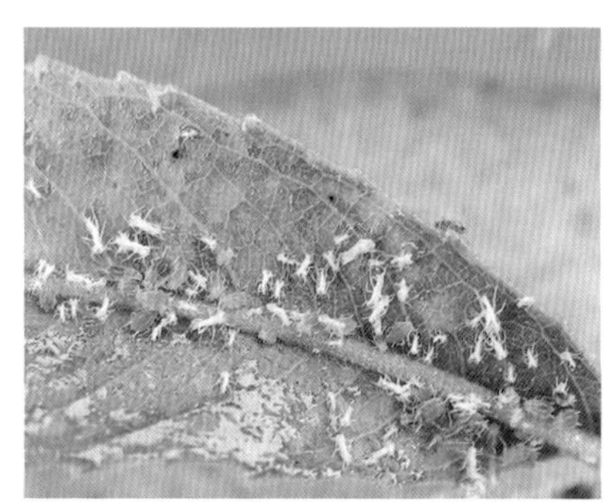

柳蚜的成虫与若虫

蔷薇长管蚜

〖同翅目 蚜科〗

Macrosiphum rosae (Linnaeus)

分布广泛，危害多种蔷薇科花卉。

无翅孤雌蚜体卵形，体长约 4.5mm，棕红色。触角 6 节，短于体长。腹管长圆管形，黑色。有翅孤雌蚜体长 3.5mm 左右，棕色。腹管长，黑色。

1 年 10 余代，以卵越冬。翌春寄主萌发后，越冬成蚜开始取食、活动，春、秋两季危害重。

蔷薇长管蚜虫体

蔷薇长管蚜危害状

夹竹桃蚜

〖同翅目 蚜科〗

Aphis nerii Byer de Fonscolombe

夹竹桃蚜若蚜

新疆有夹竹桃的地方有发生。寄主为夹竹桃。

无翅孤雌蚜体长2.3mm左右。体黄色，腹管、胸足黑色。有翅孤雌蚜体长2.0mm左右，体色灰黑色，腹部色淡，有黑斑。

1年发生多代。以成蚜、若蚜在寄主嫩梢、叶腋处越冬。早春迁飞、扩散繁殖、危害。

桃赤蚜 又称烟蚜、菜蚜

〖同翅目 蚜科〗

Myzus Persicae（Sulzer）

广泛分布。危害桃、杏、李、苹果、梨、梅、海棠等果树，以及萝卜等十字花科蔬菜，烟、麻、棉等农作物，榆叶梅、月季、石竹等花卉及杂草。

无翅胎生雌蚜体长1.6～2.1mm，体绿色、黄色、红褐色，头胸部黑色。头部额瘤显著，腹管绿色。有翅胎生雌蚜体长1.6～2.1mm，体淡绿色，头胸部黑色，背面有淡黑色斑纹。额瘤、腹管与无翅蚜相同。卵长椭圆形，长0.7mm，初产时淡绿色，后变为黑色。

1年20～30代，以卵于桃、李、杏等冬寄主的芽腋、树皮裂缝、小枝杈等处越冬。翌年春孵化为干母，群集冬寄主芽、叶背和嫩梢上危害、繁殖，陆续产生有翅胎生雌蚜向苹果、梨、杂草及十字花科等寄主上迁飞扩散。5月繁殖、危害最盛，并陆续迁飞到烟草、棉花、十字花科植物等夏寄主上危害繁殖。成虫、若虫群集刺吸寄主汁液，被害叶向背面不规则的卷曲皱缩，排泄蜜露诱致煤污病发生并可传播病毒病害。秋末迁飞到冬寄主并产生有性蚜，交尾产卵越冬。

桃树被害状后期

榆叶梅被害状

棉长管蚜

〖同翅目　蚜科〗

Acyrthosiphon gossypii Mordviiko

新疆棉区普遍发生。主要寄主有棉花、瓜类、槐、甘草等。

有翅孤雌蚜体长 2.7mm 左右，体色草绿或淡黄色。触角 6 节。额瘤显著外倾。腹部无斑纹。腹管长，超过尾片末端。

1 年发生 10 ~ 20 余代。以卵在甘草、棉茎和槐属植物等处越冬。4 月在越冬寄主上孵化、繁殖、危害。5 月下旬产生有翅孤雌蚜飞至棉苗、瓜等寄主上，繁殖无性孤雌蚜危害。9 ~ 10 月间棉株枯老，产生有翅孤雌蚜飞回越冬寄主上繁殖，产生有翅雄蚜和无翅雌蚜，交配后产卵越冬。

黄金树叶片上的棉长管蚜

菊姬长管蚜　又称菊小长管蚜

〖同翅目　蚜科〗

Macrosiphoniella sanborni（Gillette）

分布广泛，危害多种人工栽培及野生菊属植物。

无翅孤雌蚜体纺锤形，体长 1.5mm 左右，深红褐色，有光泽。头部额瘤显著。腹管短，圆筒形。有翅孤雌蚜体长卵形，体长 1.7mm 左右，红褐色，有光泽。

1 年 10 余代，以无翅胎生雌蚜在菊科植株腋芽等处越冬。翌年 3 月初开始活动，4 月中旬至 5 月中旬和 9 月上旬至 10 月下旬发生重。11 月以后气温降低，虫口密度下降，以无翅孤雌蚜群集在留种菊株上越冬。

菊姬长管蚜危害状

菊姬长管蚜无翅孤雌蚜成虫及若虫

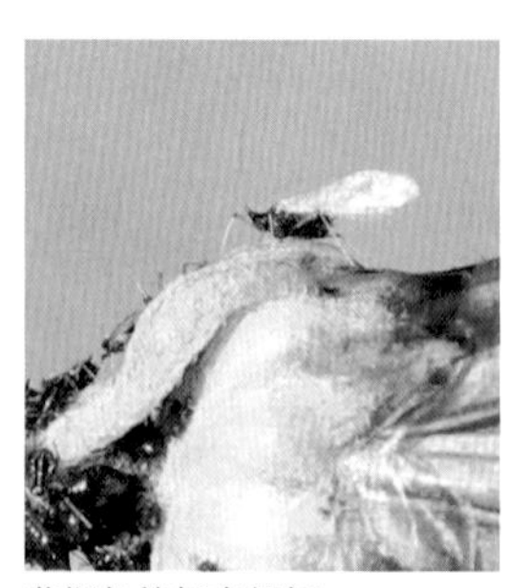

菊姬长管蚜有翅蚜

白毛蚜

〖同翅目　毛蚜科〗

Chaitophorus populialbae（Boyer de Fonscolombe）

南北疆有分布。危害多种杨、柳。

干母体长 2.4 ~ 2.6mm，翠绿色。复眼赤褐色。触角 6 节，浅黄色，第五、六节端部黑褐色。翅痣灰褐色。前胸背中央一黑色横带，中、后胸黑色。腹部背面 6 条黑色横带，前后 2 条细，中间 2 条粗。无翅孤雌胎生蚜体长 1.8 ~ 3.0mm，体绿色。头、前胸浅黄绿色。足和触角浅黄色。腹背中央有 1 个深绿色“U”字形斑。卵灰黑色，长圆形。若虫体白色，后变绿色。复眼赤褐色。老熟时腹部背面出现斑纹。

1 年约 18 ~ 20 代。7 ~ 14 天完成一个世代。10 月下旬以卵在当年生芽腋处越冬，翌春树木萌发时孵化。干母多在新叶背面危害，约半月后，有翅胎生蚜生成，迁飞、扩散，危害叶片、嫩梢及枝干。初春、初秋种群数量增殖迅速，危害重，夏季受天敌影响种群数量下降。受害叶常枯黄、早落，枝叶被蜜露污染，会引发煤污病而变黑。

胡杨叶片被害状

白毛蚜有翅孤雌蚜成虫与若虫

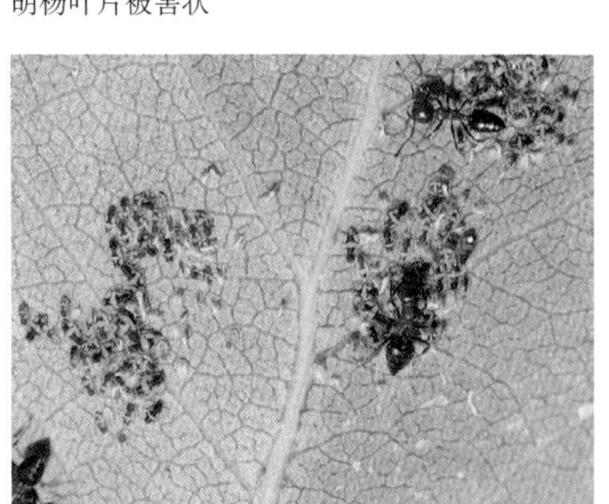

白毛蚜无翅孤雌蚜成虫与若虫

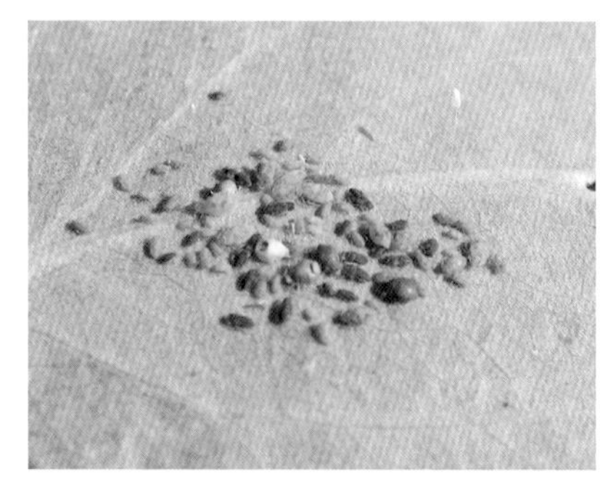

白毛蚜被蚜茧蜂寄生形成的僵蚜

白杨毛蚜

〖同翅目　毛蚜科〗

Chaitophorus populeti Panzer

南北疆有分布。主要危害新疆杨、毛白杨、银白杨、北京杨等。

干母体长 2.7 ~ 3.0mm，淡褐色、灰绿色或淡红褐色。复眼褐色。触角 6 节，黄褐色。足与体色相同，跗节和爪色深。翅痣灰色，前胸背中央淡黑色横带断裂为 2 个模糊黑点。有翅孤雌胎生蚜：体长 2.8 ~ 3.0mm，黑绿色。腹灰褐色，各节后部黑褐色，表现为 8 条横斑。触角灰褐色。卵淡灰色，长圆形。若虫体淡褐色，后变深。

1 年约 18 ~ 20 代。常与白毛蚜混同发生，1 ~ 2 周完成一个世代。10 月下旬以卵在当年生芽腋处越冬。翌春树木萌发时孵化。干母多在新叶背面危害，约半月后，有翅胎生蚜生成，迁飞、扩散，危害叶片、嫩梢及枝干。夏季危害重。受害叶常枯黄、早落，蜜露会引发煤污病而枝叶变黑，影响生长。

杨树嫩枝被害状

白杨毛蚜无翅孤雌蚜若虫

白杨毛蚜有翅孤雌蚜成虫

白杨毛蚜无翅孤雌蚜成虫

杨柄叶瘿绵蚜

〖同翅目 瘿绵蚜科〗

Pemphigus populi Courchet

南北疆有分布。主要危害小叶杨等。

有翅孤雌蚜：体椭圆形，长 2.4 ～ 2.6mm。头、胸黑色，腹部淡色。触角、足、喙黑色。体表光滑。头顶弧形。触角粗短，长 0.8mm。触角各节感觉圈较少，且第 6 节无次生感觉圈。喙短粗达前中足基节之间。翅脉镶淡褐色边，前翅 4 斜脉不分岔。无腹管。尾片半圆形，有微刺突构成横瓦纹。

年发生代数不详。以卵在枝条裂缝越冬。翌年春越冬卵孵化，在叶与叶柄交界处危害。寄主受害后，在叶基部叶片正面产生虫瘿，虫瘿近球形，光滑，初期和叶色一致，后期虫瘿表面渐变粗糙、褐色。若蚜即在封闭的虫瘿内生存与危害。后期虫瘿老熟、开裂，成蚜飞出、扩散，继续危害。秋末产生性蚜，交尾、产越冬卵。

（杨柄叶瘿绵蚜）杨树被害状

杨柄叶瘿绵蚜危害后期

杨柄叶瘿绵蚜初期的虫瘿

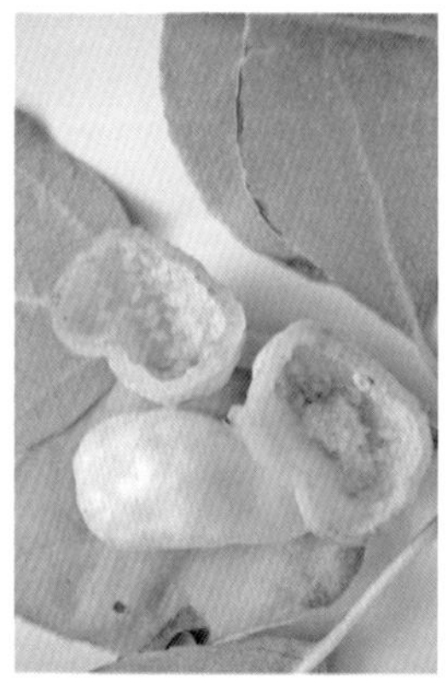

杨柄叶瘿绵蚜虫瘿内的若蚜

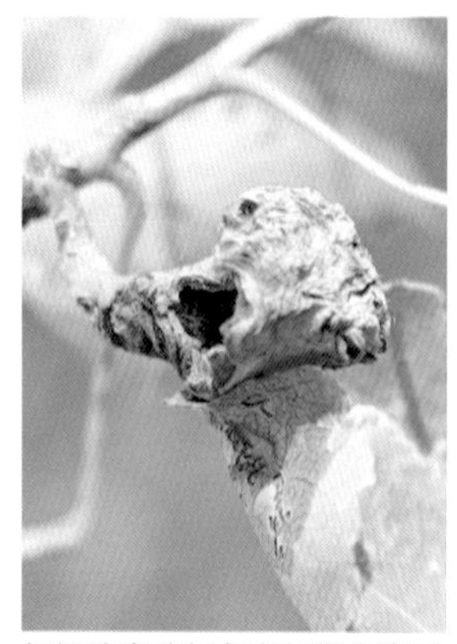

杨柄叶瘿绵蚜危害后期虫瘿开裂蚜已飞出

杨枝瘿绵蚜

〖同翅目　瘿绵蚜科〗

Pemphigus immunis Buckton

南北疆均有分布。寄主有小叶杨、胡杨、黑杨、箭杆杨等多种杨树。

有翅孤雌蚜：长卵形，体长约2.7mm，灰绿色，被白粉。复眼褐色。喙褐色，端部色深。触角灰褐色，触角次生感觉圈横条环状，第五节原生感觉圈大，长方形，第六节有次生感觉圈。前胸背中央淡黑色横带断裂为2个模糊黑点。足与体色相同，跗节和爪色深。腹管灰黑色。腹部节间斑不显。腹节灰褐色，各节后部黑褐色。足腿节及胫节两端色深。翅痣灰色。

年发生代数不详。以卵在枝条裂缝越冬。翌年春越冬卵孵化，春季在幼树基部及新枝基部危害。寄主受害后，在枝干上产生梨状虫瘿，虫瘿具原生开口。初期和枝干颜色一致，后期虫瘿颜色逐渐变深褐色。若蚜在虫瘿内生存与危害。后期虫瘿老熟，成蚜飞出、扩散，继续危害。秋末产生性蚜，交尾、产越冬卵。

杨树枝条被害状

杨枝瘿绵蚜不同发育阶段的虫瘿

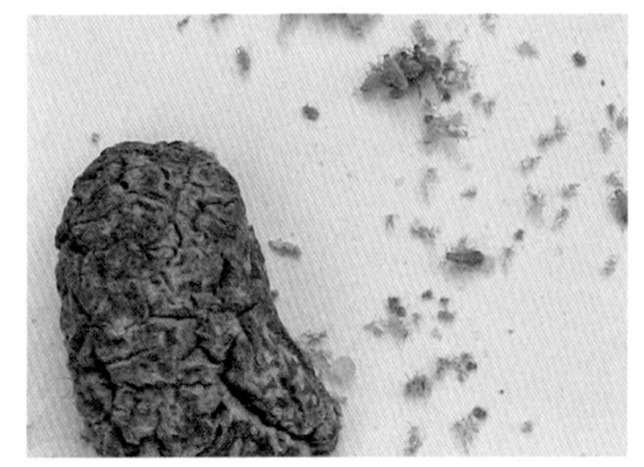

杨枝瘿绵蚜若虫

杨枝瘿绵蚜成虫

榆四脉绵蚜 又称秋四脉绵蚜、榆禾谷绵蚜、谷榆蚜、榆瘿蚜

Tetraneura ulmi（Linnaeus） 异名 *Tetraneura akinire* Sasaki

〖同翅目 瘿绵蚜科〗

南北疆均有分布。主要寄主多种榆树及禾本科农作物、草坪草等。

无翅孤雌蚜体长 2.0 ~ 2.4mm，近圆形，杏黄色、灰绿色或紫色，体被蜡质放射状绵毛，触角 6 节，短。腹管退化。有翅孤雌蚜体长 2.4 ~ 2.9mm。头胸部黑色，腹部灰绿色至灰褐色。触角 6 节。前翅中脉单一，不分叉，共 4 条，各翅脉镶粗黑边。后翅仅中脉 1 条，没有腹管。侨蚜又名根型蚜，危害禾本科植物。无翅，椭圆形，长 2.0 ~ 2.5mm，杏黄色，腹面被蜡粉，腹管退化。卵椭圆形，长 1mm 左右，初产时黄色，后变为黑色，有光泽，一端具一微小突起。

1 年发生 10 余代，以卵在榆树枝干裂隙等处越冬。4 月下旬卵陆续孵化为干母，分散至榆树幼叶背面危害，不久在被害处叶片正面形成竖立的长袋状虫瘿。一般每头干母可形成 1 个虫瘿。每个叶片可有 1 至多个虫瘿。初始时虫瘿绿色、黄绿色，后变为紫红色。干母独自潜伏在其中危害，5 月中旬干母老熟，在虫瘿中胎生干雌蚜的若蚜。5 月下旬至 6 月上旬，有翅干雌蚜长成，虫瘿干裂，干雌蚜迁往高粱、玉米等禾本科植物根危害、繁殖。会导致被害禾本科植物发黄。9 月下旬产生有翅性母，飞回榆树枝干上产生性蚜——无翅雌蚜和雄蚜，交尾后产越冬卵。

榆树叶片被害状

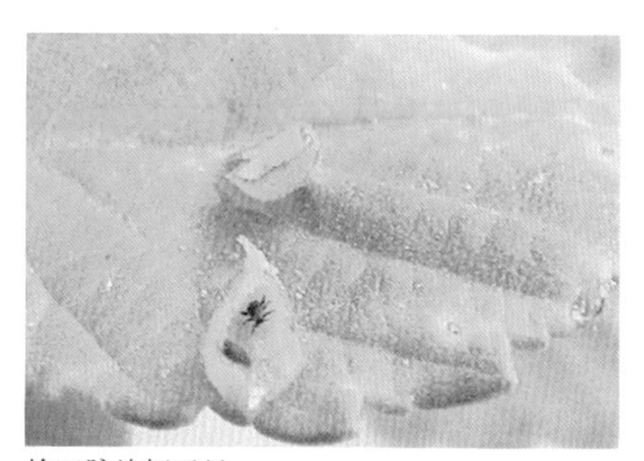
榆四脉绵蚜干母

榆四脉绵蚜无翅孤雌蚜若蚜

榆四脉绵蚜无翅孤雌蚜成蚜

后期变色的榆四脉绵蚜袋状虫瘿

苹果绵蚜

〖同翅目　瘿绵蚜科〗

Eriosoma lanigerum (Hausmann)

新疆广泛分布。寄主有蔷薇科苹果属、梨属、山楂属、花楸属、李属，桑科桑属，榆科榆属多种植物。

无翅孤雌蚜体卵圆形，长 1.7 ～ 2.2mm，黄褐色至红褐色，背面有大量白色绵状长蜡毛。复眼暗红色。触角短粗,6 节，黑灰色。体背有 4 条明显的纵列蜡腺，上覆白色绵状蜡丝。足短粗，光滑。有翅孤雌蚜体椭圆形，长 2.3 ～ 3.0mm。头胸黑色，腹部灰绿色，全身被白粉，腹部有白色长蜡丝。触角 6 节。足黑色。翅透明，翅痣明显。若蚜分有翅与无翅两型。老熟若虫体长 1.4 ～ 1.8mm。体红褐色，翅芽黑色。触角 5 节。

1 年 8 代以上，以 1 ～ 2 龄若虫在枝干伤疤处、裂缝、土表下根颈部与根蘖、根瘤皱褶及不定芽中越冬。少数以其他龄期若虫和成蚜越冬。翌年当气温回升至 8℃以上出蛰，到剪锯口、伤口、嫩梢、叶腋、嫩芽、果梗、果萼、果洼及地下根部或露出地表的根际等处吸取汁液危害。受害枝干和根部多形成圆形肿瘤，严重时肿瘤累累，破裂后造成大小、深浅不一的伤口。叶柄被害后变黑褐色，叶子早落。果实受害后发育不良，易脱落。侧根受害形成肿瘤后，不再生须根，并逐渐腐烂。5 ～ 7 月为严重危害期。11 月以后进入越冬状态。

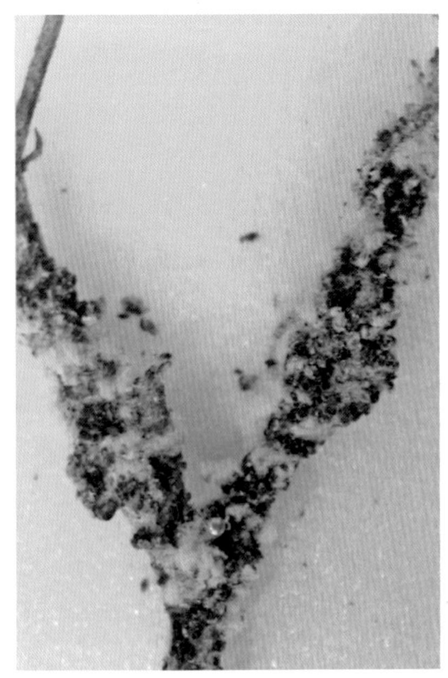

苹果绵蚜严重发生致枝条干枯

苹果绵蚜虫体（伊犁州林检局）

白榆长斑蚜

〖同翅目 斑蚜科〗

Tinocallis platanbach（Kaltenbach）

分布于南北疆各地，南疆发生较重。主要寄主有白榆、垂榆、钻天榆等。

无翅孤雌蚜体椭圆形，体长1.8mm左右，体淡黄色，体背有褐色毛瘤25对。有翅孤雌蚜体椭圆形，体长1.7mm左右。头胸灰色，腹部淡黄色，体背有褐色毛瘤12对。翅基部和端部色深，腹管截断面筒状。卵圆卵形，长0.2mm左右，初产为棕黄色，后变为黑色。

年发生世代不详，以卵在树枝阴面芽腋或枝杈处越冬。翌年4月中旬孵化，危害芽、叶、榆钱。5月会产生部分有翅蚜迁飞、扩散。秋季迁回，进入第二危害高峰。10月中旬后产生无翅雌蚜和有翅雄蚜交尾产卵越冬。常与榆长斑蚜混同发生。天气干旱年份发生严重。蜜露会造成污染及煤污病发生。

白榆长斑蚜分泌物危害状

白榆长斑蚜在叶片背面聚集危害

白榆长斑蚜有翅孤雌蚜成虫及若虫

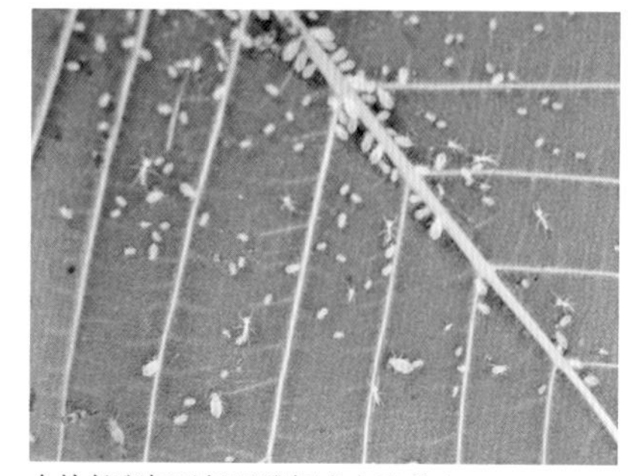

白榆长斑蚜无翅孤雌蚜成虫及若虫

榆长斑蚜

〖同翅目　斑蚜科〗

Tinocallis saltans (Nevsky)

分布南北疆各地，北疆发生较重。主要寄主有白榆、垂榆、钻天榆等。

无翅孤雌蚜体椭圆形，体长2.0mm左右，体淡黄色，体背有褐色毛瘤25对。有翅孤雌蚜体椭圆形，体长2.1mm左右，头胸褐色，腹部黄色，体背有褐色毛瘤13对。翅脉有晕，基部和端部镶深色边，腹管截断面筒状。卵圆卵形，长0.2 mm左右，初产为棕黄色，后变为黑色。

年发生世代不详，以卵在树枝阴面芽腋或枝杈处越冬。翌年4月中旬开始孵化，无翅干母在芽或嫩榆钱上危害，5月初除越夏型无翅若蚜留守于叶片背面外，产生有翅蚜迁飞、扩散。9月中旬开始回迁进入第二危害高峰。10月中旬至月底产生无翅雌蚜和有翅雄蚜交尾产卵越冬。常与白榆长斑蚜混同发生。天气干旱年份发生严重。成虫、若虫在嫩梢及叶背面刺吸危害，严重发生时排出的蜜露会布满叶片，致使叶面油光发亮，甚至形成蜜露雨，污染树干及树冠下植被，后期往往会导致煤污病发生。

榆树叶片被害状

榆长斑蚜分泌的蜜露

虫口密度大时产生有翅蚜

榆长斑蚜无翅干母

榆长斑蚜无翅孤雌蚜成虫与若虫

榆长斑蚜有翅孤雌蚜成虫与若虫

榆彩斑蚜

〖同翅目 斑蚜科〗

Therphis sp.

分布于南北疆各地，南疆发生较重。目前只发现在大叶榆上危害。

无翅孤雌蚜体椭圆形，体长 2.1mm 左右，体淡黄白色，体背有黑色斑瘤 28 对。有翅孤雌蚜体椭圆形，体长 1.8mm 左右。头胸黑色，体背有黑色斑瘤 27 对。腹部 1 ~ 2 节背中瘤长，淡色。腹管短筒形。前后翅各脉镶黑边，脉基和端部黑边扩大。卵圆卵形，长 0.2mm 左右，初产为黄色，后为黑色。

年发生世代不详，卵在直径为 1cm 左右的枝条皮裂缝中越冬。翌年 4 月底孵化，有翅型干母在榆钱、嫩叶上危害，5 月中旬扩散危害。1 头干母能产 10 ~ 30 多头无翅若蚜，繁殖若干代后于 6 月底产生有翅蚜迁飞。9 月初迁回大叶榆与留守型无翅蚜一起危害，9 月底至 10 月初产生两性蚜，交尾产卵。天气干旱年份发生严重。严重时叶片失水、萎蔫、枯黄，并会导致煤污病发生。

榆彩斑蚜卵

榆彩斑蚜虫体

核桃黑斑蚜

〖同翅目　斑蚜科〗

Chromaphis juglandicola（Kaltenbach）

南疆核桃产区发生。危害核桃属植物。

无翅孤雌蚜长椭圆形，体长 1.9mm 左右，淡黄色。胸部和腹部第一至第七节背面每节有 4 个灰黑色椭圆形斑，第八腹节背面中央有一较大黑色横斑。若蚜体黄绿色，黑色斑消失。有翅孤雌蚜体长 1.7 ～ 2.1mm，淡黄色，春秋季腹部背面每节各自有 1 对灰黑色斑，夏季多无此斑。卵长 0.5 ～ 0.6 mm，长卵圆形，初产时黄绿色，后变黑色，光亮，卵壳表面有网纹。

1 年发生 15 代左右，以卵在枝杈、叶痕等处的树皮缝中越冬。第二年 4 月中旬为越冬卵孵化盛期，成、若蚜均在叶背及幼果上危害。8 月下旬至 9 月初开始产生性蚜，交配后雌蚜在枝条上选择合适部位产越冬卵。

核桃黑斑蚜若虫

核桃叶片被害状

落叶松球蚜指名亚种

〖同翅目　球蚜科〗

Adelges laricis laricis Vallot

分布于天山山脉云杉、落叶松分布区。危害云杉、落叶松等。

干母成虫长椭圆形，长约 1.0 ～ 1.8mm，淡黄色，厚被白色粉状蜡质。触角 3 节，第三节几乎占全长的 3/4。侨蚜初孵若虫暗棕色，体长 0.6mm，无蜡质覆盖。触角第三节约占全长的 2/3。自 2 龄起分泌白色蜡质，3 龄后蜡质完全覆盖虫体。成虫体长椭圆形，褐色，体长 1.4mm，体被绿豆粒大小的白色絮状蜡质团覆盖。卵性母所产卵橘红色，孵化后即干母。伪干母所产卵初为橘黄色，后呈暗褐色，卵分别孵为性母、侨蚜，部分卵孵化后成为形同伪干母越冬若虫的停育型若虫。

新疆年发生世代数不详，以初孵干母在云杉冬芽及落叶松芽腋、枝条皮缝处越冬。

云杉上越冬的初孵干母次年4月中、下旬开始活动。6月上旬云杉冬芽萌动时，由于干母取食刺激在新芽基部形成虫瘿，6月中旬后虫瘿增大，直至开裂。虫瘿小球状，长约15mm，初浅绿色，继而变为乳白色，老熟开裂前枯玫瑰色。虫瘿7月初始破裂，具翅芽若蚜出瘿后羽化，飞离云杉至落叶松针叶上行孤雌产卵、繁殖、危害。

落叶松针叶上危害的侨蚜行孤雌产卵，卵8月中孵化为伪干母，9月中旬始在芽腋、枝条皮缝处越冬，次年4月下旬日均温约达6℃时，越冬虫开始活动，常蜕皮3次发育为伪干母成虫。伪干母所产卵孵化后的一部分若蚜于5月末羽化为具翅性母，迁飞至云杉产卵繁殖。另一部分为进育型幼蚜，成长为无翅孤雌生殖侨蚜，侨蚜在落叶松上孤雌产卵繁殖4～5次。

郁闭度较大的林分中有利于球蚜发生。除在云杉及落叶松枝干吸食危害外，在云杉枝芽处会形成虫瘿，致使被害部以上枝梢枯死，严重影响树木生长、成林、成材。

落叶松球蚜指名亚种在云杉上的危害状

落叶松球蚜指名亚种在云杉上的虫瘿

落叶松球蚜指名亚种在落叶松上的形态

落叶松球蚜指名亚种在云杉虫瘿内的若虫

柳倭蚜

〖同翅目　根瘤蚜科〗

Phylloxerina salicis Lichtenstein

南北疆均有分布。寄主主要有旱柳、垂柳、馒头柳、龙爪柳等。

无翅孤雌成蚜梨形，长 0.7 ～ 0.8 mm。体黄色。头胸愈合。复眼暗红色。触角 3 节。腹部 8 节。体表光滑，体背有皱褶，被厚絮状蜡丝覆盖。孤雌胎生若虫：卵圆形，淡黄色，长 0.5 mm 左右。触角及足灰黄色。体背高隆，有 4 列纵毛列。腹面平。卵长卵形，长 0.3 mm 左右，光滑有光泽，初为淡黄色，后为橘黄色。

1 年 10 多代，以卵在柳条基部向阳背风处越冬。翌年春越冬卵孵化，第一、二代若蚜在越冬部位附近危害，以后各代则危害当年生新条，并逐渐向梢部扩展，进入危害高峰期。密度大、生长衰弱林分发生较重。完成一代大约 20 天。世代重叠严重。9 月中旬产生性母，10 月上、中旬性母成熟，产卵于成团蜡丝内越冬。

柳倭蚜危害状

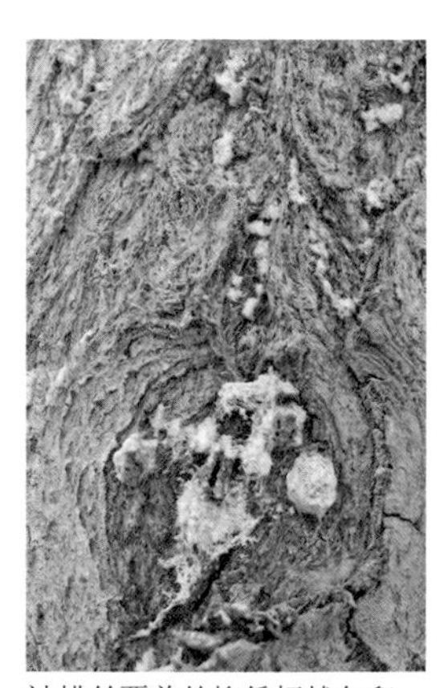
被蜡丝覆盖的柳倭蚜越冬卵

柳倭蚜成虫分泌蜡丝覆盖虫体

梨黄粉蚜　又称梨瘤蚜

〖同翅目　根瘤蚜科〗

Aphanostigma jakusuiensis (Kishida)

只危害梨属植物。主要分布于南疆梨产区。

雌蚜体长 0.5 ～ 0.7mm，卵圆形，暗黄色，无翅，体上有蜡腺，无腹管。雄蚜 0.4mm 左右，长椭圆形，鲜黄色，无翅及腹管。卵椭圆形，长约 0.3mm，暗黄色，常成卵堆，似黄粉。

1 年 8 ～ 10 代，以卵在果苔、树皮裂缝、翘皮下和枝干上的残附物上越冬。翌年梨树开花期卵开始孵化。若虫在树翘皮下的嫩组织处取食树液、生长发育并产卵繁殖。6 月转移到果实萼洼、梗洼处，继而蔓延到果面等处，8 月中旬果实接近成熟时危害最为严重。8 ～ 9 月出现有性蚜，产卵越冬。受害果面初期呈黄色稍陷的小斑，以后逐渐变成黑色，向四周扩大呈波状轮纹，常形成龟裂的大黑疤甚至落果。

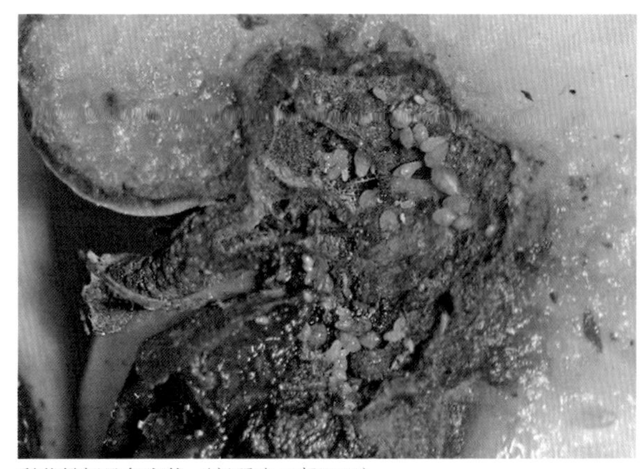

梨黄粉蚜及危害状（新疆农二师35团）

疆梨喀木虱

〖同翅目 木虱科〗

Cacopsylla jiangli (Yang et Li)

新疆还有梨喀木虱 *Cacopsylla pyricola* Frst.。

广泛分布南北疆梨产区，危害多种梨树。梨喀木虱分布新疆伊犁地区。危害梨、苹果、沙果等。

成虫体长 2.5 ~ 3.0mm，多为黄色，头顶有黑褐色宽带，复眼红褐色。触角10节，仅8节端部及最后2节黑色，其余黄色，末端有1对刺毛。中胸背板上有6条黄色纵走条纹，其间呈红褐色。前翅长椭圆形，长为宽的2.3倍，末端有1个明显黑斑。雌雄腹部区别很大，雌虫末端近1/3尖锐而突起，呈黑色，雄虫末端有向上翘起的性附器。卵一端尖细，一端圆，尖端伸出1根细丝，圆端下方伸出1个短突起，固定在寄主组织上。白色微带黄色，近孵化时黄色更为明显。若虫体扁平，腹部边缘有长毛。初孵时淡黄色，后颜色加深为黄绿色。复眼始终为鲜红色。

1年发生5代，以成虫在树皮裂缝、果园落叶层中越冬。早春在梨树幼芽尚未开放时，成虫即出蛰开始危害。在梨芽膨大和开绽期间，雌虫即在果枝的基部或树皮的裂缝下产第一代卵。梨芽始放时，卵孵化，若虫钻入芽内危害，至5月初开始羽化成第一代成虫。5月下旬产卵，此后各代产卵量，均比越冬代少。卵单产，主要产在叶片中脉两边(叶脉背面较多),3 ~ 4粒成1排或7 ~ 8粒成2排。5月底，第二代若虫又开始孵化，此后直到9月上旬，均可见若虫和成虫活动取食。

异叶胡杨个木虱 又称胡杨瘤枝木虱

〖同翅目 木虱科〗

Egeirotvioza sp.

新疆南北疆均有分布，危害胡杨、灰杨。

越冬代成虫体长 4.4 ～ 6.5mm，胸部淡黄色，腹部淡绿色，微被白粉。其他各代成虫体长 4.0mm 左右，体绿色。复眼淡褐色或灰褐色。触角 10 节，端部 1 节黑色，具 2 根刚毛。前翅淡黄色，翅端圆阔。胸足腿节、胫节和和跗节上有排列整齐的刻点，边缘有稀疏的小刺，胫节和跗节第一节末端具黑色端刺，跗节 2 节。雌虫腹部末端有一锥形产卵器，雄虫有一向上翘起的性附器。卵长卵形，长约 0.3mm。基部具短柄，顶端有 1 根细毛。初产卵白色，渐变为淡黄至深黄色，孵化前可见红色眼点。瘤状虫瘿内若虫体长约 2.3mm，扁平，体有卷曲状白色蜡丝，易脱落，体缘有排列整齐的梳齿状短毛。头部褐色，复眼暗红色，触角 10 节。胸部黄棕色，翅芽褐色，紧贴于胸。胸足褐色。腹部翠绿色，末端可向上翻动。叶瘿内若虫体扁，长约 1.6mm，全体棕褐色，胸部稍窄，翅芽外伸，腹部肥大，腹背面有 2 纵列红棕色小斑。

在南疆 1 年发生 6 代，以 1 ～ 4 代滞育若虫在一年生胡杨枝条上的虫瘿中越冬。第一代发生期为 5 月上旬，第二代为 6 月上旬至 7 月中旬，第三代为 6 月下旬至 8 月初，第四代为 7 月下旬至 8 月底，第五代为 8 月下旬至 10 月上旬，第六代（发生量很少）为 9 月中旬至 10 月下旬，完成 1 个世代一般需要 25 天左右。羽化的

异叶胡杨个木虱危害形成的卷叶被害状

成虫由虫瘿内爬出后即交尾，成虫喜在胡杨嫩梢顶端和嫩叶上产卵，卵粒成排或放射状排列，以短柄固定在寄主上，很少重叠。5月下旬始见卵，8月底产卵结束，卵期一般3～5天。滞育若虫在寄主小枝危害，取食时刺激寄主组织增生，形成瘤状虫瘿。虫瘿多为梢扁球形，灰绿色至棕色，若虫即在其中越冬。虫瘿中的若虫数量不等，1瘿1头者居多。5月上旬至6月上旬虫瘿开裂，成虫爬出。开裂的虫瘿似梅花状。可长久留在枝条上。非滞育若虫在嫩叶、嫩芽处群集危害，受害嫩叶增厚、变脆、卷曲；嫩芽扭曲、变形、簇生，呈绿色"菊花"状。若虫即在其中生存、危害，干枯前极少转移。若虫、成虫刺吸危害，往往致使胡杨幼苗新梢簇生、枯萎，大树枝条虫瘿成串，新生枝条细弱，树木衰弱。

异叶胡杨个木虱危害形成的叶瘿型被害状

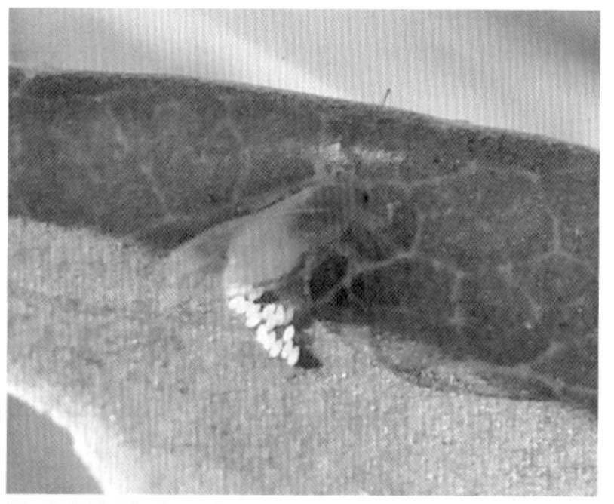
异叶胡杨个木虱卵

异叶胡杨个木虱危害形成新枝瘤

异叶胡杨个木虱成虫

柽木虱

〖同翅目　木虱科〗

Colposcenia sp.

全疆分布。危害多种柽柳。

越冬代成虫体长 3.5mm 左右，体深褐色。复眼褐色。前翅前缘色深，翅痣明显，外缘翅脉间有小黑斑。非越冬代成虫体长 2.6mm 左右，体黄绿色。触角 10 节，端部具 2 根刚毛。雌虫具锥形产卵器。若虫体长约 3.2mm，稍扁平，体淡绿色，体背有排列整齐的深绿色两列横斑纹。复眼、翅芽黑褐色。腹部肥大，腹末几节墨绿色。

年发生世代数不详。若虫、成虫危害嫩芽、花序，致寄主受害部位形成层叠状的塔形虫瘿。若虫即在虫瘿的变形叶片基部生活，以躲避沙漠春夏严酷的干热、大风天气。虫瘿长约 2.2 ~ 3.5cm，直径约 0.6 ~ 0.9cm，初期为淡绿色，后期变为暗棕红色。虫瘿在寄主枝条上可经年不掉。危害严重时寄主枝条上虫瘿累累，十分显眼。

柽柳被害状

柽木虱危害形成的虫瘿

柽木虱若虫

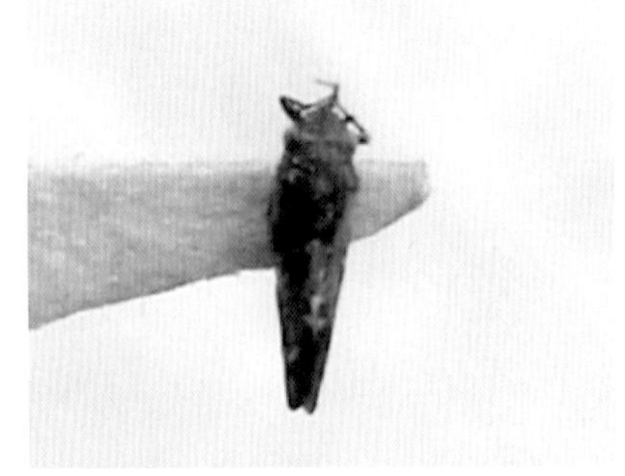

柽木虱成虫

中国梨喀木虱 又称中国梨木虱、梨木虱

〖同翅目 木虱科〗

Cacopsylla chinensis (Yang et Li)

主要分布巴音格楞蒙古自治州各县。危害多种梨树。

成虫有冬型和夏型两种，冬型成虫较大，体长 2.8 ~ 3.2mm，体褐色至暗褐色，胸背部有黑褐色斑纹，前翅后缘在臀区有明显褐斑。夏型成虫体小，长 2.3 ~ 2.9mm，初羽化时体色为绿色，后变黄色至污黄色，胸背部有褐色斑纹，翅上均无斑。卵长圆形，长约 0.3mm，淡灰色，以短柄固定在植物上。老熟若虫体长约 3mm。椭圆形，淡黄色或白色，逐渐变为绿色或褐色，复眼红色，触角末端黑色。3 龄若虫出现黄褐色翅芽，突出于体两侧。

1 年 5 代，以冬型成虫在树皮裂缝、落叶、杂草下越冬。翌年春日均温 0℃以上时出蛰，梨芽膨大、开绽时在芽基、树皮缝产卵，产卵期可持续 40 余天，梨盛花期为第一代若虫孵化盛期，若虫潜芽内刺吸危害。5、6、7、8、9 月上旬分别为第一、二、三、四、五代成虫发生期。9 月底至 10 月中旬冬型成虫进入越冬状态。世代重叠严重。冬型成虫耐低温，寿命长，产卵量大。若虫有群集性，多在背光的叶簇、卷叶藏匿，危害叶、嫩梢、花蕾、幼果等。老龄若虫常分泌白色蜡丝。分泌蜜露，会造成严重污染及导致发生煤污病。

中国梨喀木虱危害引发的“煤污病”

中国梨喀木虱若虫（自治区林检局）

中国梨喀木虱夏型成虫（新疆农业大学林学院）

中国梨喀木虱冬型成虫

梭梭异斑木虱

〖同翅目　木虱科〗

Caillardia sp.

北疆梭梭、白梭梭分布区均有分布。寄主为梭梭及白梭梭。

越冬代成虫体长约 3.1mm，体黄棕色。非越冬代成虫体长 2.4mm 左右，体黑绿色。复眼红褐或褐色。触角 10 节，端部 1 节黑色，具 2 根刚毛。前翅黄褐色。雌虫具锥形产卵器。卵梭形，长约 0.2mm。基部具短柄，顶端有 1 根细毛，黄白色。若虫体长约 3.8mm，稍扁平，体淡绿色，体背有排列整齐的深绿色两列横斑纹。复眼、翅芽淡黄褐色。腹部肥大。

1 年 2 代，以卵在寄主芽内越冬。翌年早春若虫孵化，危害梭梭芽，致使新枝节间缩短，芒状小叶变宽大，形成层层叠叠的塔形虫瘿。若虫即在虫瘿的变形叶片基部生活，以躲避沙漠春夏严酷的干热、大风天气。虫瘿长约 1.5 ~ 2.5cm，直径约 0.5 ~ 0.8cm，初期为淡绿色，后期变为暗棕红色。虫瘿在寄主枝条上可经年不掉。危害严重时寄主枝条上虫瘿累累，十分显眼。

梭梭异斑木虱严重危害梭梭

梭梭异斑木虱若虫背面观

梭梭异斑木虱老虫瘿

梭梭异斑木虱新虫瘿

梭梭异斑木虱成虫标本

沙枣个木虱

〖同翅目 木虱科〗

Trioza magnisetosa Log.

全疆分布。主要危害沙枣，也可危害沙果、梨、李、枣、杨、柳等。

成虫体长 2.1 ~ 3.4mm，黄绿或黄褐色。触角 10 节，浅黄色，末端 2 节黑色，第十节端部有 2 根黑色刚毛。复眼大而突出。胸背面橙褐色，夹杂着对称的黄、褐、黑色纹。足淡黄色。腹部腹面黄白色，背面被褐色纵纹。卵纺锤形，长 0.3mm 左右，淡黄色，具短附属丝 1 个。老龄若虫体长 2.0 ~ 3.3mm。体形扁宽近圆形，随着龄期的增加，体色由黄色变为浅绿，再变为灰黄。全体密被淡绿微毛，并附有蜡质物。

1 年 1 代，以成虫在树上卷叶内、树皮缝隙、落叶层下、草丛中越冬。翌年 3 月初出蛰取食、产卵，卵散产在寄主叶背面，一端斜插入组织内。5 月上旬若虫孵出，若虫共 5 龄，历期 30 ~ 50 天。6 月中旬成虫羽化，10 月底 11 月初进入越冬状态。成虫、若虫群居嫩梢和叶背取食，使叶片局部组织呈畸形，逐渐向背面弯曲、卷缩，新梢萎缩枯黄。其分泌物可诱致霉菌寄生，危害严重时，树叶早落，枝梢干枯，表皮粗糙脆弱，易受风折。

沙枣个木虱危害状（哈密地区林检局）

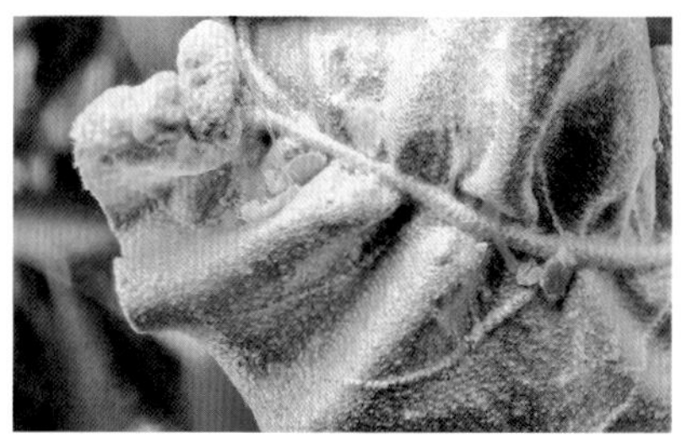

沙枣个木虱若虫（哈密地区林检局）

沙枣个木虱成虫（阿勒泰地区林检局）

枸杞木虱

〖同翅目　木虱科〗

Paratrioza sinica Yang et Li

南北疆均有分布。主要危害枸杞。

成虫体长 3.6mm 左右，体黄褐至黑褐色，具橙黄色斑纹。触角黄褐色，第一节及最末节黑色，末节端部具 2 毛。足黄色，前、中足腿节黑褐色，后足腿节略带黑色。腹部背面褐色，近后胸处具一白色横带，腹末具一白点。卵长椭圆形，长 0.3mm，橙红色，具一细如丝的柄，密布固着在叶上。若虫扁平，近圆形，固着在叶上。末龄若虫体长 3mm 左右。初孵时黄色，背上具褐斑 2 对，体缘具白缨毛。若虫长大翅芽显露覆盖在身体前半部。

北疆地区一年 6 ～ 7 代，以成虫在落叶、草丛、土壤缝隙中越冬。翌年春季出蛰刺吸嫩枝叶取食。成虫较活泼，善跳跃，夜间产卵。若虫多在夜间和阴天孵化。初孵若虫寻找适宜部位固定取食，当营养缺乏时可转移危害。危害可致寄主枝叶瘦弱，浆果品质下降。

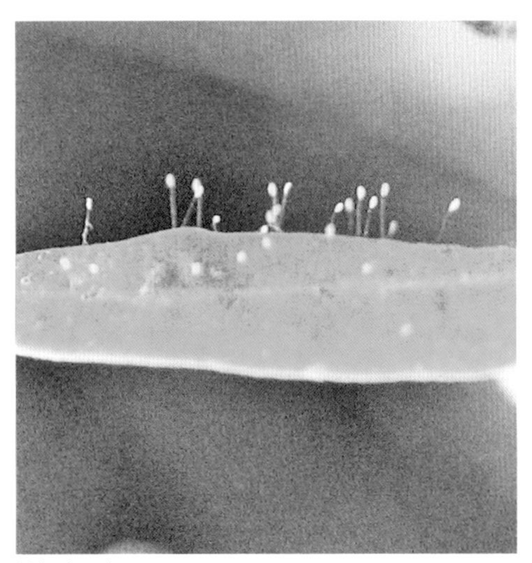

枸杞木虱卵

枸杞木虱大龄若虫

叶片正面的枸杞木虱低龄若虫

枸杞木虱雄成虫

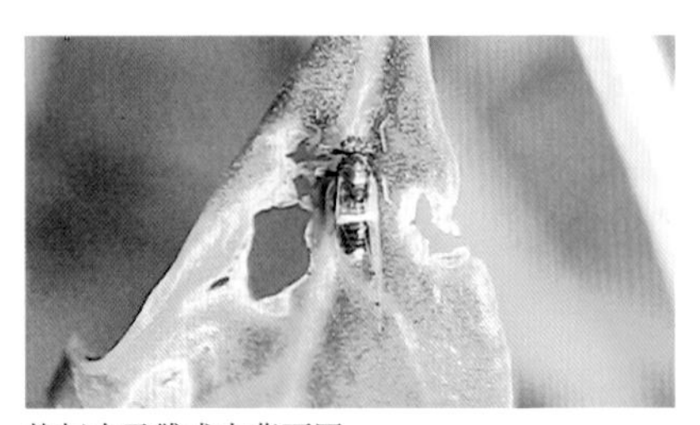

枸杞木虱雌成虫背面图

槐木虱

Psylla willieti Wu

〖同翅目 木虱科〗

分布伊犁、阿克苏等地。危害中槐、龙爪槐等树木。

成虫体长 3.8 ~ 4.5mm，体黄绿色至绿色。复眼褐色。触角褐色，基部 2 节绿色，端部 2 节黑色。胸部绿色，中胸前盾片和盾片上有黄斑；前翅透明、后缘色深，翅痣明显，脉黄绿色，外缘翅脉间有小黑斑 4 个，后缘处有小黑斑 2 个。越冬代成虫体深褐色，胸背有成对黄斑。若虫淡黄绿色，共 7 龄。随着虫龄增加、翅芽伸长、体色加深、触角节数增加，1 ~ 7 龄触角节数分别为 2、3、5、6、7、9、10 节。

1 年发生 2 代，以成虫在树皮裂缝中越冬。3 月下旬开始活动，4 ~ 5 月为第一代发生期，5 ~ 6 月为第二代发生期，第二代成虫 6 月下旬羽化，暂短取食后即进入滞育状态，进行越夏和越冬。卵成块产于叶、芽背面，1 龄若虫静伏不动，2、3 龄活动并分泌蜡质，若虫分泌蜡质时腹部摆动不停，致使枝叶全被蜡质覆盖。1 ~ 3 龄若虫在叶片上取食危害，4 龄以后部分转移危害枝条。

槐木虱群集危害状

槐木虱冬型成虫

槐木虱危害状

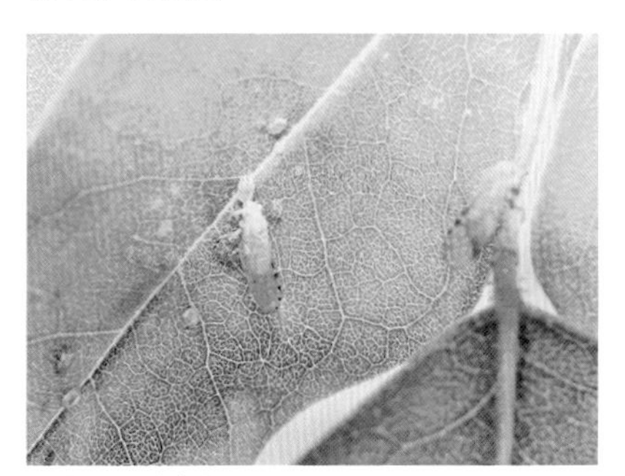

槐木虱夏型成虫

胡杨枝瘿木虱

〖同翅目　木虱科〗

Trioza sp.

南北疆均有分布，危害胡杨、灰杨。

越冬代成虫体长约4.2mm，体黄棕色。非越冬代成虫体长2.0mm左右，体绿色。复眼红褐或灰褐色。触角10节，端部1节黑色，具2根刚毛。前翅淡黄色，翅端圆阔。胸足腿节、胫节和和跗节上有排列整齐的刻点，边缘有稀疏的小刺，胫节和跗节第1节末端具黑色端刺，跗节2节。雌虫腹部末端有1锥形产卵器，雄虫有1向上翘起的性附器。卵梭形，长约0.3mm。基部具短柄，顶端有1根细毛。初产卵白色，渐变为淡黄至深黄色，孵化前可见红色眼点。越冬若虫体长约2.0mm，扁平，体有卷曲状白色蜡丝，易脱落，体缘有排列整齐的梳齿状短毛。头部褐色，复眼暗红色，触角10节。胸部腹部乳白色，翅芽褐色，紧贴于胸侧。胸足不发达，褐色。腹部翠绿色，末端可向上翻动，滞育若虫长约1.6mm，胸部稍窄，翅芽外伸，腹部肥大，黄绿或土黄色。

年发生世代不详，以滞育若虫在一年生胡杨枝条上的虫瘿中越冬。若虫在寄主小枝危害，取食时刺激寄虫主组织增生，形成长条瘤状虫瘿。虫瘿长度视聚集的若虫多少，一般为2～8cm，直径0.5～1.0cm，虫瘿灰绿色至棕色，若虫即在其中危害。成虫羽化后虫瘿留有圆形小孔。若虫、成虫刺吸危害，往往致使胡杨枝条虫瘿成串，干枯、衰弱。

胡杨枝瘿木虱危害叶片被害状

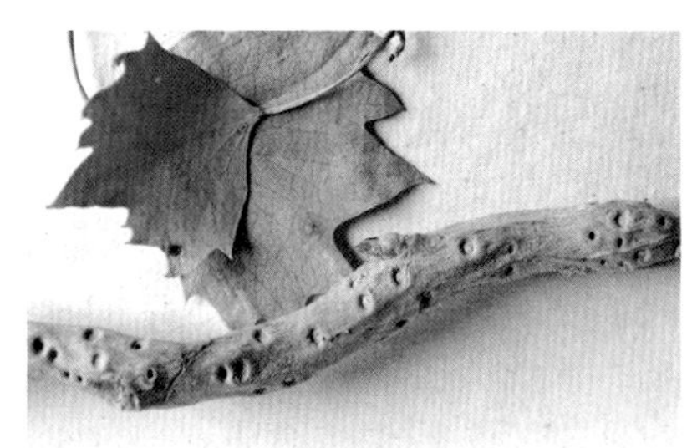

胡杨枝瘿木虱枝条上的长虫瘿

胡杨枝瘿木虱若虫

胡杨枝瘿木虱与异叶胡杨木虱混同发生

胡杨枝瘿木虱成虫

温室白粉虱

〖同翅目 粉虱科〗

Tridleurodes vaporariorum Westwood

全疆分布，主要寄主已知有200余种植物，包括蔬菜、花卉、经济作物等。

雌成虫体长约1.2mm，雄虫约1.0mm，体黄白色，体及翅覆有白色细蜡粉。停息时，雌虫4翅平覆于体背，雄虫呈屋脊状。卵椭圆，长约0.2mm，埋在植物组织中。初产时浅绿色，孵化前深褐色。若虫共3龄，1龄若虫长约0.3mm，浅黄绿色，胸足和触角发达。2、3龄若虫各长约0.4mm和0.6mm，足和触角退化，营固着生活。3龄若虫称为伪蛹。蛹壳虫体渐伸长并加厚，体色黄褐，体背有5～8对长短不一的蜡丝，晚期椭圆形，长可达0.8mm。

1年发生10代左右，新疆地区在温室作物以各种虫态在保护地内越冬或继续危害。翌年春季陆续从越冬场所迁至露地蔬菜、花卉及经济作物上危害，危害期可至9月。10月以后又陆续迁至保护地内。成虫具趋黄性、趋嫩性，多栖息在寄主上部嫩叶背面并产卵。若虫和伪蛹多固定在下部老叶背面。成虫、若虫吸食汁液，使叶片褪绿，严重时整株枯死。由于分泌蜜露，可引起煤污病，还可传播植物病毒病。

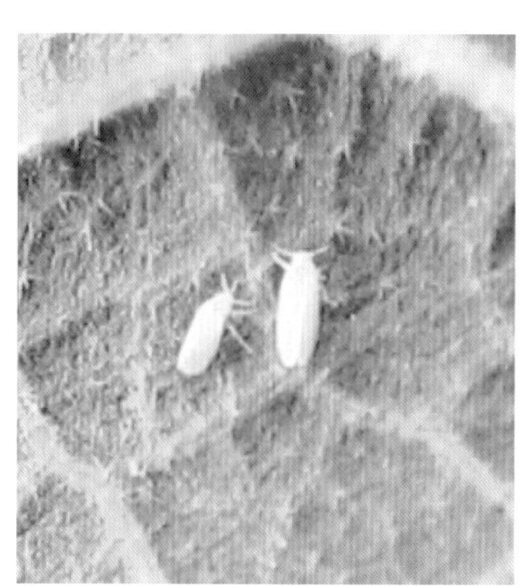
温室白粉虱雌（右）雄（左）成虫

烟粉虱

〖同翅目　粉虱科〗

Bemisia tabaci Gennadius

全疆分布，主要寄主已知有74科500多种植物，包括蔬菜、花卉、经济作物等。

成虫体长约1mm，淡黄色，体及翅有白色细小蜡粉。复眼肾脏形，黑红色。触角发达7节，白色。翅2对，休息时呈屋脊状。翅脉简单，前翅有纵脉2条，后翅1条。跗节2节，约等长，端部具2爪。雌虫尾端尖形，雄虫呈钳状。卵长约0.2mm，弯月状，以短柄粘附于叶背。初产时黄绿色，近孵化时黑色。若虫共4龄。初孵若虫椭圆形，扁平，灰白色，稍透明，体周围有蜡质短毛，尾部有2根长毛，可爬行活动，寻找适宜的部位取食。2龄以后体灰黄色，触角与足消失，若虫固定在叶片背面取食危害，直至成虫羽化。末龄若虫称为伪蛹，长约0.7mm，椭圆形，后方稍收缩，淡黄色，稍透明，背面显著隆起，并可见黑红色复眼。蛹壳卵圆形，长0.8～1.0mm，淡黄色，中胸部分最宽，中、后胸及腹部各节在背面清晰可见。

1年发生多代，新疆地区在温室作物和杂草上过冬。成虫羽化时从蛹壳背裂缝爬出。交配、产卵；也可营孤雌生殖，但后代都是雄性。成虫白天活动，多在植物间作短距离飞翔，有趋向黄绿和黄色的习性，喜在植株顶端嫩叶上危害。卵

烟粉虱危害棉叶

多产于植株上、中部的叶片背面。有世代重叠现象。最上部的嫩叶以成虫和初产的绿卵为最多，稍下部的叶片多为变黑的即将孵化的卵，再下部多为初龄若虫、老龄若虫，最下部则为伪蛹及新羽化的成虫。烟粉虱在干、热的气候条件下易爆发，适宜的温度范围宽，耐高温和低温的能力均较强，发育的适宜温度范围在 23 ～ 32 ℃，完成一代所需要的时间随温度、湿度和寄主有所变化。

红枣叶片被害状

烟粉虱“蛹壳”

烟粉虱成虫

烟粉虱若虫

烟粉虱成虫交配

枣大球蚧 又称枣球蜡蚧

〖同翅目 蚧科〗

Eulccanium gigantea (Shinji)

枣大球蚧自 1983 年自河南省被人为传入喀什疏附县后，由于当地有枣、刺槐、巴旦木、榆等多种适宜的寄主，其自身有产卵量大、繁殖力强、虫体有蜡质介壳保护而耐炎热、干旱等生物学、生态学特性，在新传入地失去了原分布地天敌的自然控制等，造成了枣大球蚧的迅速传播、泛滥成灾的恶果。现已分布伊犁州霍城县、和田、喀什、克孜勒苏、阿克苏、巴音郭楞、吐鲁番、哈密等地州。主要危害枣、核桃、榆、槭、槐、多种蔷薇科果树、葡萄、文冠果、铃铛刺等。

雌成虫体长半球形，平均长径 10.1mm，体背红褐色，有整齐的黑灰色中纵带，2 条锯齿状缘带花斑，2 带之间有 8 个纵列的红棕色斑点。体被毛茸状蜡被。触角 7 节，第三节最长。臀裂不深，仅为体长的 1/6。雄成虫体长 2.0 ～ 2.6mm。头部黑褐色，前胸及腹部黄褐色，中、后胸红棕色。触角丝状，10 节。前翅透明无色，后翅特化为平衡棒。腹末有锥状交配器 1 根和白色的蜡丝 2 根。卵长椭圆形，长 0.3mm 左右，紫红色，被有白色蜡粉。1 龄活动若虫扁椭圆形，黄褐色，体长 0.4mm 左右。触角 6 节。腹端中部凹陷，体被很薄的白色介壳。2 龄后体淡黄色，介壳边缘有长方形白色蜡片 14 对，体背有 3 个环状壳点。雄蛹体长椭圆形，淡黄色至深褐色。

1 年 1 代，以 2 龄若虫固定在 1 ～ 2 年生枝条上越冬。翌年 4 月越冬若虫出蛰。4 月下旬至 5 月初羽化，交配后怀卵期雌虫虫体迅速膨大，危害最重。5 月上旬产卵，5 月底至 6 月初若虫大量孵化，若虫 6 ～ 9 月在叶面刺吸危害，9 月中旬至 10 月中旬 2 龄若虫转移到枝条固定进入越冬期。雌成虫产卵量可达 5000 粒以上。卵孵化整齐，孵化率高达 95% 以上。雌成虫危害的同时会排出大量含糖黏稠液体，严重污染叶片、树体，后期会引发煤污病。

枣大球蚧对红枣危害极大

枣大球蚧若虫严重危害红枣叶片

白榆上的枣大球蚧卵及卵壳

枣叶片上的枣大球蚧若虫

枣大球蚧雄成虫（和田地区林检局）

产卵后的枣大球蚧雌虫

皱大球蚧 又称桃球蜡蚧

〖同翅目 蚧科〗

Eulecanium kuwanai (Kanda)

新疆分布哈密、阿克苏、喀什等地区。主要寄主有枣、刺槐、杨、榆、核桃等。雌成虫半球形，长 7.3mm 左右，灰棕色。体有黑斑。若虫椭圆形，黄褐色。1 年 1 代，以 2 龄若虫在寄主枝条上越冬。若虫、雌成虫刺吸小枝危害。

皱大球蚧危害白榆

皱大球蚧老熟若虫背面图

皱大球蚧卵

刺槐叶片背面的枣大球蚧1龄若虫

产卵后的皱大球蚧雌虫

吐伦球坚蚧

〖同翅目　蚧科〗

Rhodococcus turanicus Arch.

南北疆分布。危害杨、柳、杏、李、桃、梨、苹果、枣等。

雌成虫近球形，直径 3 ～ 4mm，棕红色，介壳硬，表面有小刻点，体背面有 3 条纵隆起线，中间隆起线上有两条不规则的黑色纵线。卵椭圆形，长 0.2mm 左右，紫红色，表面附一层薄白粉。初孵若虫橘红色，半透明，体背有 2 条红色纵行条纹，腹末具 2 条蜡丝。越冬若虫棕黄色，体背有稀疏的蜡丝，并有“U”形黑纹，后期变成中央橘红色的 4 排黑点。

生活习性与危害。1 年 1 代。以 2 龄若虫群集固定在寄主枝干阳面越冬。翌年 3 月底、4 月初树液流动时，就在原处吸食危害。4 月上旬雌雄个体开始分化。4 月下旬越冬若虫分散在嫩枝干上危害。4 月中旬雌成虫体逐渐膨大，体背硬化，由扁圆形发育成半球形。孤雌生殖为主。产卵于母体下。5 ～ 6 月孵化。初孵化的若虫从母体臀裂处爬出分散到叶片背面、嫩枝、果实等处，2 龄后固定在叶片、枝条、果实等处危害，秋季转移枝条上越冬。雄若虫于介壳不隆起，在介壳下化蛹，羽化为有翅雄成虫，交尾后死亡，不危害。

吐伦球坚蚧危害状

吐伦球坚蚧雄成虫

吐伦球坚蚧雌成虫

吐伦球坚蚧雌雄成虫介壳

吐伦球坚蚧雌成虫及卵

寄主叶片背面的吐伦球坚蚧若虫

吐伦球坚蚧雌成虫被天敌寄生

扁平球坚蚧 又称糖槭蚧、水木坚蚧

〖同翅目 蚧科〗

Parthenolecanium corni Bouche

全疆分布。寄主达百种以上，主要有槭、白蜡、榆、刺槐、杨、柳、桑、橡、合欢、核桃、文冠果、杏、李、苹果、桃、巴旦、树莓、葡萄、木槿、紫穗槐等。

成虫雌虫椭圆形，长径 4.5 ～ 6.5mm，体背硬化，黄褐色或红褐色，有光泽，呈龟甲状隆起，背中央 4 纵列断续的凹陷，边缘有横列皱褶。臀裂明显。腹面较平，触角、足等器官退化。雄成虫体长 1.3 ～ 1.6mm，红褐色。头黑色，前翅土黄色。触角丝状。腹末交配器两侧各有细长蜡丝 1 根。卵长椭圆形，两端略尖，长 0.2 ～ 0.4mm，棕红色。1 龄活动若虫扁椭圆形，长 0.6mm 左右，淡黄色。丝状触角，6 节。腹末白色细长尾毛 2 根。2 龄后固定若虫足、触角退化，体灰黄色，臀裂明显。雄蛹体长 1.5mm 左右，暗红色。腹末交尾器“叉”字形。

北疆 1 年 1 ～ 2 代，吐鲁番地区 1 年 3 代。以 2 龄若虫在枝条、树干嫩皮上或树皮裂缝内越冬。翌春当日平均温度达 10℃时，越冬若虫开始活动，寻找一二年生枝条固定刺吸危害。虫体排出大量蜜露，会污染叶面和枝条。雌成虫 4 月中旬至 5 月上旬产卵，卵产于母体下，随着产卵量增多虫体渐向前皱缩、腹面向上凹陷，直至腹背壁相接。卵经 20 余日孵化，孵化若虫经 2 ～ 3 天后陆续从母体壳体臀裂处爬出，寻找适合的叶背或嫩枝上刺吸取食，脱皮发育为 2 龄后、于 10 月迁到枝条皮缝等处固定越冬。主要营孤雌生殖，雄虫罕见。

扁平球坚蚧危害杏树

扁平球坚蚧初产之卵

扁平球坚蚧对白蜡的危害

出蛰后的扁平球坚蚧若虫

扁平球坚蚧雌成虫

天山球坚蚧 又称皱球蚧、霸王球坚蚧

〖同翅目 蚧科〗

Eulecanium rugulosum Arch.

分布新疆巴音郭楞山地，主要危害苹果、山楂、梨、桃、杨和柳树等。

雌成虫体半球形，体长 5.0 ~ 6.0mm，淡乳黄色。触角 6 节。足粗。体背有小刺，腹面有小毛。雌介壳象牙色，半球形。体背面有不规则的凹陷、凹点。

1 年 1 代，以 2 龄若虫在寄主的枝、干上越冬。翌年 4 月下旬开始在细嫩枝条刺吸取食,1 个月后羽化为成虫。雌成虫 5 月下旬开始产卵，若虫 6 月下旬孵化，9 月中、下旬进入越冬状态。

天山球坚蚧危害灰杨

天山球坚蚧雌成虫

天山球坚蚧若虫腹面

天山球坚蚧卵

天山球坚蚧若虫

蒙古杉苞蚧

〖同翅目　蚧科〗

Physokermes sugonjaevi Danzig

新疆分布阿勒泰地区，主要寄主有西伯利亚云杉等。

雌成虫体宽球形，长4.5mm左右，淡棕色。体高突，背中棕沟明显。雄成虫体长1.8mm左右，棕黑色。触角10节，着生有细密毛。卵长卵形，长0.4mm左右，紫褐色，卵壳表面有白蜡粉。若虫长椭圆形，触角6节，体背中央隆起。初孵时体长0.6mm左右，黄褐色。老熟时体长2.3mm左右，黄棕色。

1年发生1代，10月上旬以2龄若虫在寄主针叶上越冬。翌年4月越冬若虫转移到1～2年生小枝基部刺吸危害。5月中旬雌、雄虫大量羽化、交尾，交尾后的雌虫身体迅速增大、孕卵，6月下旬开始产卵。雌虫将卵产于介壳下。7月中旬第一代若虫孵化，自死亡干缩雌虫介壳下缝隙爬出，在寄主针叶上刺吸危害，2龄后进入越冬状态。

蒙古杉苞蚧雌虫

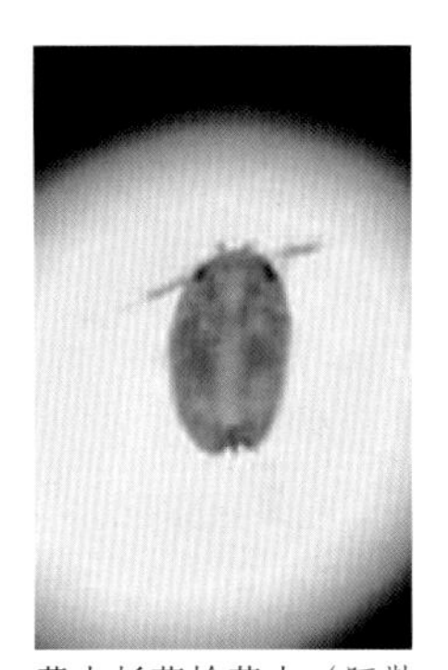
蒙古杉苞蚧若虫（阿勒泰地区林检局）

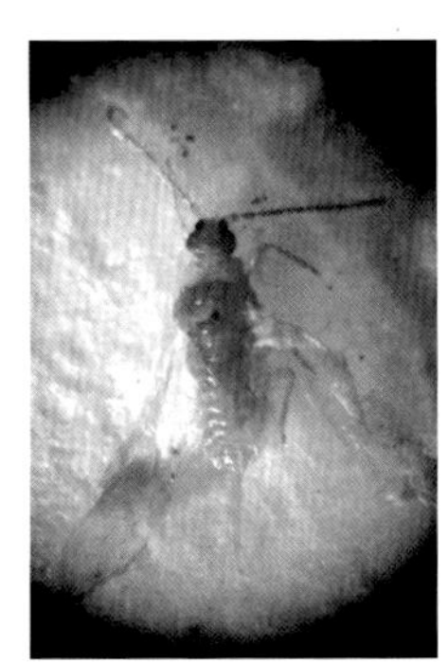
蒙古杉苞蚧雄成虫（阿勒泰地区林检局）

咖啡黑盔蚧

〖同翅目　蚧科〗

Saissetia offeae（Walker）

新疆在温室危害苏铁、棕榈、石榴、天冬等。

雌成虫体近球形，长1.5mm左右，暗褐色。介壳半球状，具光泽，有小网眼。

1年发生2代，以若虫在寄主上越冬。若虫、雌虫刺吸危害。无雄虫。5月下旬开始产卵。

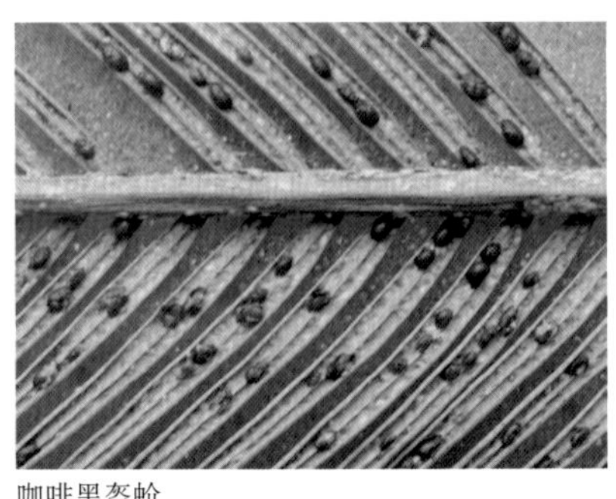
咖啡黑盔蚧

朝鲜球蜡蚧

〖同翅目 蚧科〗

Didesmococcus coreanus Borchsnius

新疆分布哈密地区，主要寄主有杏、桃、李、梅、巴旦木等。

雌成虫体近球形，长 4.5mm 左右，红褐色。体有小凹点。雄成虫体长 1.5mm 左右，红褐色。卵长卵形，长 0.4mm 左右，橙色，卵壳表面有白蜡粉。若虫椭圆形，体背中央隆起，淡褐色。初孵时体长 0.6mm 左右，老熟时体长 2.3mm 左右。

1 年发生 1 代，10 月上旬以 2 龄若虫在寄主枝条上越冬。越冬后若虫转移到小枝上刺吸危害。5 月雌、雄虫大量羽化、交尾，交尾后的雌虫身体迅速增大、孕卵，5 月下旬开始产卵。雌虫将卵产于介壳下。6 月初若虫孵化，自死亡干缩雌虫介壳下缝隙爬出危害，2 龄后进入越冬状态。

朝鲜球蜡蚧危害苹果

朝鲜球蜡蚧危害杏

朝鲜球蜡蚧雌成虫

杨木坚蚧

〖同翅目 蚧科〗

Parthenolecanium populum Tang

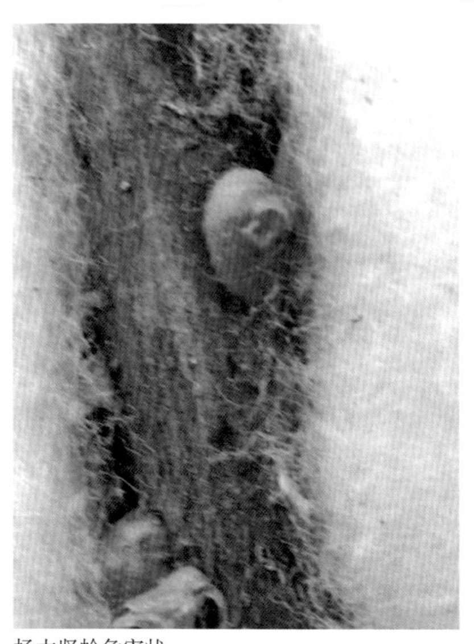

杨木坚蚧危害状

南新疆有分布，危害杨树。

雌成虫体半球形，长 6.6mm 左右，淡褐色。体背有皱褶。

若虫、雌成虫刺吸枝、干危害。

杨木坚蚧雌成虫

红蜡蚧

〖同翅目 蚧科〗

Ceroplastes rubens Maskell

新疆在温室危害栀子花、桂花、南天竹、石榴等。

雌成虫体椭圆形，长 2.5mm 左右，暗红色。介壳半球状，顶部凹陷，有 4 条白色蜡带上卷。

1 年 1 代，以受精雌蚧在枝干上越冬。翌年春天出蛰，吸食树汁，5 月下旬产卵。若虫刺吸汁液后固定取食。雌虫会相继到枝条处固定危害。

红蜡蚧

小红蜡蚧

〖同翅目　蚧科〗

Ceroplastes rubens minor Maskell

新疆在温室危害柑橘、雪松等。

雌成虫体近椭圆形，长 2.4mm 左右，暗红色。介壳半球状，顶部凹陷，有 4 条白色蜡带上卷。

1 年 1 代，以受精雌蚧在枝干上越冬。翌年春天出蛰，吸食树汁，5 月下旬产卵。若虫刺吸汁液后固定取食。雌虫会相继到枝条处固定危害。

小红蜡蚧危害雪松并引发煤污病

雪松针叶被害状

小红蜡蚧危害橘

小红蜡蚧雌虫虫体

球坚蚧

〖同翅目 蚧科〗

Eulecanium prunastri Fonscolombe

新疆分布哈密地区，主要寄主有杏、刺槐、枣等。

雌成虫体近球形，长4.2mm左右，红褐色。体有小凹点。若虫椭圆形，体背中央隆起，黄褐色。初孵时体长0.5mm左右，老熟时体长2.1mm左右。

1年1代，以低龄若虫在寄主枝条上越冬。若虫、雌成虫刺吸小枝危害。

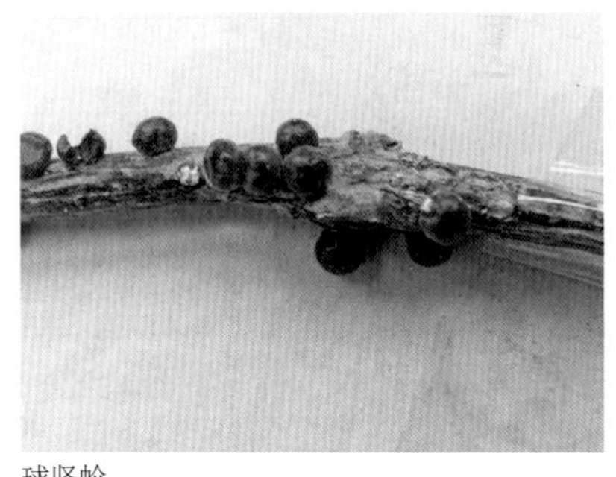
球坚蚧

褐软蚧

〖同翅目 蜡蚧科〗

Coccus hesperidum (Linnaeus)

分布于乌鲁木齐市等地温室。寄主植物有180余种，主要危害枸杞、樱、梅、月季、夹竹桃、榕树等。

雌成虫体扁平，卵形或长卵形，背部隆起。体前端较狭，后端稍膨大，左右不对称，边缘薄，紧贴植物体表面，体背面颜色有浅黄、褐、黄、棕等。中线呈浅色隆脊，有时还有5条褐色横带，触角7～9节，一般第四、七节较长。卵长椭圆形，扁平，淡黄色。初孵若虫椭圆形，色淡黄，泌蜡后扁薄，背部稍现脊线，长1mm左右。

每年发生代数各地不一，在温室中1年可发生4～5代。发生不整齐，受害寄主上几乎常有成虫、卵、若虫存在。卵期短，大多边产卵边孵化。以成、若虫在嫩叶、嫩枝或叶柄上刺吸汁液，排泄物多而黏稠，易滋生霉菌，成污斑而不易脱去，会严重影响观赏价值。

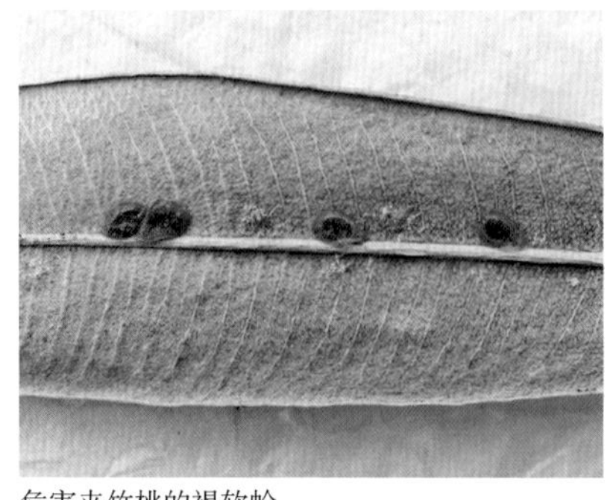
危害夹竹桃的褐软蚧

危害橘的褐软蚧

柳毡蚧

Eriococcus salicis Borchs

〖同翅目 毡蚧科〗

全疆分布，仅危害柳树。

雌成虫体卵圆形，长 2.8mm 左右，暗紫色。体具刺突。雄成虫体长 1.8mm 左右，淡黑色。触角 10 节。卵长卵形，乳白色。若虫长椭圆形，暗褐色。

1 年发生 1 代，以 2 龄若虫在寄主枝干裂缝中越冬。翌年 4 月越冬若虫刺吸危害，形成蜡被。雌虫逐渐形成毛毡囊，末端留有一圆形小孔。5 月中旬雌、雄虫大量羽化、交尾、产卵。雌虫将卵产于卵囊内。6 月初若虫孵化，在寄主上刺吸危害，2 龄后进入越冬状态。

柳毡蚧危害状

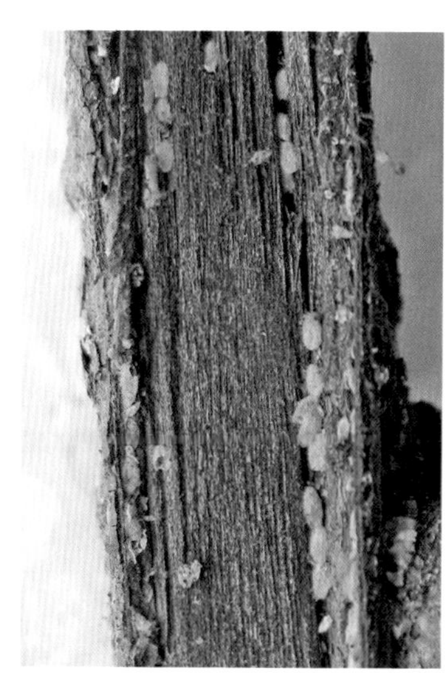

柳毡蚧若虫

柳毡蚧雌成虫

草履蚧

〖同翅目　珠蚧科〗

Drosicha corpulenta（Kuwana）

广泛分布。主要寄主有泡桐、白蜡、杨、悬铃木、柳、刺槐、核桃、枣、梨、苹果、桃、樱桃、无花果、桑、月季等。

雌成虫体长 7.8 ～ 10.0mm，灰红色，扁椭圆形，似草鞋，体被白色蜡粉。触角 8 节。体背皱折隆起，分节明显。体周缘和腹面淡黄色。触角、口器和足灰黑色。雄成虫体长 5 ～ 6mm，紫红色。头胸淡黑色。复眼黑色。触角黑色，丝状，10 节。前翅淡黑色，有许多伪横脉。腹部末端具突起 4 根。卵椭圆形，红黄色。产于白色绵状卵囊内。若虫形似雌成虫，初孵体长 1.2mm 左右。各龄触角节数不同，1 龄 5 节，2 龄 6 节，3 龄 7 节。雄蛹体长约 4mm，可见触角 10 节，翅芽明显。

1 年 1 代，以卵在土中的卵囊中越冬。翌年春孵化的若虫上树危害。初龄若虫喜在树洞、树叉、树皮缝内或背风处等处隐蔽群居，在嫩枝、幼芽等处取食。雄若虫共 2 龄，老熟后在树皮缝隙、翘皮下或土缝、杂草等处，分泌大量蜡丝缠绕化蛹。约 10 天后羽化为成虫。雄成虫不取食，傍晚寻找雌虫交配。雌若虫共 4 龄，与雄虫交配后继续刺吸吸食危害，6 月中、下旬下树在石块下、土缝等处，分泌白色绵状卵囊产卵。以若虫、雌成虫密集于树木枝干、芽基等处刺吸危害，往往导致树木营养和水分大量损失，不能正常萌发，枝干枯萎，甚至树干干枯死亡。

草履蚧群集危害状

草履蚧危害新疆杨树干

草履蚧危害新疆杨树枝

草履蚧若虫

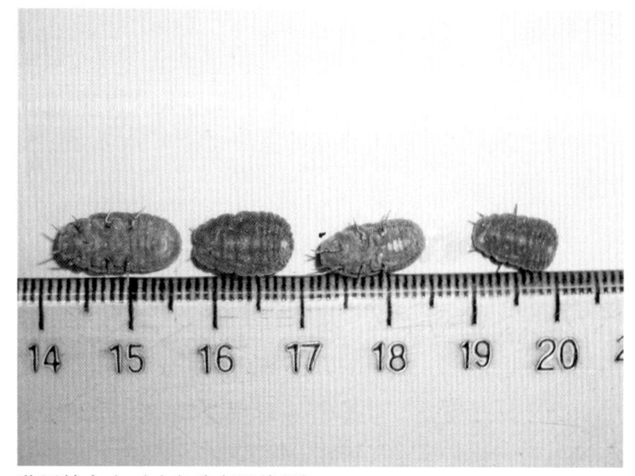

草履蚧大小（吐鲁番市园林局）

吹绵蚧

〖同翅目　珠蚧科〗

Icerya purchasi Maskell

新疆温室有分布。主要寄主黄杨、茶花、无花果、金橘、扶桑等。

雌成虫体长 6 ～ 7.5mm。橙黄色，椭圆形。触角 11 节，黑色。腹面扁形，背面隆起，上有淡黄白色蜡质物。腹部周缘有小瘤状突起 10 余个，由此分泌绵团状蜡粉。产卵期腹端末卵形白色蜡状囊，卵囊上有纵隆线 15 条。雄成虫体长约 3mm，翅展 7mm。虫体橘红色，后翅及口器退化。触角 11 节。复眼黑色突出。胸部黑色，翅紫黑色。腹部 8 节，末端有肉突起 2 个。卵椭圆形，初为橙黄色，后变橘红色。若虫椭圆形，橘红色，体被蜡粉，腹末有毛 6 根。

1 年发生 2 ～ 3 代，多以若虫越冬。一般 4 ～ 6 月发生严重，温暖、湿润有利繁殖，高温、干旱对其不利。1 龄若虫多寄生于新梢叶背的主脉两侧，2 龄以后逐渐转移至枝条上固定危害。成虫常聚集在主枝阴面或枝杈间营囊产卵，不再移动。成虫、若虫群集于叶背及新梢上吸食树液，轻则影响生长，重则导致树木死亡。

吹绵蚧

梨圆蚧　又称梨笠圆盾蚧

〖同翅目　盾蚧科〗

Quadraspidiotus perniciosus（Comstock）

20 世纪 70 年代初传入，现南北疆有分布。主要寄主有梨、枣、苹果等果树及杨、柳、榆等。

雌虫卵圆形，长 0.8 ~ 1.4mm，乳黄至鲜黄色，臀板褐色。雌介壳圆形，直径 1.1 ~ 1.7mm，中心隆起，灰白色至暗灰色，上具同心轮纹。直径 0.7 ~ 1.7mm。雄虫体长 0.6 ~ 0.8mm，具 1 对前翅，触角 10 节，腹末具细长交尾器。雄介壳长圆形，灰白色，一端隆起，一端扁平，长 0.8mm 左右。低龄若虫椭圆形，淡黄色，触角 5 节，足发达，腹末有 1 对白色蜡丝。固定后分泌介壳，触角和足退化。雄蛹长圆形，橘黄色。为裸蛹。

1 年 2 ~ 3 代，以 1 ~ 2 龄若虫固定在 2 年生枝条上越冬。翌年 4 月中旬气温升至 15℃以上取食、发育为 3 龄。雄若虫 5 月上旬化蛹，5 月中下旬羽化、交尾。5 月下旬雌虫开始胎生若虫。可营孤雌生殖。有世代重叠现象。若虫活动期在 5 ~ 10 月。活动若虫选择嫩枝、果实危害。11 月初第三代若虫进入越冬状态。果实被害后会出现紫红色晕圈。被害叶变小、枯黄早落。枝条受害后会致使皮层木栓化，韧皮部输导组织被破坏，皮层干裂，枝梢或整株枯死。

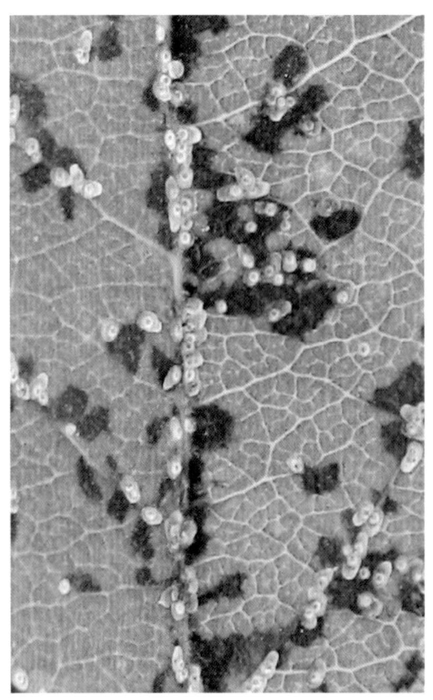

梨圆蚧危害苹果叶片（伊犁州林检局）

梨圆蚧危害枣树枝叶

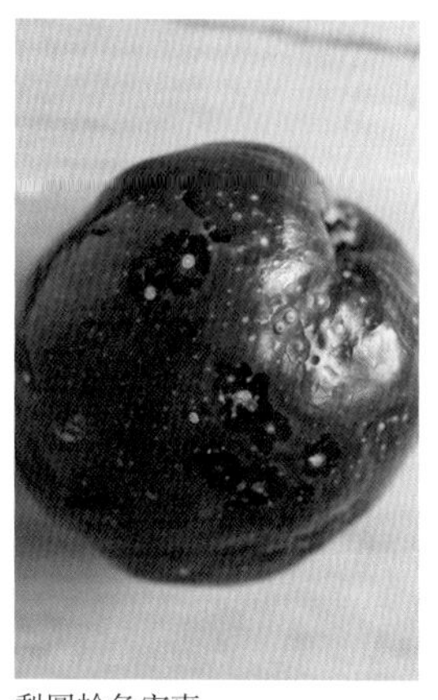

梨圆蚧危害枣

梨圆蚧危害梨果

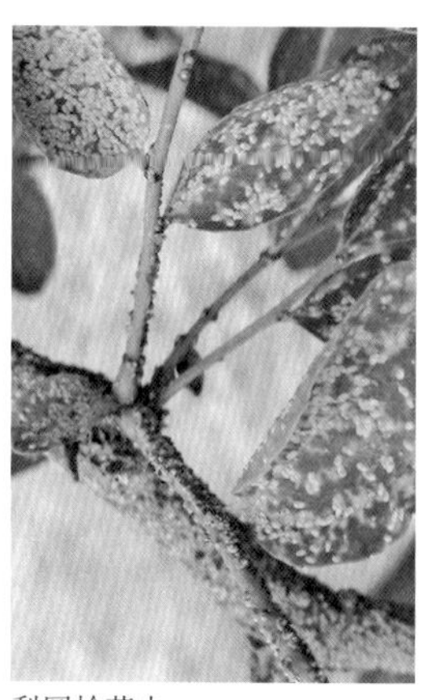

梨圆蚧若虫

日本龟蜡蚧 又称日本蜡蚧、枣龟蜡蚧、龟蜡蚧

〖同翅目 盾蚧科〗

Ceroplastes japonicus Green

南北疆有分布。主要寄主有法桐、杨、柳、白蜡、榆、杉、松、槐、桃、李、杏、山楂、苹果、绣线菊、玫瑰、小檗、红叶李、月季、樱花等。

雌成虫体椭圆形，体淡褐至紫红色 4mm 左右。雌介壳长 4 ~ 5mm，淡红色，背面中央隆起，表面具龟甲状凹纹，边缘蜡层厚且弯卷。由 8 块组成。雄成虫体长 1.2 ~ 1.4mm，淡红至紫红色。触角丝状。翅白色，具 2 条粗脉，交配器色淡。雄介壳长椭圆形，周围有 13 个蜡角似星芒状。卵椭圆形，长 0.2 ~ 0.3mm，初产时淡橙黄色，后变为紫红色。初孵若虫体长 0.4mm，椭圆形，扁平，淡红褐色，触角和足发达，灰白色，腹末有 1 对长毛。固定 1 天后开始泌蜡丝，7 ~ 10 天形成蜡壳，周边有 12 ~ 15 个蜡角。后期蜡壳加厚雌雄形态分化。雄蛹梭形，长 1mm，棕色。

1 年 1 代，以受精雌虫在 1 ~ 2 年生枝上越冬。翌春寄主发芽时越冬雌虫开始取食，虫体迅速膨大，6 月中产卵于腹下。卵期 10 ~ 24 天。初孵若虫多爬到嫩枝、叶柄、叶面上固着取食，8 月初雌雄开始性分化，9 月雄虫羽化，雄成虫寿命仅 1 ~ 5 天，交配后即死亡，雌虫陆续由叶转到枝上固着危害，至秋后越冬。可行孤雌生殖，孤雌生殖的子代均为雄性。若虫及雌成虫刺吸危害。

日本龟蜡蚧虫体

杨绵蚧

〖同翅目　盾蚧科〗

Pulvinaria betulae Linnaeus

南北疆均有分布。寄主有多种杨、柳等树。

雌成虫卵形，体长6.2 ~ 7.5mm，体背硬化成壳，灰褐色、紫褐色。体背面中央有1条纵脊，脊两侧多横皱，横皱间饰有不规则黑色斑纹，体缘着生短毛。雄成虫紫红色，长1.8mm左右，中胸具1条紫黑色横带。雄介壳蜡质，灰白色，半透明，长约2.5mm。卵椭圆形，长0.2 ~ 0.3mm，淡红色。初孵若虫体长0.4mm，椭圆形，扁平，淡红褐色，触角和足发达，淡灰色。

1年1代，以受精雌蚧在枝干上越冬。翌年春天出蛰，吸食树汁，4 ~ 6月在白色细蜡丝组成卵囊内产卵。随雌虫产卵卵囊逐渐伸出雌虫腹末，雌虫虫体则逐渐扁缩，产卵完结后雌虫只剩一片介壳盖在白色卵囊前端。6月中、下旬孵化的若虫爬到叶片上，在叶脉两侧吸吮汁液。8月上旬，相继到枝条、树干及树体伤疤处固定危害。9月上旬雄蚧大量化蛹，不久雄成虫出现，与雌蚧交尾后，以受精雌成虫越冬。被害后的树木生长停滞，树势衰退，并可造成枯死。

杨绵蚧危害柳树主干状

杨绵蚧危害杨树枝条状

杨绵蚧卵囊的蜡丝

杨绵蚧雌虫及卵囊

杨绵蚧卵

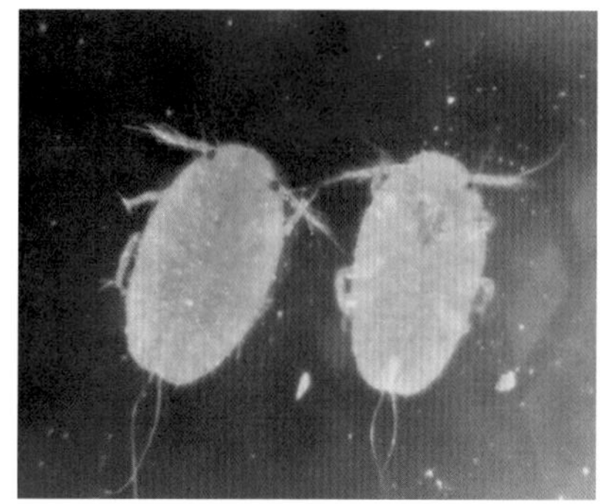
杨绵蚧初孵若虫（×60）

橄榄片盾蚧

〖同翅目　盾蚧科〗

Parlatoria oleae (Colvee)

南北疆有分布。主要寄主有苹果、梨、桃、山楂、葡萄、核桃、无花果、石榴、桑树等。

雌成虫椭圆形或近圆形，长 1.0mm 左右，紫红色至暗棕色。后胸与腹部第一节相连处最宽。雌介壳椭圆形或不规则形。高凸，长 1.5 ～ 2.5mm，灰白色或灰褐色。雄成虫体长约 0.8mm，具前翅 1 对。雄介壳长方形，扁平，灰白色，长 0.8 ～ 1.0mm。卵长椭圆形，长径约 0.3mm，一端钝圆，淡紫色，有光泽，表面附一薄层白色蜡粉。1 龄活动若虫椭圆形，紫红色，触角和足乳白色，身体分节明显，腹末有 1 对细而短的蜡丝。2 龄后固定若虫体扁平，介壳逐渐显现。

1 年 2 ～ 3 代，以受精雌成虫在寄主的枝干上越冬。翌年春出蛰危害。4 上、中旬雌虫产卵在介壳下，产卵期长达 2 个多月。若虫选择寄主茎、枝、梢、叶及果实上固定危害，分泌介壳。卵有滞育现象，世代重叠。第三代受精雌成虫于 11 月下旬进入越冬状态。完成 1 个世代需 2 个月左右，是南疆目前危害果树的优势种，若虫和雌成虫刺吸危害，造成嫩枝、叶片枯黄，果面畸形、色泽失常，出现紫红色斑点，树皮龟裂、生长缓慢、树势减弱，严重时枝梢或整株枯死。

橄榄片盾蚧对香梨的危害

橄榄片盾蚧在枝干上危害

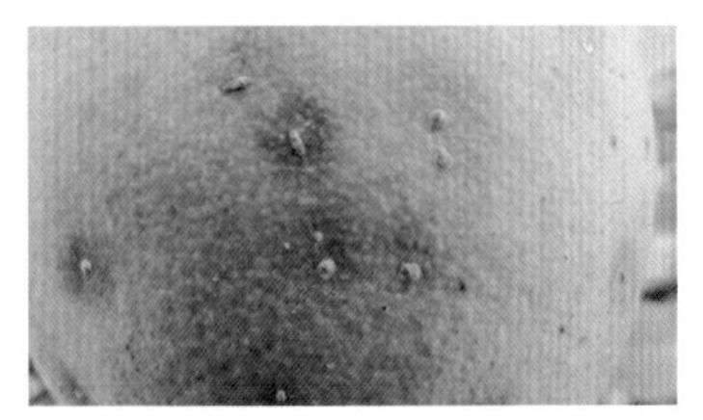

橄榄片盾蚧危害梨果（阿克苏地区林检局）

橄榄片盾蚧雌雄虫体介壳

桑白蚧

〖同翅目 盾蚧科〗

Pseudaulacaspis pentagona（Targioni-Tozzetti）

南北疆地区有分布。主要寄主有桑、无花果、核桃、苹果、梨、李、杏、桃、樱桃、葡萄及巴旦木等。

雌成虫宽卵圆形，长径 1.7 ～ 2.1mm，扁平，淡黄或橘红色。雌介壳圆形或卵圆形，直径 2.0 ～ 2.5mm，乳白色或灰白色，中央略隆起，表面有螺旋纹。雄虫体长 0.7mm 左右，橙色至橘红色，具前翅 1 对。雄介壳长 1mm 左右，白色，长筒形，体背面有 3 条纵沟。卵椭圆形，长径约 0.3mm，淡黄褐色。1 龄活动若虫椭圆形，扁平，淡黄褐色。2 龄后固定若虫体扁平，介壳逐渐显现。

1 年 2 代，以第二代受精雌虫在枝条上越冬。翌年春寄主萌动后出蛰危害，虫体迅速膨大，雌虫在 4 月下旬产卵。第一代若虫 5 月中旬孵化，爬行分散后固定在 2 ～ 5 年生的枝条阴面危害。若虫经 2 次脱皮后形成介壳。危害严重时，雌雄介壳遍布枝条，雌虫密集重叠 3 ～ 4 层，连成一片。雄虫群聚排列，数目比雌虫多。9 月中旬后受精雌成虫在介壳下越冬。以若虫和雌成虫刺吸 3 ～ 4 年生果树的主干、嫩枝汁液，偶有危害果实和叶片现象。被害枝条凹凸不平，发育不良，枝、梢枯萎，大量落叶，甚至整枝或整株死亡。被害的果实表面凹陷、变色。

桑白蚧危害杏（伊犁州林检局）

桑白蚧雌虫（伊犁州林检局）

桑白蚧雄介壳（巴州林检局）

桑白蚧被害状（伊犁州林检局）

柽柳原盾蚧 又称柽柳白盾蚧

〖同翅目 盾蚧科〗

Prodiaspis tamariciola Malenotti

广泛分布于南北疆柽柳分布区。危害柽柳的枝、梢、芽、叶。

雌成虫卵圆形，橙黄色，长径1.5 ~ 2.0mm，头、胸硬化，体节明显。触角呈小瘤状，其上长有刺4根。臀板宽圆，圆柱状，背腺有两圈硬化环，无臀叶和臀棘。雌介壳白色，圆形或椭圆形，高凸，直径2.0 ~ 2.5mm，壳点两个，常偏斜或突出介壳边缘。雄介壳长形，两侧边平行，白色，壳点一个，在介壳中央或偏向一边。初孵若虫浅灰黄色，椭圆形，2龄若虫卵圆形，橙黄色。

1年2代，以受精的雌虫在柽柳枝干上越冬。翌年5月下旬开始胎生若虫，7月中旬至9月上旬为第二代胎生若虫期。第1、2代雄若虫分别于6月上旬、8月中旬化蛹，10 ~ 15天后羽化。雄成虫羽化当天即觅雌虫交尾。雌成虫胎生若虫。以若虫和雌成虫刺吸柽柳枝、干和叶危害，可引起叶子枯黄早落、枝梢干枯、树体濒死。

柽柳原盾蚧介壳

柽柳原盾蚧被害状

杨圆蚧 又称杨笠圆盾蚧

【同翅目 盾蚧科】

Quadraspidiotus gigas（Thiem et Gerneck）

新疆分布广泛。主要寄主有多种杨树。

雌成虫体倒梨形，长约 1.5mm，浅黄色，臀板黄褐色。具 3 对臀叶。雌介壳圆形，径 2.0 ～ 2.3mm，壳点居中或略偏，由 1 龄若虫蜕皮及分泌物构成，淡褐色。壳点之外圈有 2 圈明显轮纹，内圈深灰色，由 2 龄若虫蜕皮及分泌物组成，外圈灰白色，由雌成虫分泌物构成。雄成虫橙黄色，体长 1.0 ～ 1.2mm，触角丝状，9 节。雄介壳椭圆形，长径 1.0 ～ 1.5mm。壳点居一端，褐色。壳点之外围只有 1 圈明显轮纹，在蜕壳较低的一端为灰白色，另一部分介壳淡灰色。卵长椭圆形，长约 0.1mm，淡黄色。初孵若虫扁长椭圆形，淡黄色、体长约 0.1mm。触角 5 节，足与口器发达，臀叶 1 对，尾毛 1 对。固定后体近圆形，尾毛消失。2 龄雌若虫形似雌成虫，触角和足消失，口器发达，臀叶 3 对。2 龄雄若虫椭圆形，似雌若虫。雄蛹体细长，前窄后宽，黄色。

1 年 1 代，以 2 龄若虫及少数雌成虫在枝条固定处越冬。翌年春树液流动时出蛰取食。雌、雄成虫于 5 月中旬开始羽化，6 月上旬雌虫开始在介壳下产卵，也有少数雌成虫当年不产卵而进入第二次越冬态。6 月中旬若虫孵化，下旬为孵化盛期。各虫态出现期延续长达 1 ～ 2 个月，9 月仍见雌虫产卵及初孵若虫。若虫爬行寻找适当场所后固定、取食。若虫固定 1 天后即可形成介壳。8 月上旬进入 2 龄，若虫足和触角退化，危害一段时间即进入越冬状态。若虫及雌成虫刺入韧皮部吸取树液，虫口密度大时可致使树皮下陷，后期树木组织变褐，坏死、干裂、整个树冠枯黄，枝条干枯，树叶发黄、变小、萎蔫，枝条和树干凹凸不平，引发树木腐烂病，甚至全株死亡。

杨圆蚧寄生致使寄主生长衰弱

杨圆蚧初龄若虫

杨圆蚧若虫、成虫

突笠圆盾蚧　又称杨盾蚧、杨齿盾蚧

〖同翅目　盾蚧科〗

Quadraspidiotus slavonicus (Green)

新疆分布广泛。主要寄主为杨、柳。以箭杆杨受害最重。

雌成虫卵圆形，长径 1 ~ 1.6mm，由橙色变为褐色。雌介壳近圆形、高突，灰白色，直径 1.3 ~ 2.1mm，壳点略偏、橙黄色、被白色蜡壳。雄成虫淡黄色，体长 0.8mm 左右，有 1 对前翅，触角丝状，10 节。交尾器细长。羽化前雄介壳鞋底形，灰白色，长 1.0mm 左右，壳点居介壳一端，橙黄色。卵长椭圆形，淡黄色。初孵若虫体扁平、长圆形，体背有若干对称的深色点，足发达。腹末有 2 根长尾毛，其间有尖细的臀刺 1 对。2 龄期若虫触角和胸足消失并出现雌雄分化。雄蛹淡黄色至黄褐色，具触角、胸足和翅芽雏形。

1 年发生 1 ~ 2 代，以若虫在寄主枝干越冬。翌年春树液开始流动时越冬若虫出蛰危害。雄虫 5 月上旬羽化。胎生或产卵生殖。6 月初出现第一代若虫，部分发育到 2 龄进入休眠状态并越冬。另一部分 7 月中旬羽化为成虫，8 月上旬为 2 代若虫活动高峰。固定若虫 1 ~ 2 天后即分泌蜡壳。第一代若虫常危害叶片，第二代仅危害枝干。

突笠圆盾蚧危害主干

突笠圆盾蚧危害致使枝条干枯

突笠圆盾蚧初龄若虫

突笠圆盾蚧虫体及介壳

卫矛矢尖蚧

〖同翅目 盾蚧科〗

Unaspis euonymi (Comstock)

广泛分布。主要寄主有冬青卫矛、桃叶卫矛、卫矛、木槿、忍冬等。

雌成虫纺锤形，体长 1.2mm 左右，黄色，臀板黄褐色。雌介壳长梨形，弯曲，褐色至紫褐色，长 1.4 ~ 2.0mm，介壳中央具一纵脊，黄褐色壳点 2 个，位于介壳一端。雄成虫体橙黄色，长 0.7mm 左右，胸部发达，腹部短小，交配器细长。雄介壳扁长条形，被白色蜡质，长 0.8 ~ 1.1mm，介壳背面 3 纵脊，黄色壳点一个，位于介壳一端。卵长椭圆形，长 0.2mm 左右，淡黄色。1 龄若虫椭圆形，橘黄色。触角 5 节，第五节长约等于前 4 节之和。足发达。雄蛹长椭圆形，橙黄色。

1 年发生 2 代，以受精雌虫在寄主枝干和叶片上越冬。翌年发芽、生长时越冬雌虫开始取食，5 月上旬雌成虫在介壳下产卵。孵化后 1 龄若虫爬行分散，约 1 天即在背阴面、分枝处等适宜部位固定吸食。雌性则随虫体增长，不断向背面分泌蜡质形成介壳，进入成虫期后分泌蜡质物形成梨形介壳。若虫及雌成虫刺吸危害。有世代重叠现象。

卫矛矢尖蚧的危害造成卫矛长势衰弱

卫矛矢尖蚧雌虫虫体

卫矛矢尖蚧成虫及若虫介壳

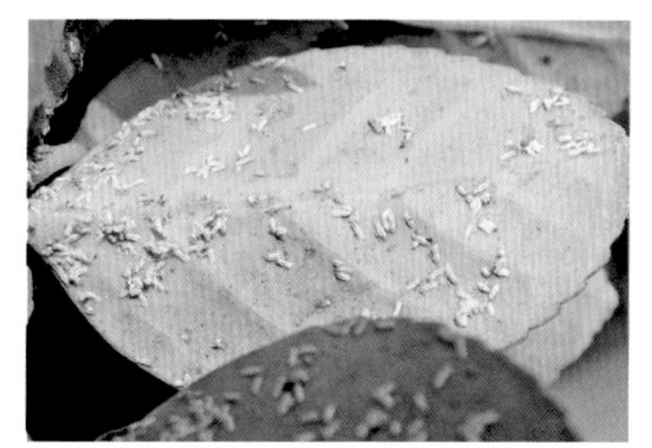

卫矛矢尖蚧雄虫介壳

苹果牡蛎蚧 又称桃蛎盾蚧

〖同翅目　盾蚧科〗

Lepidosaphes malicola Borchs.

南北疆均有分布。主要寄主有苹果、杏、海棠、山楂、桃、杨、柳等。

成虫扁平，牡蛎形，灰褐色，介壳长 1.0 ~ 2.5mm。雌成虫灰白色，头胸部狭窄，腹部渐宽。雄成虫体长 0.6mm 左右，淡紫色。翅 1 对，透明。触角念珠状。雄介壳狭长，长 1.3mm 左右。

1 年发生 2 代，以卵在雌虫介壳下越冬。翌年 4 月下旬孵化的若虫选择适当的场所固定危害。雌若虫共 3 龄，雄若虫 2 龄，若虫期约 1 个月。6 月、8 月分别发生第一代及第二代。第二代雌虫于 9 月将卵产在介壳下，并以此卵越冬。以若虫、成虫在寄主枝干上刺吸汁液危害，常密集在枝干部位。严重发生时，对林木正常生长影响极大。

苹果牡蛎蚧介壳

苹果牡蛎蚧危害状

柳蛎盾蚧 又称柳牡蛎蚧

〖同翅目 盾蚧科〗

Lepidosaphes salicina Borchsenius

新疆分布广泛。主要寄主有杨、柳、忍冬、卫矛、丁香、胡颓子、桦、椴、稠李、蔷薇、茶藨子、红瑞木和多种果树。

雌成虫黄白色，牡蛎形。体长1.7mm左右，第2～4腹节两侧呈叶状突出，第1～4腹节每侧各有一硬化尖齿。臀板末端宽圆。雌介壳牡蛎形、直或弯曲，长3.2～4.3mm，栗褐色，边缘灰白色，被薄层灰色蜡粉，前端尖、向后渐宽，背部突起，表面粗糙，有鳞片状横向轮纹。2个淡褐色壳点位于介壳前端。雄成虫黄白色，长约1mm，复眼黑色，触角念珠状，10节、淡黄色，中胸黄褐色、小盾片五角形。雄介壳似于雌介壳，仅体型较小，淡褐色壳点1个。卵椭圆形，长0.2mm左右，黄白色。1龄若虫椭圆形，扁平。触角6节。胸足腿节粗大。2龄若虫纺锤形。雄性若虫通常比雌性窄。雄蛹黄白色，长近1.0mm。

1年1代，以卵在雌介壳内越冬。翌年春孵化若虫寻找到枝干适当位置固定危害。若虫期30～40天。2龄若虫出现性别分化。7月上旬羽化。雌成虫8月产卵于卵囊中。产卵时虫体逐渐向介壳前端收缩，卵囊藏于介壳下，即以此卵越冬。虫口密集时会致使受害部位坏死、干枯，严重削弱树木长势。

柳蛎盾蚧寄生导致白柳干枯

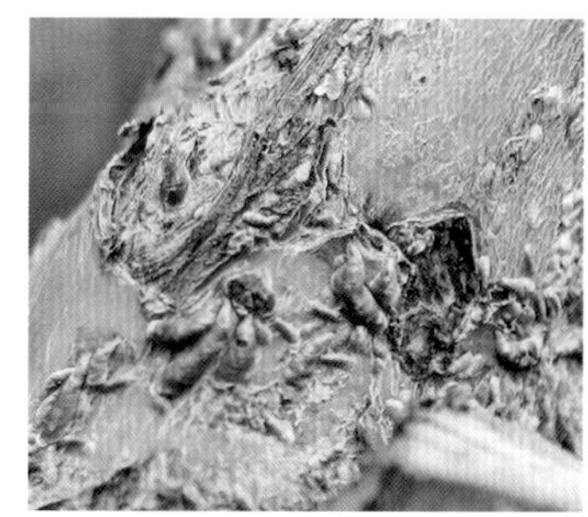
柳蛎盾蚧雌虫及雄虫介壳状

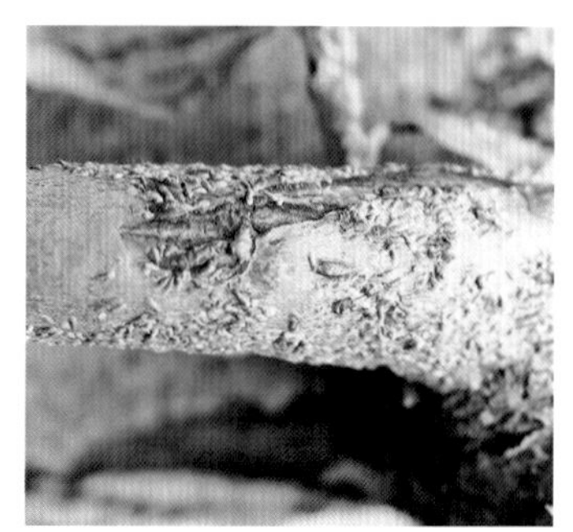
柳蛎盾蚧寄生状

沙枣牡蛎蚧 又称沙枣吐伦蛎蚧、胡颓子牡蛎蚧

〖同翅目 盾蚧科〗

Lepidosaphes turanica (Arch.)

新疆分布广泛。主要寄主有沙枣、胡颓子等。

雌成虫体长1mm左右，淡紫色，半透明。雌介壳牡蛎形，袋状，微弯曲，后端略膨大，长1.7～3.0mm，棕黄褐色。雄成虫体长0.6～1.0mm。雄蚧壳淡黄色，长1.2～1.5mm。卵椭圆形，长0.2mm左右，乳白色，产于介壳下。若虫体扁平，椭圆形，长0.8mm左右，棕黄色。雄蛹体长0.8mm左右，淡黄色。

1年2代，以受精雌成虫在枝干上越冬。翌年5月上旬开始活动，第一代若虫发生期为6月中、下旬，第二代为8月上、中旬。初孵若虫寻找到寄居部位后即固定取食，约10天后形成介壳。多从树干枝下部向上蔓延危害，叶片上很少。雄成虫羽化后爬行活跃，当天就可交尾。雌成虫产卵于介壳下。以若虫和雌虫刺吸树干和嫩枝，虫口密度大时整个植株布满虫体介壳，会造成整株干枯、死亡。

沙枣牡蛎蚧在沙棘上危害

沙枣牡蛎蚧在沙棘上的介壳

沙枣牡蛎蚧危害的沙枣枝条

沙枣牡蛎蚧介壳

榆牡蛎蚧 又称榆蛎盾蚧、茶牡蛎蚧

〖同翅目 盾蚧科〗

Lepidosaphes ulmi Linnaeus

南北疆均有分布。主要寄主有丁香、海棠、玫瑰、月季、蔷薇、绣线菊、铁线莲、桃、茶、榆等。

雌成虫卵圆形，体长2.0 ~ 2.5mm，半透明。头胸部狭窄，腹部第二至第四节具有高度硬化的齿突，黄白色。雌介壳狭长，前端尖狭，后端逐渐增阔，末端圆形，背面隆起，有明显的横纹，弯曲或直，暗灰色或紫色。雄成虫体长1mm左右，长形，黄白色。翅1对，透明，淡紫色。触角念珠状，淡黄色。足淡黄色。雄介壳狭长，质地和色彩同雌介壳，长1.6mm左右。卵椭圆形，乳白色，长0.3mm左右，半透明。若虫体长0.3 ~ 0.4mm左右，椭圆形，较扁平，淡黄色。腹部末端有较长尾毛2根。若虫蜕皮后，开始分泌蜡质，并与蜕下的皮形成介壳。雄蛹为裸蛹，长椭圆形，黄褐色。

1年发生1 ~ 2代，以卵在雌虫介壳下越冬。翌年5月下旬孵化的若虫选择适当的场所固定危害。雌若虫共3龄，雄若虫2龄，若虫期约1个月。7月上旬成虫羽化、交尾，雌虫于8月将卵产在介壳下，并以此卵越冬。以若虫、成虫在寄主枝干上刺吸汁液危害，常密集固定在向阳避雨的枝干部位。严重发生时，对林木正常生长影响极大。

榆牡蛎蚧的危害状

榆牡蛎蚧若虫介壳

榆牡蛎蚧雌虫介壳

杨牡蛎蚧

〖同翅目　盾蚧科〗

Lepidosaphes yanagicola Kuw.

伊犁地区有分布。主要寄主有杨、柳、榆、白蜡、卫矛、红瑞木等。

雌介壳牡蛎形，黄褐色，介壳长 2.2mm 左右。雌成虫乳白色，头胸部窄，腹部稍宽。雄介壳狭长，长 1.6mm 左右。

年发生代数不详。以雌虫及若虫在介壳下越冬。以若虫、成虫在寄主枝干上刺吸汁液危害，常密集在枝干部位。严重发生时，常致林木成片死亡。

杨牡蛎蚧

樟网盾蚧

〖同翅目　盾蚧科〗

Pseudaonidia duplex（Cockerell）

新疆温室有分布。主要寄主有杜鹃、茉莉、女贞、柑橘、蔷薇、月季、红枫等。

雌成虫体卵形，长约 1.5mm，黄褐色。雌介壳圆形，隆起呈半球形，直径 2.0 ~ 2.5mm，棕褐色。初孵若虫椭圆形，淡紫色，扁平，体长约 0.1mm。

温室内可常年生活与危害，以若虫及雌虫在枝叶处刺吸取食。虫口密度大时可致使变色、坏死，并导致煤污病。

樟网盾蚧危害状

樟网盾蚧虫体

兰矩瘤蛎蚧

〖同翅目 盾蚧科〗

Eucornuaspia machili（Maskell）

新疆温室有分布。主要寄主有多种兰花、樟树等。

雌成虫牡蛎形，体长约1.5mm，淡黄色。雌介壳狭长，前端尖狭，后端逐渐增阔，末端圆形，弯曲或直，黄褐色。若虫体长0.2mm左右，梨形，淡紫色。若虫蜕皮后，开始分泌蜡质，并与蜕下的皮形成深黄色介壳。

若虫、成虫在叶片、叶柄处刺吸危害。

兰矩瘤蛎蚧

柳雪盾蚧

〖同翅目 盾蚧科〗

Chionaspis salicis Linnaeus

南北疆均有分布。寄主有多种杨、柳、桦、葡萄、槭、茶藨子等。

雌介壳卵形，体长3.2～4.1mm，雪白色。雄介壳蜡质，灰白色，长约2.5mm。雌虫纺锤形，黄色。初孵若虫体长约0.3mm，椭圆形，扁平，黄褐色。

1年2代，以大龄若虫在枝干上越冬。翌年春天出蛰，吸食汁液。雌虫6月初产卵。7月中第二代若虫孵化。

柳雪盾蚧

盂雪盾蚧

〖同翅目　盾蚧科〗

Chionaspis montana Borchs.

伊犁地区有分布。寄主有多种杨、柳树。

雌介壳长梨形，体长 2mm 左右，乳白色。雌虫纺锤形，淡黄色。

若虫、雌虫在枝干上吸食汁液危害。

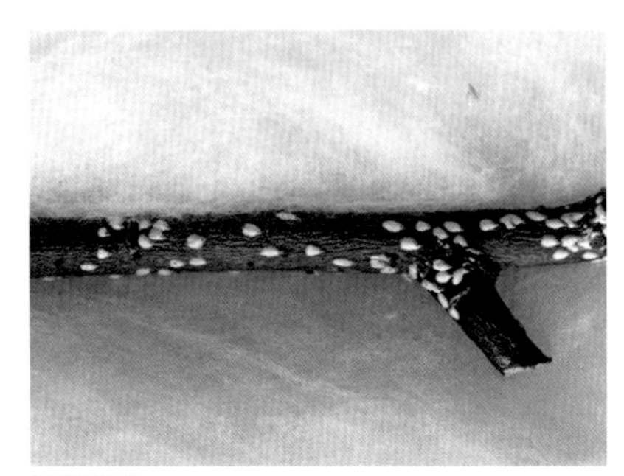

盂雪盾蚧

黄杨芝糠蚧　又称黄杨粕片盾蚧

〖同翅目　盾蚧科〗

Parlagena buxi (Takahashi)

新疆温室有分布。主要寄主有黄杨、卫矛、榆、枣等。

雌成虫体卵圆形，长约 0.7mm，灰白色至淡紫色。雌介壳椭圆形，长径 1.1 ～ 1.3mm，灰白色。初孵若虫扁长椭圆形，灰白色，体长约 0.1mm。

温室内可常年生活与危害，以若虫及雌虫在枝叶处刺吸取食。

黄杨芝糠蚧

麻黄白圆盾蚧

〖同翅目　盾蚧科〗

Ephedraspis ephedrsrum (Lagr.)

乌鲁木齐有分布。寄主麻黄。

雌成虫卵圆形，长径 2.3mm 左右，淡黄色。雌介壳椭圆形、白色，直径 2.8mm 左右，壳点略偏、白色至淡橙色。

年发生世代数不详。为单食性，若虫及雌成虫在麻黄嫩枝上刺吸危害。

麻黄白圆盾蚧

考氏白盾蚧

〖同翅目 盾蚧科〗

Pseudaulaculacaspis cockerelli Cooley

新疆温室有分布。寄主为山茶花、白兰花、棕榈等多种植物。

雌介壳近圆形，长约 2.8mm，白色。雄介壳长形，长约 1.3mm，白色。若虫蜕皮壳 2 个，位于介壳中央或边缘。

1 年 3 代，以受精雌虫在枝干上越冬，若虫及雌成虫在枝干上刺吸危害。

考氏白盾蚧危害状

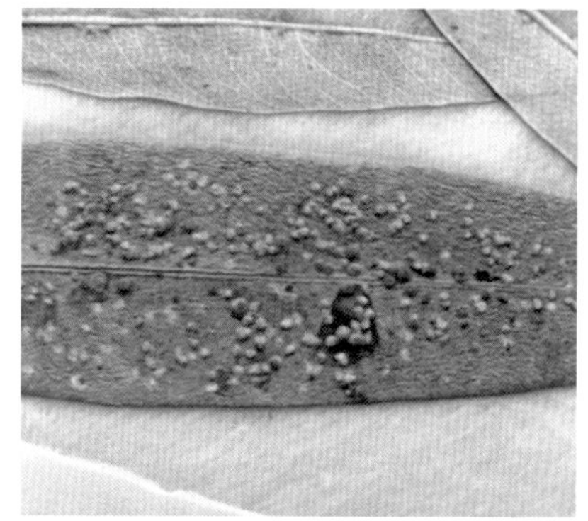

考氏白盾蚧虫体

沙枣灰圆盾蚧 又称沙枣圆盾蚧

〖同翅目 盾蚧科〗

Diaspidiotus elaeagni (Borchs)

全疆分布。寄主为沙枣。

雌成虫体倒梨形，长约 1.3mm，灰白色至淡黄色。雌介壳圆形，长径 1.9 ~ 2.6mm，灰白色，若虫蜕皮壳 2 个，位于介壳中央，橘黄色。初孵若虫扁长椭圆形，灰白色、体长约 0.1mm。

年发生世代数不详。为单食性昆虫。若虫及雌成虫在光滑的沙枣树皮、嫩枝上刺吸危害。

沙枣灰圆盾蚧介壳

沙枣灰圆盾蚧危害状

新疆灰圆盾蚧

〖同翅目　盾蚧科〗

Diaspidiotus xinjiangensis Tang

南疆分布。寄主为多种杨树。

雌成虫近圆形，长约 1.3mm，灰白色。雌介壳圆形，直径约 1.6mm，灰白色，若虫蜕皮壳 2 个，位于介壳中央。

年发生世代数不详。若虫及雌成虫在嫩皮、嫩枝上刺吸危害。

新疆灰圆盾蚧

椰圆盾蚧

〖同翅目　盾蚧科〗

Temnaspidiotus destructor (Signoret)

新疆温室有分布。主要寄主有椰子、散尾葵、鹤望兰等。

雌成虫体倒梨形，长约 1.1mm，浅黄色。雌介壳椭圆形，长径 1.4 ~ 2.1mm，灰白色。初孵若虫扁长椭圆形，淡黄色、体长约 0.1mm。

温室内可常年生活与危害，以若虫及雌虫在枝叶处刺吸取食。虫口密度大时可致使变色，坏死、枝叶枯黄。

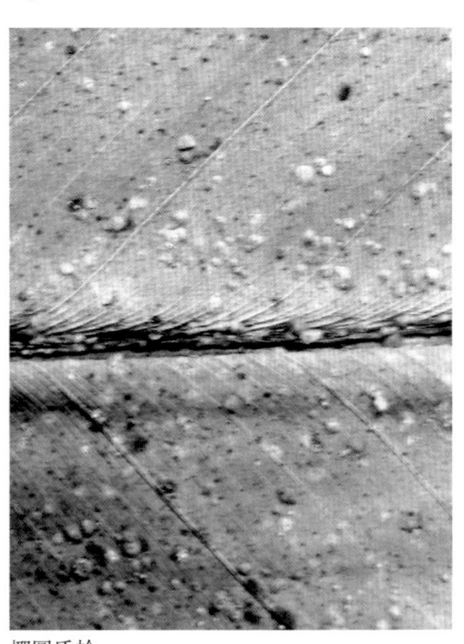

椰圆盾蚧

白蜡粉蚧 又称白蜡绵粉蚧、白蜡囊蚧

〖同翅目 粉蚧科〗

Phenacoccus fraxinus Tang

分布于乌鲁木齐、吐鲁番等地。寄主为白蜡树。

雌成虫体长4.5mm左右，椭圆形。身上有一薄层白粉。雄成虫体黑色，翅白色，腹末有长短各2根白色蜡丝。夏型若虫为黄色，体长不到1mm；冬型为灰色，体长2mm左右，包在灰白色的越冬蜡丝囊中。越冬囊长扁圆形，灰白色。

1年1代，以若虫在树枝、树干上作灰白色囊在囊中越冬。翌年4月底5月初若虫出囊活动，爬到叶片背面刺吸危害。7月初羽化为成虫，第一代卵于7月中下旬开始孵化，8月初为孵化高峰，危害到9月底以1～2龄若虫在主干翘皮下越冬虫囊中越冬。成虫在嫩枝、若虫在叶片背面主脉两侧刺吸危害，严重时树叶变黄，在叶上排泄黏液，易引起煤污病，叶片发黑，影响光合作用。虫口密度大时，树干翘皮、树皮缝中满是白色卵囊。

白蜡粉蚧危害白蜡叶片

白蜡粉蚧危害白蜡枝条

白蜡粉蚧危害白蜡树干

白蜡粉蚧若虫

堆蜡粉蚧

〖同翅目　粉蚧科〗

Nipaecoccus vastator Maskell

2006年在新疆吐鲁番市、鄯善县发现，后又在阿克苏市、昌吉市发现。新疆的主要寄主只发现为引种的水蜡、丁香。

雌成虫体椭圆形，扁平，淡紫色，长约3mm。触角及足暗草黄色，触角7节。体四周边缘有较宽短的蜡质突出物。雄成虫黑紫色，体长约1mm，只1对前翅，半透明，腹末有白色蜡质长尾刺1对。卵椭圆形，长约0.3mm左右，黄白色。藏于淡黄白色的绵状蜡质卵囊内。若虫体椭圆形，分节明显。初孵化若虫无蜡粉堆，过一段时间后体背及体周开始分泌白色蜡质物，并逐渐增厚呈堆状。

新疆发生代数不详。新疆以卵在寄主根茎及根际枝条裂缝和卷叶内等处的蜡质绵状卵囊中越冬。翌年春天开始孵化并爬到枝干上活动危害。新疆未见雄成虫。雌成虫行孤雌生殖。产卵于白色蜡质绵状卵囊中，每头雌成虫产卵200 ~ 500粒。虫体多集中在寄主枝干上危害，栽植密度大，密不透风、阴暗潮湿处发生重。若虫、成虫刺吸汁液，排出蜜露，被害枝干往往被污染，引发煤污病，黝黑一片。

被堆蜡粉蚧危害后枯死的丁香

分泌蜡丝的堆蜡粉蚧若虫

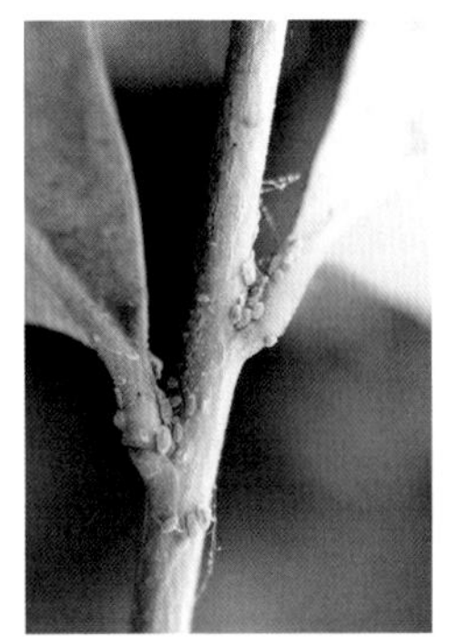

堆蜡粉蚧的幼龄若虫

堆蜡粉蚧成虫

堆蜡粉蚧以卵越冬

扶桑绵粉蚧

〖同翅目 粉蚧科〗

Phenacoccus solenopsis Tinsley

2010年传入新疆。寄主有棉、麻、木槿、番茄、茄子、辣椒、枸杞、龙葵、瓜类、甘薯、牵牛、芝麻、玉米、狗牙根、蓖麻、马齿苋等。

虫体椭圆形，淡黄色至橘黄色，背部有2列纵行黑斑，体表被白色蜡质分泌物覆盖。成虫、若虫体椭圆形。雌成虫长3.0 ~ 4.2mm, 宽2.0 ~ 3.1mm。

每年可发生10 ~ 15代。营孤雌生殖，雌虫平均产卵400 ~ 600个。卵产在白色絮状卵囊里，刚产下的卵橘黄色，孵化前变粉红色。卵期3 ~ 9天。扶桑绵粉蚧完成一代需23 ~ 30天。若虫有3龄。幼龄粉蚧可到处爬行蔓延。

扶桑绵粉蚧危害棉花

扶桑绵粉蚧若虫

扶桑绵粉蚧雌成虫及其卵囊

扶桑绵粉蚧虫体

日本盘粉蚧

〖同翅目　粉蚧科〗

Coccura suwakoensis（Kuwana et Toyoda）

笔者于 2011 年春在乌鲁木齐市首次发现并鉴定确认。寄主范围主要有多种忍冬、梓树、黄金树及多种蔷薇科乔木及灌木，如苹果、杏、李、桃等果树及榆叶梅、毛樱桃等花灌木。是新疆人为传入并已定居的林木外来有害生物，在不小的范围内对苹果、杏、李等果树及忍冬、梓树造成严重危害，并在不断扩散、蔓延。

雌成虫体半球形，直径 5 ~ 8mm，黑红色，覆有白色蜡粉，背硬化，腹面平。腹面下分泌蜡质卵囊，卵囊平坦，盘形，白色毛毡状。雌虫产卵时腹面逐渐凹入，用以藏卵。若虫棕黄色，活跃，爬行分散，以寻求固定场所。

1 年 1 代，以 3 龄若虫在寄主枝条上越冬。早春出蛰吸食寄主汁液危害。虫体增重迅速，往往呈现高密度聚集状态，危害严重。在乌鲁木齐市 5 月底为产卵始期，6 月中结束。6 月下旬始孵化，7 月中结束。9 月末若虫进入越冬状态。

日本盘粉蚧严重危害的忍冬

日本盘粉蚧初孵若虫的扩散

日本盘粉蚧卵囊及卵

日本盘粉蚧初孵若虫

日本盘粉蚧雌虫

椰子堆粉蚧 又称棕榈粉蚧、鳞粉蚧

〖同翅目 粉蚧科〗

Nipaecoccus nipae Mask.

分布乌鲁木齐市、喀什等地区。主要危害无花果、石榴、枣、梨、葡萄、桑等。

雌成虫体圆形，长 2.0 ~ 2.5mm，暗红色，覆盖乳白色蜡粉。体具锥状蜡突。触角 7 节。足短小。雄成虫长约 1mm，棕黑色，具翅 1 对。卵椭圆形，长约 0.3mm，乳黄色，藏于乳白色团状蜡质卵囊内。初孵化的若虫体表无蜡粉被，固定取食后，体背及周缘开始分泌蜡粉被。雄蛹长圆形，黄色。为裸蛹。

1 年 3 代。以若虫和雌成虫在寄主主干、枝条和树皮裂缝内越冬。翌年春出蛰、刺吸取食。成虫和若虫均有群集性。雌成虫 4 月初产卵于体末端蜡质卵囊内。主要营孤雌生殖。若虫孵化后分散危害。各代若虫发生盛期为 4 月上中旬、6 月中旬、8 月上旬。被害幼芽、新梢扭曲、畸形、干枯，嫩叶卷缩、脱落。枝梢枯萎、落花、落果，被害果实不堪食用。

椰子堆粉蚧危害石榴果实（自治区林检局）

椰子堆粉蚧危害寄主叶片（自治区林检局）

枣阳腺刺粉蚧

〖 同翅目　粉蚧科 〗

Heliococcus zizyphi Borchsenius

分布于吐鲁番、哈密地区，危害枣。

雌虫椭圆形，覆有白色蜡粉，背部略隆，体长 3.8 ~ 4.0mm。体背有稀疏的短小刺，体周缘放射状长出 18 对细蜡丝。触角 9 节。足发达。尾部还有 1 对蜡质长尾毛。雄成虫暗黄色或褐色，复眼黑褐色。前翅乳白色。尾端具蜡丝 4 根，其中 2 根长度约等于体长。卵椭圆形，红黄色，藏于白色蜡质絮状卵囊中。若虫扁椭圆形，1 龄若虫体裸露，褐色。2 龄时体缘有蜡丝并有白色蜡粉。3 龄若虫似雌成虫。雄蛹灰黑色，长圆形。

1 年 3 代，偶见 5 代。以卵和若虫在树皮裂缝中越冬。翌春枣树发芽、展叶时若虫到芽、幼叶刺吸危害。5 月下旬至 6 月上旬 6 龄若虫羽化为雌虫。雄若虫 3 龄后化蛹，雄成虫与雌成虫同时羽化，交尾后死亡。雌成虫继续取食一段时间后分泌卵囊产卵。第一代若虫发生期为 5 月下旬至 7 月下旬，第二代若虫发生期为 7 月上旬至 9 月上旬，第三代若虫期为 9 月初。10 月上、中旬陆续进入越冬状态。枣树受害后叶、芽不能正常萌发，叶片瘦小、枯黄、早期脱落，严重的树势衰弱，枝条干枯，枣果蔫萎。排泄的蜜露易招致煤污病发生。

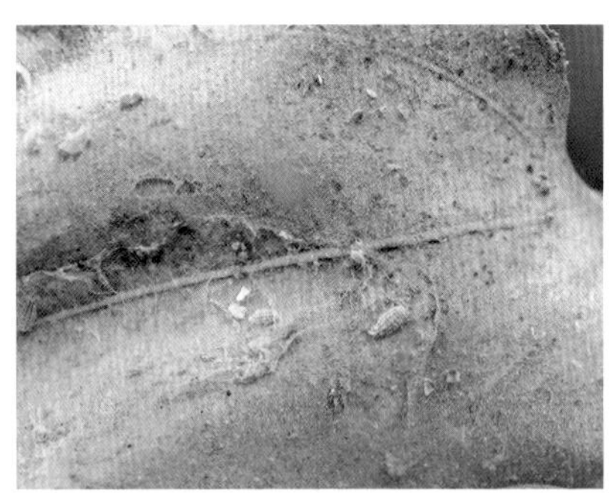

枣叶片被害状

枣树树干上的枣阳腺刺粉蚧（哈密地区林检局）

枣阳腺刺粉蚧成虫与若虫

枣阳腺刺粉蚧若虫（哈密地区林检局）

根粉蚧

〖同翅目 粉蚧科〗

Pseudococcus sp.

2007 年在吐鲁番市发现，危害禾本科草本植物。

雌成虫虫体卵圆形，覆有白色蜡粉，体长 3.1mm 左右。

年生活史不详。以雌成虫和若虫在寄主土内主根上危害。

禾本科植物被害状

葡萄粉蚧

〖同翅目 粉蚧科〗

Pseudococcus maritimus（Ehrhorn）

分布南疆、东疆地区，危害葡萄。

雌成虫淡紫色，椭圆形，体长 4.5 ~ 5.0mm，体宽 2.5 ~ 3.0mm，体表覆盖一层白色蜡层，体缘有 17 对蜡毛。

1 年 3 代，以若虫藏在老蔓翘皮下、裂开处和根基部分的土壤内群聚越冬。3 月中下旬葡萄树出土萌动时越冬若虫开始活动危害，4 月中旬越冬代雌成虫出现，4 月底 5 月初开始产卵，若虫于 5 月中旬孵化。第一代雌成虫 6 月中旬出现，7 月初开始产卵，若虫于 7 月上旬孵化；第二代雌成虫 8 月中旬出现，8 月下旬开始产卵，若虫于 9 月初孵化，10 月开始越冬。若虫和雌虫在枝、蔓翘皮、树皮开裂处、伤口和近地面的根上等部位集中刺吸汁液危害，随着葡萄的生长由枝蔓及地面细根向上部新梢转移，分散在果穗轴、果梗等处危害。

真葡萄粉蚧虫体及危害状（哈密地区林检局）

小型蛇粉蚧

〖同翅目　粉蚧科〗

Naiacoccus minor Green

分布北疆荒漠地带。危害柽柳。

雌虫卵圆形，覆有白色蜡粉，体长3.8mm左右。体毛、小刺多。卵藏于白色蜡质卵袋中。卵袋白色，狭长而卷曲。

1年1代。以雌成虫和若虫在寄主枝干上越冬。若虫、雌成虫在芽、嫩枝、幼叶处刺吸危害。受害后长势衰弱，枝条干枯，排泄的蜜露易招致煤污病发生。

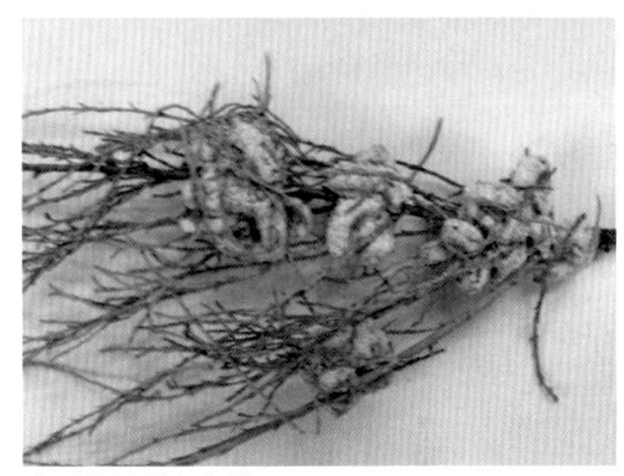

小型蛇粉蚧危害状

康氏粉蚧

〖同翅目　粉蚧科〗

Pseudococcus comstocki（Kuwana）

分布于乌鲁木齐市等地温室。可危害梨、李、桑、石榴、夹竹桃等。

雌成虫体扁平，呈椭圆形，长约3～5mm。虫体柔软，淡紫色，密被白色蜡粉。虫体周边有17对白色蜡丝，蜡丝基部较粗，上部尖细，腹部末端的一对蜡丝长，几乎与体长相等。雄成虫体紫褐色，体长约1mm，具尾毛，翅展约2mm，翅1对，透明。卵椭圆形，长约0.3mm，浅橙黄色，产于白色絮状卵囊中。若虫体扁平，椭圆形，淡黄色，体长约0.4mm，外形与雌成虫相似。雄蛹体长1.2mm，淡紫色。雄茧白色，长形。

我国北方1年3～4代，以卵囊在被害枝干、枝条粗皮缝隙等隐蔽场所越冬。若虫孵化盛期分别在3～4月、7～8月、11月至翌年1月。雌若虫发育期35～50天，雄若虫为25～37天。雌虫产卵时先形成絮状蜡质卵囊，再产卵于囊中，每头雌虫可产卵200～400粒。卵囊多分布于寄主的枝叉、叶腋、干部裂缝等处。康氏粉蚧喜在潮湿、隐蔽处栖息危害。

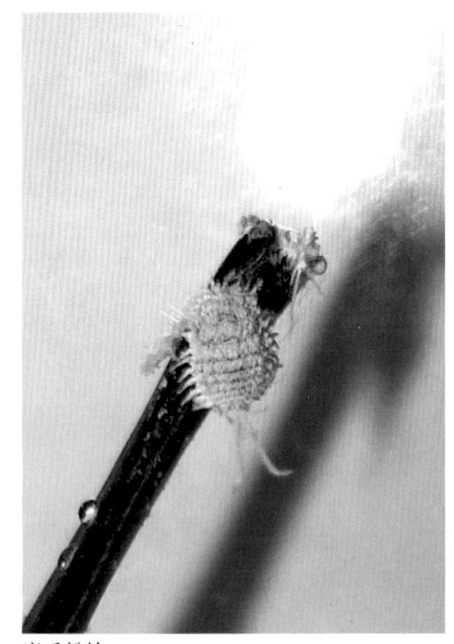

康氏粉蚧

蚱蝉 又称黑蝉，俗称“知了”

〖同翅目 蝉科〗

Cryptotympana atrata Fabricius

新疆尚无分布记录。应避免随树木调运传入。

成虫体色漆黑，有光泽，长约 38 ～ 48mm。中胸背板宽大，中央有黄褐色“X"形隆起。四翅透明，翅脉浅黄或黑色。雄虫腹部第一、二节有鸣器，雌虫没有。卵长梭形，微弯曲，长 3.3 ～ 3.8mm，乳白色。若虫形态似成虫，前足为开掘足。

需 5 年以上才完成 1 代。以卵和若虫分别在被害枝木质部和树木根际土壤中越冬。幼虫在土壤中刺吸植物根部，成虫刺吸枝干汁液、产卵刺伤枝条造成枯萎危害。

老熟若虫 6 月底 7 月初，夜晚出土爬到附近杂草、禾苗、灌木、立木主干等处羽化。成虫刺吸树木汁液补充营养，约半个月后开始交尾、产卵。成虫于 7 月中旬开始选择 1 ～ 2 年生较细枝条用产卵器刺破枝条木质部，把卵产在枝条髓心部分。越冬卵于 6 月中、下旬开始孵化，7 月初结束。若虫孵化后即钻入土中，刺吸植物根系养分为生。若虫共 4 龄。1 ～ 2 龄若虫多附着在侧根及须根上,3 ～ 4 龄若虫多附着在比较粗的根系上。被产卵的枝条产卵部位以上部分很快萎蔫。雄成虫善鸣，群鸣时噪音很大。成虫群居时种群数量较大，幼林受害重于成林，疏林重于密林。老熟若虫可食。羽化遗留的若虫壳称蜕，为一味中药。

蚱蝉成虫

蚱蝉蜕

赭斑蝉　又称戈壁蝉

〖同翅目　蝉科〗

Cicadatra querula (Pall.)

新疆盆地荒漠有分布。寄主主要有梭梭、琵琶柴、柽柳、藜科等沙生植物。

成虫体长 18.1 ~ 25.2mm，翅长 26 ~ 28mm，体黄棕色，中、后胸背板具宽的纵向黑色斑块。前后翅近前缘的横脉具褐色斑。

1 年发生 1 代，以若虫在土里越冬。若虫刺吸寄主根液体营养危害。

赭斑蝉成虫

斑蝉

〖同翅目　蝉科〗

Oncotympana maculaticollis Motschulsky

新疆盆地荒漠有分布。寄主主要有梭梭、琵琶柴、柽柳、藜科等沙生植物。

成虫体长 17.1 ~ 24.4mm，翅长 25 ~ 27mm，体黑色，前胸背板中央具纵行棕黄色细带，前后翅近后缘部分褐色。

1 年发生 1 代，以若虫在土里越冬。若虫刺吸寄主根液体营养危害。

斑蝉成虫

梭梭蝉

〖同翅目　蝉科〗

Cicadetta sinautipennis (Osh.)

梭梭蝉成虫

新疆盆地荒漠有分布。寄主主要有梭梭、琵琶柴等沙生植物。

成虫体长 16.1 ~ 20.1mm，翅长 19 ~ 21mm，体黑色，前胸背板具一纵行黑带，中胸背板具 2 条纵行宽黑带。

1 年发生 1 代，以若虫在土里越冬。若虫刺吸寄主根液体营养危害。

榆叶蝉

〖同翅目 叶蝉科〗

Empoasca bipunctata ulmicola A.Z.

全疆分布。寄主主要有榆树、棉花、啤酒花、甘草、麻及杂草等。

成虫体长3mm左右，淡黄绿色，头部短而宽，复眼很大，触角刚毛状。前翅淡绿色，1/3处有黑褐色斑点，后翅白色，透明。卵椭圆形，白色透明，孵化时变为淡绿色。若虫与成虫相似，头及胸部大，翅芽不超出腹部第六节，腹部短而末端细长。

年发生世代不详。以卵在榆树直径5～8mm粗细枝皮下越冬。5月上、中旬开始孵化，最初在榆树上危害。5月中、下旬羽化为成虫，除一部分继续留在榆叶上取食危害外，一部分成虫开始向棉花等飞迁，棉花苗期受害较重，后期野麻上最多。若虫和成虫行动敏捷，善横走。成虫迁飞力和趋光性强。9月中旬以后成虫迁回榆树产卵越冬。卵为单产，无明显产卵痕。

榆叶蝉危害后期被害状

榆叶蝉危害状

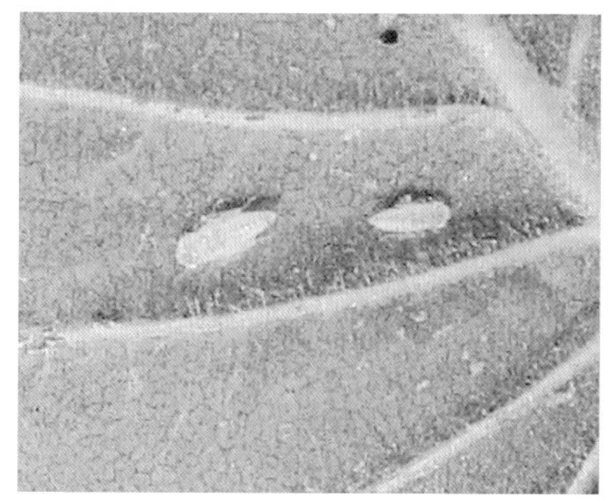
榆叶蝉若虫

榆叶蝉成虫

大青叶蝉

〖同翅目　叶蝉科〗

Cicadella viridis (Linnaeus)

新疆广泛分布，寄主范围广，针、阔叶树、果树、农作物及花卉等均可危害。

成虫体长 7.4 ~ 10.0mm。头部鲜黄色，复眼间有 2 个多边形黑斑。前胸背板前缘黄绿色，后半部墨绿色。前翅革质，蓝绿色。后翅膜质，淡灰色，半透明。胸足橘黄色。腹部 9 节，背面褐色，节间有黄色环纹，腹面淡黄色。卵长椭圆形，长 1.6mm 左右，略弯曲，淡黄色。若虫形态似成虫，初孵若虫体色略暗，腹面白色，两次蜕皮后，背面有 4 条纵走的条纹。

1 年 2 ~ 3 代，以卵在树木枝干皮层下越冬。翌年 4 月下旬日平均气温达 8℃时开始孵化，5 月上、中旬为孵化盛期。初孵若虫有群聚性，短时间危害后转移到棉花、甜菜、玉米、高粱等农作物、禾本科杂草及苹果、梨、桃等植物上。此时卵多产于禾本科植物的茎秆和叶鞘上，9 月中旬开始成虫飞迁回苗圃、林带及果园，选择苗木、幼树主干或大树 5 年生以下，粗 1.5 ~ 4.5mm 左右的枝条用产卵器锯一月牙形破口将卵产在皮层内越冬。卵呈单层整齐排列，一般有 6 ~ 12 粒。密集的产卵痕会导致寄主枝条越冬后被风抽干死亡，或开春后感染腐烂病。成虫趋光性强，遇惊扰会横走躲避。

大青叶蝉产卵危害状

大青叶蝉产卵危害柳树（阿勒泰地区林检局）

大青叶蝉产卵危害枣树（哈密地区林检局）

大青叶蝉产卵危害后的柳树感染病害

大青叶蝉卵块（阿勒泰地区林检局）

大青叶蝉成虫

杨短头叶蝉

〖同翅目 叶蝉科〗

Idfocerus poputi Linnaeus

新疆广泛分布，主要寄主杨、榆、柳等。

成虫体长 2.8 ~ 4.0mm。体灰褐色。头部最宽，体宽较短。复眼间有 2 个小黑斑。前胸背板前侧具横列黑斑。腹部背面两侧黑褐色。若虫形态似成虫，体黄褐色。腹部背面两侧黑褐色。

1 年 3 代，以卵在树木枝干皮层下越冬。若虫、成虫集中刺吸寄主叶汁液危害。

杨短头叶蝉若虫

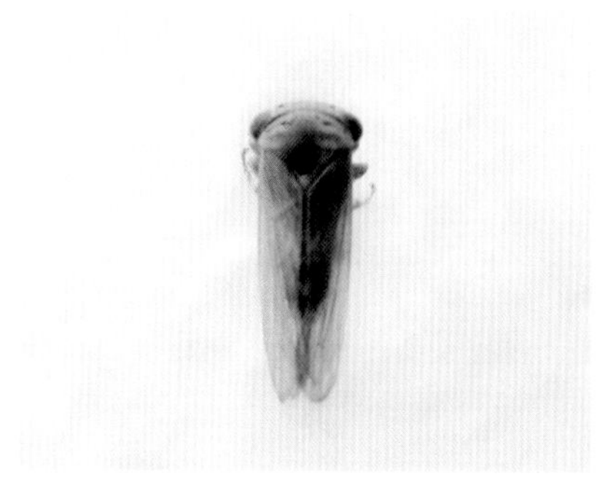
杨短头叶蝉成虫

小绿叶蝉

〖同翅目　叶蝉科〗

Empoasca flavescens (Fabricius)

普遍分布。主要寄主有桃、杏、李、十字花科蔬菜、马铃薯、甜菜、葡萄等。

成虫体长 3.3 ~ 3.7mm，黄绿色或绿色。前胸背板宽为长的 2 倍以上。前翅淡绿色，半透明状。后翅无色透明。

年发生世代数不详。以成虫在枯枝落叶中越冬。成虫、若虫刺吸危害。

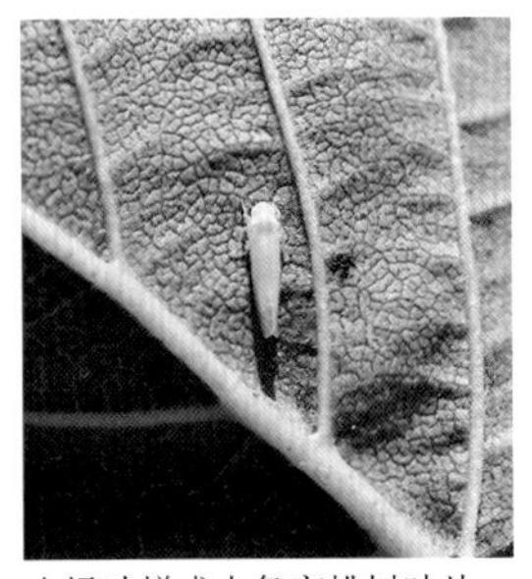
小绿叶蝉成虫危害桃树叶片

小绿叶蝉成虫交尾

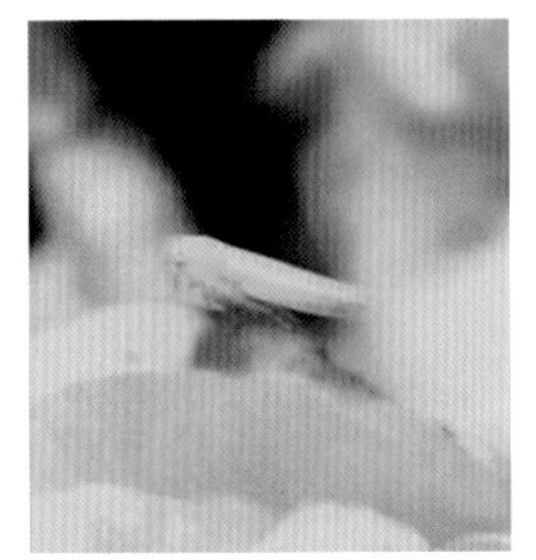
小绿叶蝉成虫

玉米三点斑叶蝉

〖同翅目　叶蝉科〗

Zygina salina Mit

20 世纪 80 年代新疆发现的新害虫，危害玉米、水稻、小麦、高粱及城市绿地禾本科草坪草。

成虫体长 2.6 ~ 2.9mm，淡灰绿色，复眼黑色。头冠向前呈钝圆形突出，头顶前缘有淡褐色斑纹。中胸盾片上有三角形排列的 3 个椭圆形黑斑。中胸小盾片末端有一形状相同的黑斑。前、后翅透明，前翅淡绿色，后翅白色。后翅无缘脉，有三条翅脉伸达翅的边缘，有横脉 2 条。腹部背面有黑色横纹。卵长椭圆形，微弯曲，长 0.6 ~ 0.8mm，白色。若虫共 5 龄，灰白色，复眼黑色。2 龄起有翅芽长出。

玉米三点斑叶蝉成虫

1 年 3 代，以成虫在农田、林带、果园植物下越冬。越冬成虫 4 月下旬出蛰，第一代发生在 5 月中旬至 6 月中旬，7 ~ 8 月为第二、第三代若虫高发期，10 月份陆续进入越冬状态。成虫寿命、产卵期长，有世代重叠现象。若虫、成虫刺吸寄主叶片汁液危害，形成斑点、由于叶绿素被破坏会导致叶片失绿，严重时会造成叶片干枯、死亡，影响作物及草坪的绿化效果。

葡萄斑叶蝉 又称葡萄二点叶蝉、葡萄二星叶蝉

〖同翅目 叶蝉科〗

Erythroneura apicalis Nawa

广泛分布。主要危害葡萄、爬山虎、五叶地锦、苹果、梨、桃、樱桃、山楂等。

成虫体长3.1 ~ 3.6mm，黄白色。头顶有2个明显的圆形黑斑。前胸背板前缘有几个淡褐色小斑，中央具有暗褐色纵纹。小盾片前缘左右各有一个倒三角形黑斑。翅淡黄白色，有淡褐色条纹，有的个体无斑纹。卵长椭圆形，稍弯曲，长约0.2mm，黄白色。末龄若虫体长2.5mm左右。初孵体黄白色，后稍变深。翅芽淡黑色。

1年3代，以成虫在土缝、杂草或落叶下越冬。翌年春季葡萄发芽前，越冬成虫出蛰危害桃、梨等芽、叶。葡萄展叶、花穗出现后危害葡萄。成虫在葡萄叶背面的叶脉内或绒毛中产卵。自5月至11月均可见危害。有世代重叠现象。葡萄基部老叶发生重，逐渐向上部叶片蔓延。通风不良、杂草繁生、管理差的葡萄园发生重。干旱、少雨、气温高时危害明显。成虫、若虫集聚在叶背刺吸危害，被害处形成大大小小的白色斑点，严重时白点连成片，整个叶片失绿、焦枯、枯萎、脱落。可传播多种植物病原病毒病。

葡萄斑叶蝉危害葡萄果实

葡萄斑叶蝉危害状

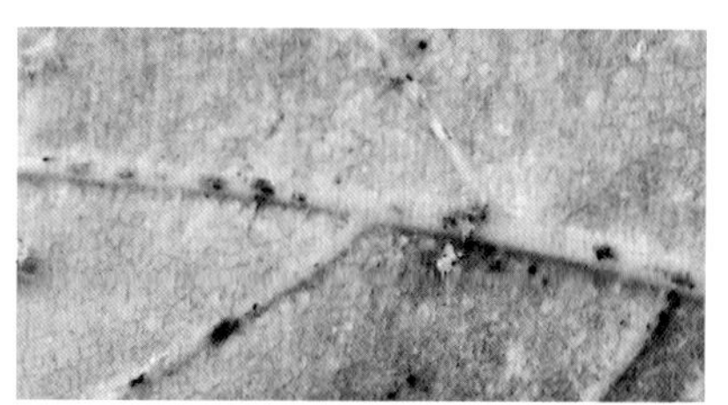

葡萄斑叶蝉产卵痕

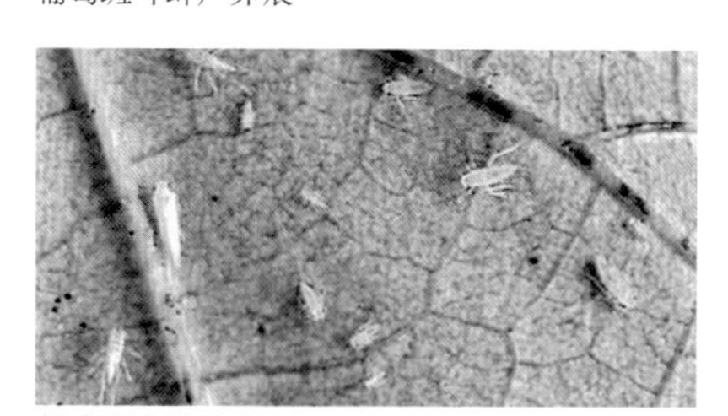

葡萄斑叶蝉若虫

葡萄斑叶蝉成虫

柳沫蝉 又名柳尖胸沫蝉

〖同翅目 沫蝉科〗

Aphrophora intermedia Uhler

新疆分布伊犁、塔城、玛纳斯等地。主要危害杨、柳，有时也危害刺槐。以垂柳、银白杨、新疆杨受害最重。

成虫体长 7.8 ~ 10.0mm，褐色，头前缘扁，有 1 弧形黑纹，后缘两复眼内侧有 2 个黄斑。复眼黑褐色，单眼红色。前胸背板两侧有赤褐色斑，布有黑色刻点。前、中足胫节有灰褐色斑，后足腿节外侧有 2 个刺，末端有 2 列黑刺。卵长 1.7mm，长卵圆形，初产时乳白色，后变为淡黄褐色。若虫：1 龄若虫胸部黑色，头顶圆突，腹部淡红色。5 龄若虫褐色或黄褐色。复眼赤褐色。腹部 9 节，末端较尖。

1 年发生 1 代，以卵在寄主枝梢内越冬。翌年 4 月中旬开始孵化，若虫共 5 龄。4 月中旬至 6 月中旬为若虫期，若虫孵化缓慢爬行，选择寄生位置。若虫喜群居，其腹部 7 ~ 8 节有发达的泡沫腺，能分泌黏液，产生大量白色泡沫用来遮盖身体，一堆泡沫里往往有好几头若虫。6 月中旬至 9 月底为成虫期，7 月中旬开始产卵，8 月为产卵盛期。卵产于嫩梢髓部，每次 1 粒。以若虫及成虫吸食寄主枝、干汁液危害，成虫产卵会使寄主形成枯顶、枯梢或多头木。

柳沫蝉危害状（阿勒泰地区林检局）

雌成虫（右）及雄成虫（左）（阿勒泰地区林检局）

柳沫蝉若虫（乌鲁木齐市林检局）

柳沫蝉老熟若虫（阿勒泰地区林检局）

柳尖胸沫蝉成虫

柳前黄菱沫蝉

〖同翅目 沫蝉科〗

Aphrophora costalis Matsumura

分布阿勒泰等地。主要危害多种柳树。

成虫体长 5.8 ～ 6.8mm，黄褐色。复眼椭圆形，黑褐色。前胸背板两侧有赤褐色斑。前翅革质，黄褐色。卵长卵圆形，长径约 1.1mm，初产时乳白色，后变为淡黄褐色。若虫淡褐色或黄褐色。

1 年 1 代，以卵在寄主枝梢内越冬。翌年 4 月中旬开始孵化，若虫共 5 龄。4 月中旬至 6 月中旬为若虫期。若虫喜群居，其腹部 7 ～ 8 节有发达的泡沫腺，能分泌黏液，产生大量白色泡沫用来遮盖身体，一堆泡沫里往往有好几头若虫。6 月中旬至 9 月底为成虫期，7 月中旬开始产卵，8 月为产卵盛期。卵产于嫩梢髓部，每次 1 粒。以若虫及成虫吸食寄主枝、干汁液危害，成虫产卵会使寄主形成枯顶、枯梢或多头木。

柳前黄菱沫蝉雌成虫（阿勒泰地区林检局）

柳前黄菱沫蝉雄成虫（阿勒泰地区林检局）

斑衣蜡蝉

〖同翅目　蜡蝉科〗

Lycorma delicatula (White)

国内广泛分布，笔者2003年发现已经传入新疆阿克苏市并存活、繁殖。寄主范围广，主要危害椿、槐、楸、榆、枫、栎、女贞、合欢、杨、李、桃、石榴、黄杨等。

成虫体长14～22mm，翅展40～50mm，灰褐色。头顶呈锐角状前突。触角刚毛状，红色。前翅革质，基部约三分之二为淡褐色，具20个左右的黑点，端部约三分之一为深褐色，翅脉白色。后翅膜质，扇形，基部鲜红色，具有7～8个黑点，翅中有倒三角形的白色区，翅端及脉纹为黑色。体、翅表面附有白色蜡粉。卵长圆形，褐色，长约3mm，卵粒背面及两侧有凹陷，中部呈纵脊状。若虫初孵时白色，后变为黑色，体有许多小白斑，1～3龄为黑色斑点，4龄长13mm左右，体背红色，具有黑白相间的斑点。

1年1代，以卵越冬。翌年4月中下旬若虫孵化危害，5月上旬为孵化盛期。若虫稍有惊动即跳跃逃避。经3次蜕皮，6月中、下旬至7月上旬羽化为成虫，活动危害至10月。8月中旬开始交尾产卵，卵多产在树干的南面，或树枝分叉处。一般每块卵有40～50粒，多时可达百余粒。卵块内卵粒排列整齐，初产时卵块覆盖的蜡粉疏松、雪白，后变为褐色。若虫、成虫刺吸寄主汁液危害，严重时会导致植株嫩梢萎缩、畸形，其排泄物会引发寄主发生煤污病。

斑衣蜡蝉成虫

斑衣蜡蝉初产新鲜卵块

斑衣蜡蝉雌虫、雄虫及卵

斑衣蜡蝉越冬卵块

蛾蜡蝉

〖同翅目 蛾蜡蝉科〗

Geisha sp.

国内广泛分布。主要危害椿、杨、柳等。

成虫体长 8 ~ 10mm，体、翅、足绿色，跗节棕红色。头顶呈锐角状前突。翅薄而透明，翅脉绿色。

若虫、成虫刺吸寄主汁液危害，排泄物会引发寄主发生煤污病。

蛾蜡蝉成虫危害状

蛾蜡蝉成虫交配（阿勒泰地区林检局）

蛾蜡蝉成虫

缨翅目

葱蓟马 又称棉蓟马、烟蓟马

〖缨翅目 蓟马总科〗

Thrips tabaci Lindeman

广泛分布，寄主有烟草、棉花、大葱、蒜、洋葱、韭菜、马铃薯以及桑、桃、梨、杏、枣等。

成虫体细长，体长 1.1 ~ 1.4mm，栗褐色。触角 7 节，灰褐色，第二节颜色较深。前胸与头等长。翅淡黄色，前翅狭长，多缘毛。卵肾形，长 0.2mm 左右，淡黄色。初孵若虫白色透明。末龄若虫体长 1.2 ~ 1.5mm，黄色，复眼红色，翅芽显著，触角翘向头胸部背面。

1 年 3 ~ 4 代，主要以成虫在土缝、枯枝落叶、球根、叶鞘内越冬。温室内基本无休眠状态。翌年春季开始活动。若虫、成虫用锉吸式口器锉伤寄主叶片、花器、生长点表皮组织，吸取汁液危害。被害叶片卷褶、褪绿、出现灰白色斑、变厚、变脆、落叶。有孤雌生殖现象。卵散产在嫩叶表皮下，叶脉内。初孵若虫多在叶脉两侧取食，不甚活动。若虫有群聚性，多在植株中、下部叶片上活动。2 龄若虫老熟后入土蜕皮变为前蛹（3 龄若虫），再蜕皮变为伪蛹（4 龄若虫），不食不动，进而羽化为成虫。葱蓟马耐低温能力较强。

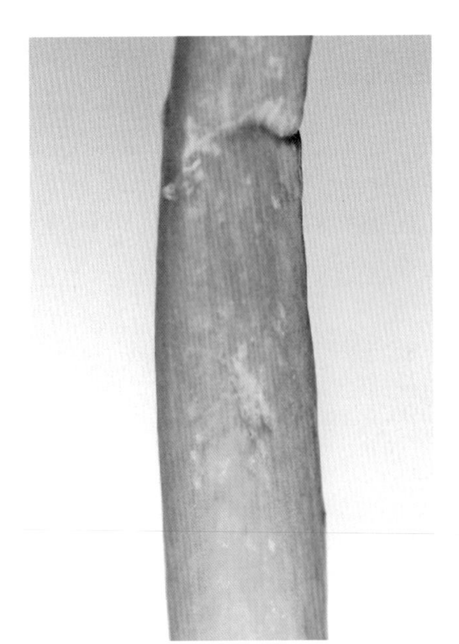
葱叶被害状

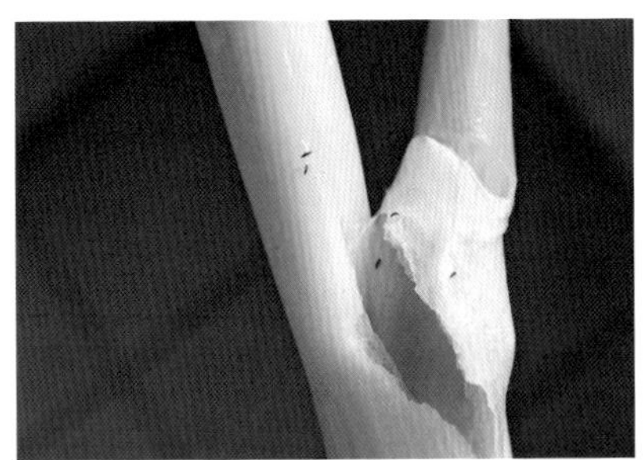
葱蓟马的越冬虫体

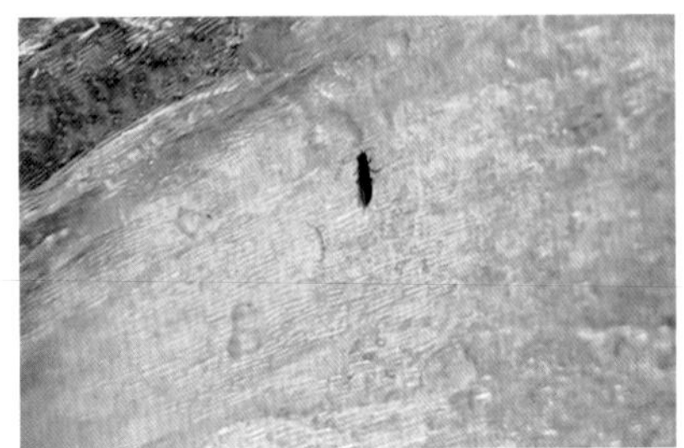
葱蓟马成虫

花蓟马 又称台湾蓟马

〖缨翅目 蓟马总科〗

Frankliniella intonsa（Trybom）

广泛分布，寄主范围广，在豆科、茄科、菊科、锦葵科、毛茛科、唇形科、堇菜科等植物的花内数量较多。

成虫体细长，体长 1.3 ～ 1.5mm，雌虫全体淡褐色至褐色，雄虫全体黄色。前翅淡黄灰色，后翅白色。腹部 1 ～ 7 背板前缘线暗褐色。卵长约 0.3 mm，肾形。初产时乳白色，后变为淡绿色。若虫体长约 1 mm，淡黄色。

1 年 3 ～ 4 代，以成虫在土缝，枯枝落叶下、杂草间越冬。翌年 5 月中、下旬出现第一代。10 月下旬进入越冬状态。世代重叠严重。成虫活跃，有很强的趋花性，许多花中均可见到。卵多产于嫩叶、花器的表皮组织内。1、2 龄若虫活动性强,3 龄行动缓慢，入土脱皮成 4 龄(伪蛹)。成虫、若虫多群集于花内取食危害，花器、花瓣受害后成白化，经日晒后变为黑褐色，危害严重的花朵萎蔫。叶受害后呈现银白色条斑，严重的枯焦萎缩。

花蓟马成虫

胡杨蓟马

〖缨翅目　蓟马总科〗

Thrips sp.

全疆分布，胡杨嫩叶受害重。

成虫体长 0.8 ~ 1.1mm，深黄色。复眼黑色。前翅淡灰色，后翅白色。腹部背板色深。若虫体长约 1 mm，黄色。

年发生代数不详。每年 5 月中、下旬出现危害。成虫、若虫活跃，在寄主嫩叶上群集危害，受害叶片变色、皱缩，严重时叶片呈现条斑状萎缩。

胡杨蓟马危害的胡杨叶片

胡杨叶片被害状

胡杨蓟马若虫

枸杞蓟马

〖缨翅目 蓟马总科〗

Thrips sp.

宁夏枸杞产区有过报道。2011 年首次笔者发现传入新疆博乐地区。主要危害枸杞花器、嫩叶、嫩枝等。

成虫体长 1.0 ~ 1.2mm，黑褐色。前胸横方形，近后侧角区有大小各 1 个灰绿色圆点。前翅淡灰色，后翅白色。腹部背板色深。卵长约 0.3 mm，肾形。初产时乳白色，后变为淡黄色。若虫体长约 1 mm，深黄色。

新疆年发生代数不详。以成虫在土缝、枯枝落叶下、杂草间越冬。翌年 5 月中、下旬成虫、若虫在枸杞花器、嫩叶、嫩枝等处群集危害。花器、花瓣受害后白化，经日晒后变为黑褐色，危害严重的花朵萎蔫。叶受害后呈现条斑，严重的枯焦萎缩。

枸杞蓟马危害造成花蕾干枯

枸杞蓟马危害的枸杞

枸杞蓟马危害造成果实变小

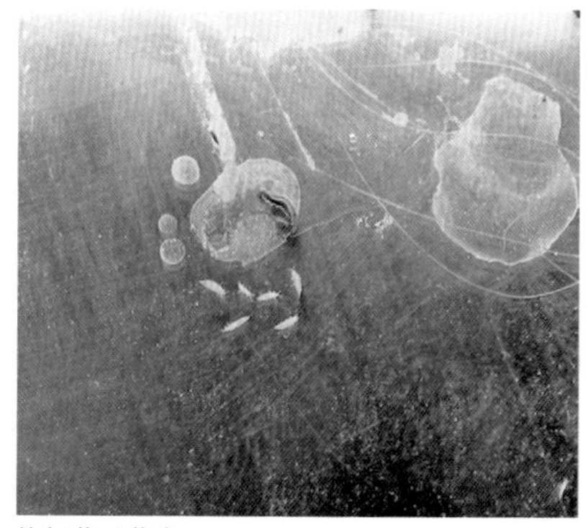
枸杞蓟马若虫

枸杞蓟马成虫

榕树管蓟马 又称古巴月桂雌蓟马

〖缨翅目 管蓟马科〗

Gynaikothrips ficorum (Mar-Chal)

主要分布华南、华东地区，近年随苗木、盆景调运传播新疆温室内。主要危害小叶榕、垂叶榕，以及制作成的盆景榕树。

雌虫黑色，有光泽，体长 1.4 ~ 1.6mm。雄虫深黄色，比雌虫略小。卵肾形，初产时乳白色，后变为淡黄色。若虫共 4 龄，初孵若虫无色，2 龄后体色加深，3 龄若虫形成大而明显的白色翅芽，4 龄若虫转入表土层或在叶枝缝隙内变为伪蛹。

在我国南方 1 年发生 9 ~ 11 代，无明显越冬现象。若虫、成虫锉吸榕树嫩叶和幼芽的汁液，造成大小不一的紫红褐色斑点，芽梢凋萎，叶片沿中脉向正面折叠，形成饺子状的虫瘿。虫体腹部有向上翘动的习性，行动活泼，善跳，数十头至上百头成、若虫在虫瘿内吸食危害，严重影响叶片的光合作用，影响植株正常生长。多数雌虫将卵产于饺子状的虫瘿内，有的也产于树皮裂缝内。

榕树叶片被害状

榕树管蓟马危害至叶片呈“饺子”状

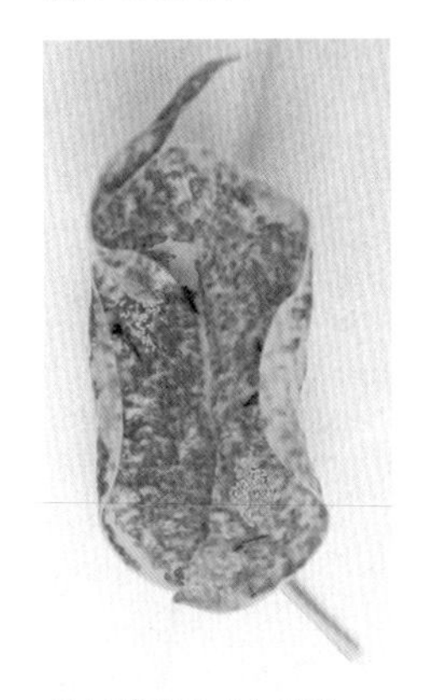

榕树管蓟马成虫及卵

榕树管蓟马成虫

双翅目

柳瘿蚊

〖双翅目 瘿蚊科〗

Rhabdophaga salicis Schrank

广泛分布。寄主有馒头柳、龙爪柳、垂柳等柳树。

成虫紫黑色。前翅膜质，灰白色，仅有3条纵脉，暗红色。平衡棒浅橙黄色。足很长，灰黄色。幼虫纺锤形，橙黄色，体13节。口器缩入前胸。中胸腹面有一浅褐色“Y”形剑状骨。

1年2～3代。以老熟幼虫在枝条皮下或芽内越冬。卵产在膨大的柳芽的芽基部或嫩枝条上。初孵幼虫可从枝干、幼嫩枝条、芽或叶柄侵入，在表皮下取食危害，被害处变黑、凹陷。易感染腐烂病而整株死亡。

柳枝条被害状

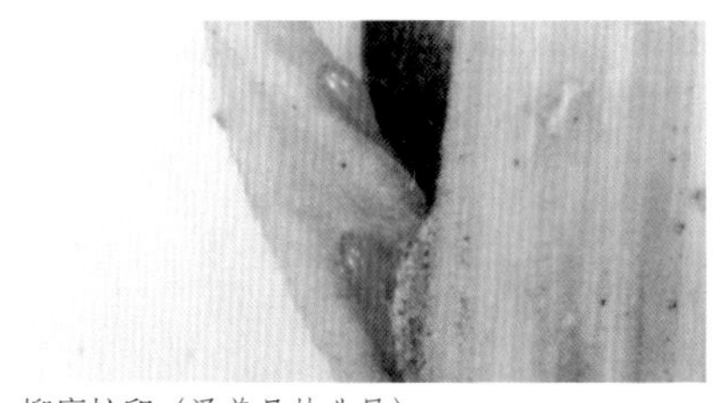
柳瘿蚊卵（泽普县林业局）

柳瘿蚊大龄幼虫

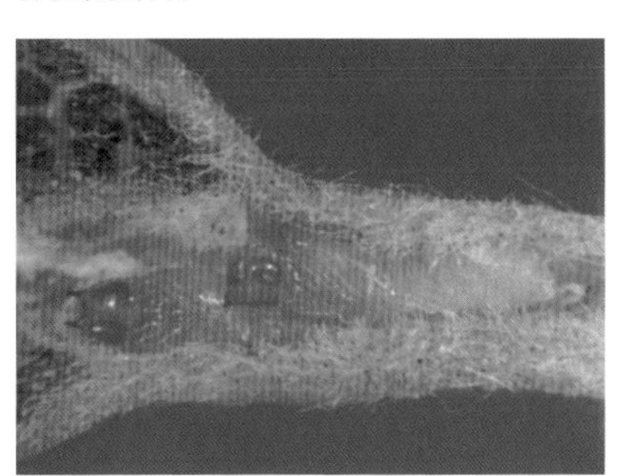
柳瘿蚊蛹

柳瘿蚊雄成虫

枣瘿蚊 又称枣叶瘿蚊

〖双翅目 瘿蚊科〗

Dasineura datifolia Jiang

全疆枣产区均有分布。新疆喀什、阿克苏、吐鲁番、哈密、巴音郭楞等地州发生较重。寄主为多种枣树叶片。

成虫体灰黄色。胸背隆起。前翅半透明。后翅特化为平衡棒，黄白色。幼虫蛆状，乳白色。中胸腹面具有琥珀色“Y”形剑状骨。腹末端有2个角质化的圆形突起。

1年4～5代，以土中茧内的幼虫或蛹越冬。以幼虫危害嫩叶、花蕾及枣果。会导致叶片变红或紫红色、增厚、变脆、纵卷、枯萎脱落，花萼畸形膨大、不能开花、逐渐枯黄脱落，果面出现红色、变黄脱落，危害轻的幼果随果实膨大，受害部位变硬，形成畸形果。幼虫老熟后自受害卷叶内脱出落地入土化蛹。危害花蕾的幼虫在花蕾内化蛹。危害幼果的幼虫在果内化蛹。成虫喜高温，对空气湿度敏感。

枣树叶片被害状

枣瘿蚊危害会影响枣果品质

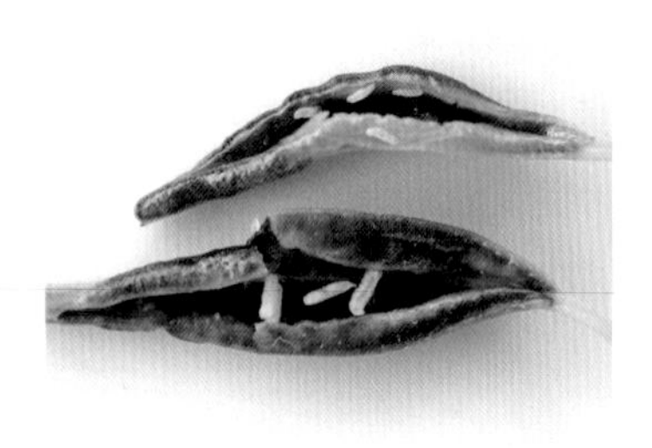

枣瘿蚊幼虫

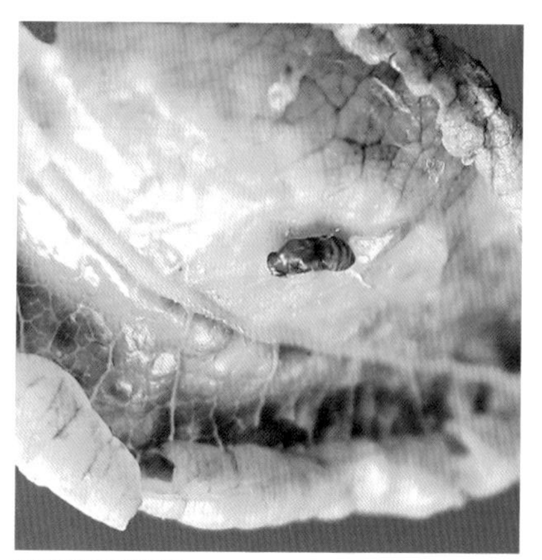

枣瘿蚊蛹背面图

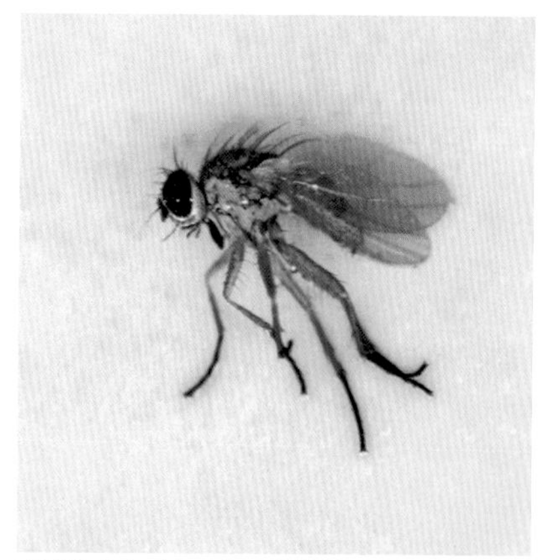

枣瘿蚊成虫（和田地区林检局）

柽柳簇状瘿蚊

〖双翅目 瘿蚊科〗

Sosandalum noxium Mar.

广泛分布于新疆古尔班通古特沙漠的柽柳分布区。幼虫常钻蛀寄主嫩芽，致使嫩芽畸形增生，呈簇状虫瘿。幼虫在瘿内活动与危害。

生活史不详。

柽柳枝条被害状

梭梭绒球瘿蚊

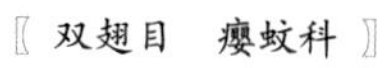

〖双翅目 瘿蚊科〗

Asiodiplosis stackelbergi Mar.

广泛分布于新疆古尔班通古特沙漠的梭梭分布区。幼虫常钻蛀寄主嫩芽，致使嫩芽畸形增生，呈绒球状虫瘿。幼虫在瘿内活动与危害。

生活史不详。

梭梭枝条被害状

梭梭埂状突瘿蚊

〖双翅目　瘿蚊科〗

Asiodiplosis noxia Mar.

广泛分布于新疆古尔班通古特沙漠的梭梭分布区。幼虫常钻蛀寄主枝条，致使小枝增生，呈长瘤状虫瘿。幼虫在瘿内活动与危害。

生活史不详。

梭梭埂状突瘿蚊危害状及蛹

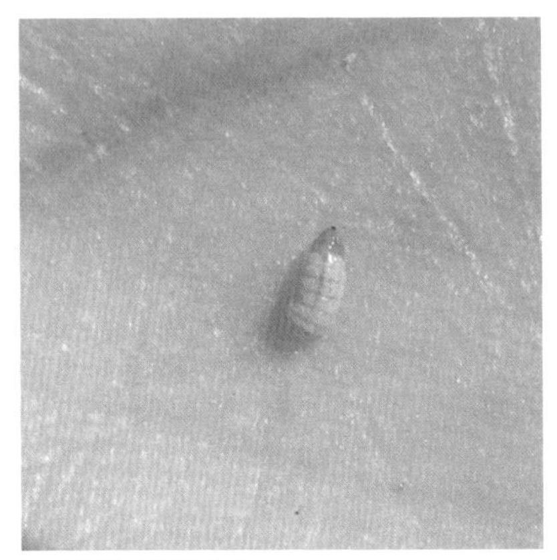
梭梭埂状突瘿蚊幼虫

柽柳毛茸瘿蚊

〖双翅目　瘿蚊科〗

Sosandalum barbatum Mar.

广泛分布于新疆古尔班通古特沙漠的柽柳分布区。幼虫常钻蛀寄主嫩芽，致使嫩芽生长畸形，呈簇茸状虫瘿。幼虫在瘿内活动与危害。

生活史不详。

柽柳枝条被害状

梭梭似蕾瘿蚊

〖双翅目　瘿蚊科〗

Asiodiplosis ulkunkalkani Mar.

广泛分布于新疆古尔班通古特沙漠的梭梭分布区。幼虫常钻蛀寄主嫩枝，致使嫩枝膨大似蕾，呈瘤状虫瘿状。幼虫在瘿内活动与危害。

生活史不详。

梭梭枝条被害状

梭梭似蕾瘿蚊虫瘿

梭梭似蕾瘿蚊虫瘿及其幼虫

鳞翅目

柽柳谷蛾

〖鳞翅目　谷蛾科〗

Amblypalpis tamaricella Dan.

广泛分布于新疆古尔班通古特沙漠的柽柳分布区。幼虫常钻蛀寄主嫩枝，致使嫩枝膨大，呈长瘤状虫瘿状。幼虫在瘿内活动与危害。

生活史不详。

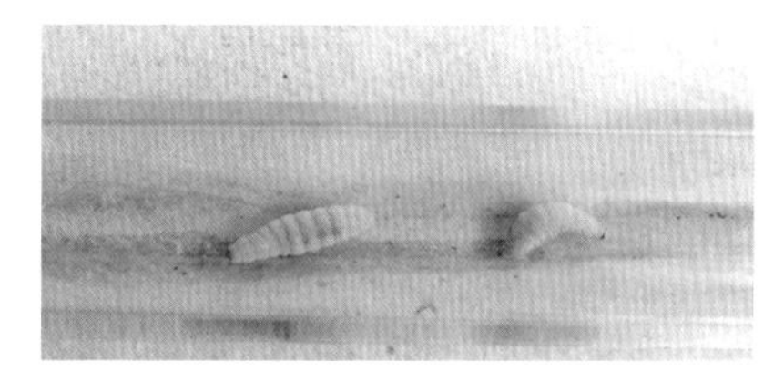
柽柳谷蛾幼虫

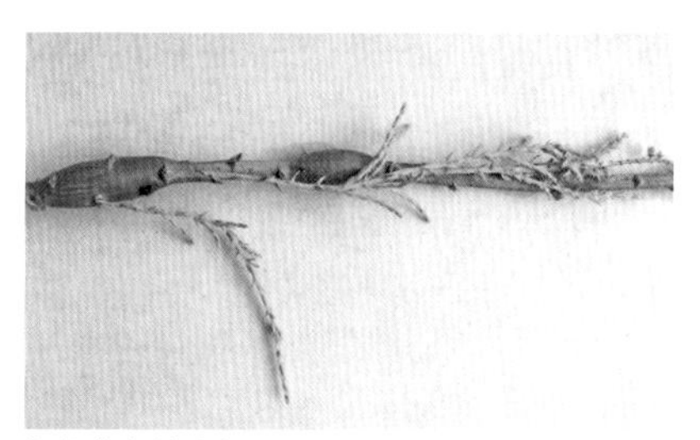
柽柳枝条被害状

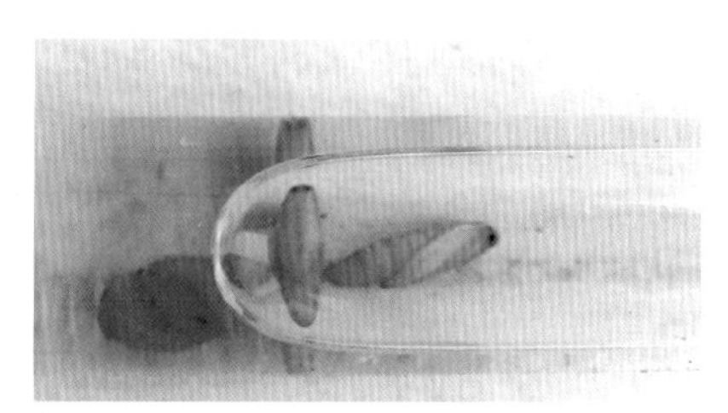
柽柳谷蛾蛹

新疆林木害虫野外识别手册

Chapter Three

第三章

蛀干类害虫

鳞翅目

白杨透翅蛾

〖鳞翅目 透翅蛾科〗

Paranthrene tabaniformis Rottenberg

广泛分布。寄主为杨柳科多种树木、苗木及大树。

成虫体长 11 ~ 20mm，似胡蜂。前翅狭长，褐黑色，中室与后缘略透明，后翅透明。腹部青黑色，有 5 条橙黄色环带。卵椭圆形，黑色。初龄幼虫淡红色，老龄时黄白色。腹部末节背面有 2 个深褐色圆锥状刺。腹足趾钩为单序二横带。蛹纺锤形，红褐色。腹节背面有横列的刺。

1 年 1 代，以幼虫在枝干虫道内越冬。翌年 4 月中、下旬开始化蛹，自 5 月上旬至 7 月下旬均可见成虫羽化。成虫羽化后遗留的蛹壳经久不掉，极易识别。成虫白天活动、交尾、产卵。幼虫钻蛀危害。苗木、大树均可受害。受害后易形成多头木，苗木、幼树易风折。

白杨透翅蛾危害状

白杨透翅蛾幼虫

白杨透翅蛾的幼虫虫道

白杨透翅蛾蛹

白杨透翅蛾成虫交尾状

白杨透翅蛾雌成虫

白杨透翅蛾雄成虫

杨大透翅蛾

〖鳞翅目　透翅蛾科〗

Aegeria apiformis Clerck

杨大透翅蛾成虫

分布伊犁地区。寄主为杨柳科多种树木枝干。

成虫体长 18 ~ 28mm。前翅狭长，后翅扇形，均透明，缘毛深褐色。腹部黄色，具 5 条黄褐色宽环带。初孵幼虫头黑色，体灰白色。老熟幼虫头黑褐色，体黄白色。腹足趾钩单序二横带。

2 年 1 代，以幼虫在寄主虫道内越冬。新一代幼虫 8 月底孵化蛀入树干皮层危害，9 月下旬至 10 月上旬进入越冬。第二年幼虫蛀入木质部危害。

茶藨子透翅蛾　又称醋栗透翅蛾

〖鳞翅目　透翅蛾科〗

Synanthedon tipuliformis (Clerk)

国内已知分布新疆伊犁、塔城、阿勒泰地区。主要寄主为黑穗醋栗、醋栗、红穗醋栗及树莓等。

成虫体黑色，有蓝色金属光泽。前翅外缘深黄色，中间具有蓝色横带，近外缘有蓝色边。后翅膜质透明，具银灰色微毛。幼虫乳白色至黄白色。腹足趾钩为单序二横带。

1 年 1 代，以幼虫在被害枝条虫道内越冬。幼虫钻蛀木质部、茎干髓心危害。

茶藨子透翅蛾被害状（伊犁州林检局）

茶藨子透翅蛾蛹（阿勒泰地区林检局）

茶藨子透翅蛾幼虫（阿勒泰地区林检局）

茶藨子透翅蛾成虫交尾（阿勒泰地区林检局）

茶藨子透翅蛾成虫（伊犁州林检局）

赤腰透翅蛾

Sesia molybdoceps Hampson

〖鳞翅目 透翅蛾科〗

阿勒泰林检局采集到成虫。成虫体黑色，有蓝色金属光泽。前翅前缘、外缘红色，中室与后缘透明。后翅透明。翅缘毛黑色。腹部2、3节赤红色。足橙红色。资料记载幼虫钻蛀危害壳斗科树木枝干皮层。

赤腰透翅蛾成虫（阿勒泰地区林检局）

石榴茎窗蛾

Herdonia osacesalis Walker

〖鳞翅目 窗蛾科〗

是石榴树主要害虫之一。主要蛀食枝梢。曾在新疆调运的石榴苗木上发现越冬幼虫。

体、翅淡黄褐色，前翅有茶褐色短斜线、深褐色斑纹。后翅白色透明，有茶褐色横带及色斑。足各节间有粉白色毛环。老熟幼虫棕褐色，头与尾部呈紫褐色。

1年1代，以幼虫在蛀道内越冬。幼虫蛀达木质部，每隔一段距离向外开一排粪孔。

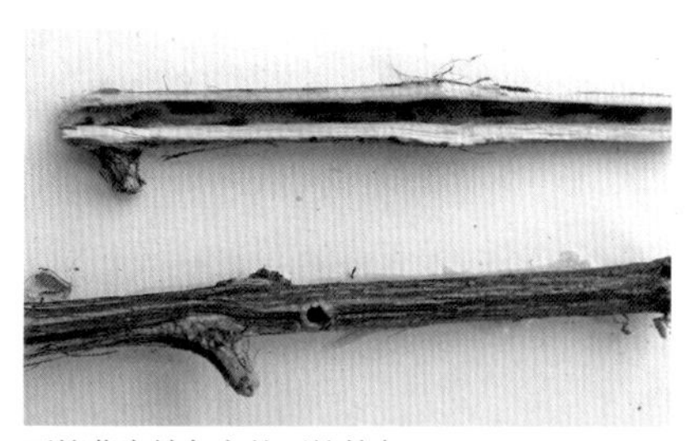

石榴茎窗蛾危害的石榴枝条

石榴茎窗蛾幼虫的隧道及排粪孔

沙枣暗斑螟

〖鳞翅目　螟蛾科〗

Euzophera alpherakyella Ragonot

国内已知仅分布新疆南北疆地区。主要寄主为沙枣、沙棘等。

成虫体灰色。前翅具2条灰白色波状横线，两横线中间部分为灰色，外侧为暗红色。沿外缘线处有6个黑斑。后翅及缘毛灰白色。老熟幼虫体暗红色，头、前胸背板褐黄色。

乌鲁木齐地区1年2～3代，南疆3～4代。以老熟幼虫在树干被害处及干基周围浅层土壤内越冬。幼虫共5龄。第一代幼虫主要危害沙枣主干，第二、三代幼虫主要危害枝梢。

沙枣暗斑螟预蛹（自治区林检局）

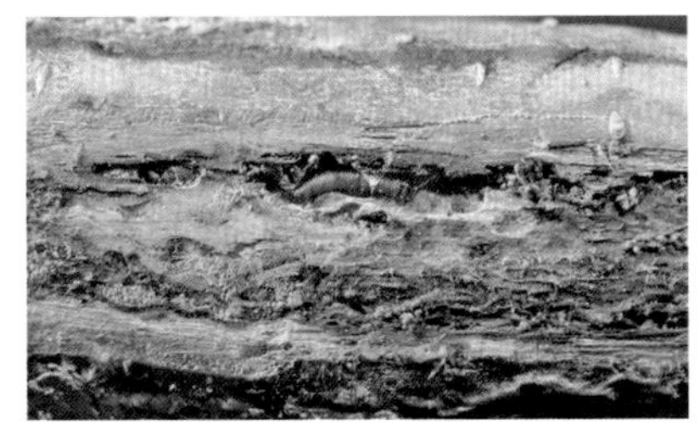
沙枣暗斑螟幼虫的危害（自治区林检局）

香梨优斑螟

〖鳞翅目　螟蛾科〗

Euzophera pyviella Yang

国内仅分布新疆南北疆地区。主要寄主为梨、苹果、无花果、枣、杏、巴旦杏、桃、箭杆杨、新疆杨、国槐等。

成虫体灰褐色至暗褐色。前翅狭长，灰褐色。具灰白色横线2条，横线间颜色较深。后翅外缘色较深。老熟幼虫体深灰色至灰黑色。头部棕褐色。

库尔勒地区1年3代，以老熟幼虫在树干、主枝的裂缝内和树皮下结茧越冬，也有的在苹果和梨果实内越冬。幼虫共5龄。以幼虫在寄主的韧皮部和木质部之间蛀成不规则的虫道，或啃食果皮、果肉、果实心皮和种子。第一代幼虫主要危害主干、主枝。第二、三代幼虫除危害树干、主枝外，还危害梨、苹果果实。

香梨优斑螟危害状

香梨优斑螟幼虫

芳香木蠹蛾东方亚种

〖鳞翅目 木蠹蛾科〗

Cossus cossus orientalis Gaede

普遍分布。主要寄主有柳、杨、榆、槐、刺槐、白蜡等。

成虫体、翅灰褐色。前翅翅面灰褐色，密布长、短黑褐色短横纹，前缘有8条短黑纹。后翅浅褐色，中室白色。老熟幼虫头部黑色。胸、腹部背面紫红色。前胸背板有倒“凸”字形黑斑，中间有白色纵纹1条。

2年1代，以幼虫在木质部虫道内或土中越冬。幼虫先在皮下蛀食，把木质部表面蛀成槽状蛀坑，致使木皮分离，极易剥落。虫体长大后便蛀入木质部，形成不规则的坑道，破坏输导功能，造成树干、树枝枯死。

芳香木蠹蛾东方亚种危害状

芳香木蠹蛾东方亚种幼虫

芳香木蠹蛾东方亚种蛹

芳香木蠹蛾东方亚种成虫（石河子市林检局）

蔗扁蛾

〖鳞翅目　辉蛾科〗

Opogona sacchari（Bojer）

新疆只在温室存活。寄主有巴西木、马拉巴栗等花卉。

成虫体黄褐色，前翅深棕色，中室端部和后缘各有一黑色斑点，翅后缘有毛束，停息时毛束翘起如鸡尾状。后翅黄褐色。老熟幼虫乳白色，头棕红色。

1 年 3 ~ 4 代，以幼虫在温室盆栽花木的盆土中越冬。幼虫在寄主的表皮下钻蛀危害，有时可蛀入木质部表层。

蔗扁蛾危害巴西木

蔗扁蛾危害状

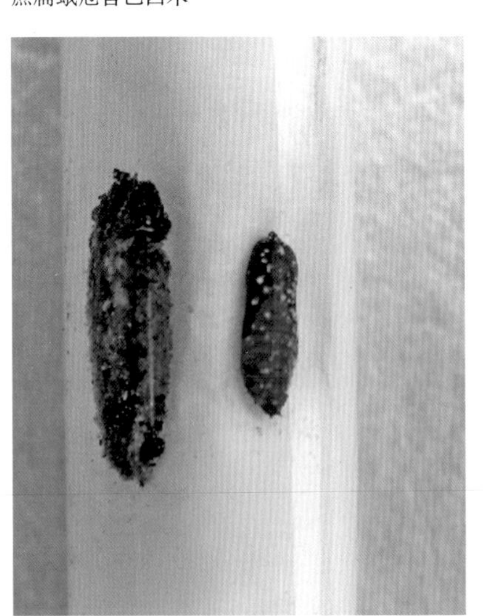

蔗扁蛾蛹

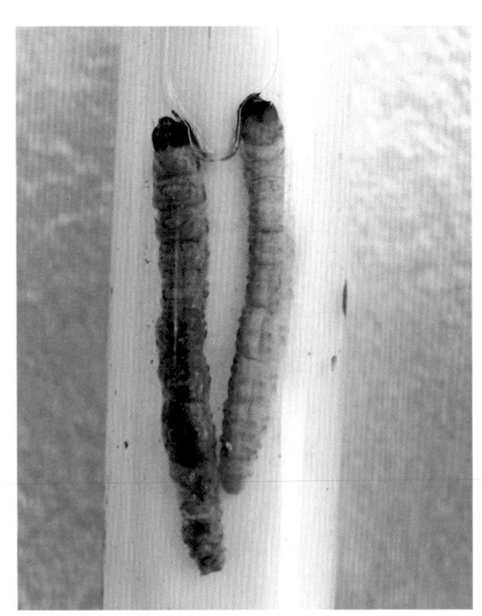

蔗扁蛾幼虫

鞘翅目

杨十斑吉丁虫

Melanophila picta Pallas

〖鞘翅目 吉丁虫科〗

普遍分布。危害多种杨、柳的苗木与大树。

成虫紫褐色，具古铜光泽。鞘翅黑褐色，每翅有纵线 4 条，黄色斑点 5 ～ 6 个。前胸腹面有舌状突，嵌于中胸凹槽。幼虫无足型，体扁平，黄白色。前胸阔圆，为最宽体节，前胸盾黄褐色，中央有“∧”形纹。

1 年 1 代，以老熟幼虫在树干虫道内越冬。成虫有假死性，喜热、喜光，取食叶片、叶柄及嫩枝树皮补充营养。幼虫危害后树皮出现褐色斑块，后出现横裂伤口，幼虫钻蛀枝干，使树木长势衰弱，树皮干裂，可诱发树木腐烂病和木材腐朽病。

杨十斑吉丁虫危害柳树

杨十斑吉丁虫幼虫背面

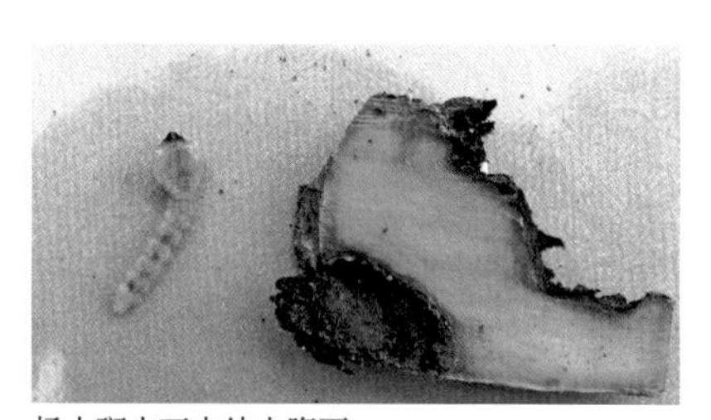

杨十斑吉丁虫幼虫腹面

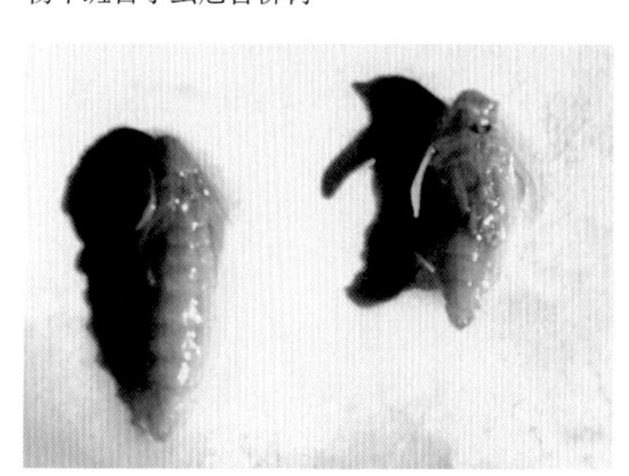

杨十斑吉丁虫蛹

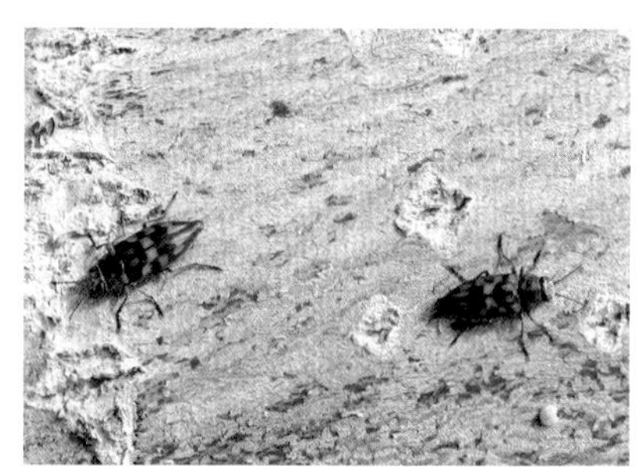

杨十斑吉丁虫成虫（右雄左雌）

五星吉丁虫

〖鞘翅目　吉丁虫科〗

Capnodis cariosa Fallén

分布北疆地区，危害新疆杨等杨树苗木、幼树根部及根颈部位。

成虫黑褐色，具古铜色光泽。前胸背板中央具一大而光滑的星斑，星斑前面两侧各有1个小星斑，后面两侧各有1个大星斑。鞘翅具断续的紫黑色纵脊10条。幼虫体扁平，黄白色。前胸极发达，阔圆。前胸盾中央有“∧”形沟纹。

1年1代，以老龄幼虫在根颈内越冬。幼虫期长达11个月。生活史不整齐。成虫取食叶片补充营养。幼虫钻蛀危害。

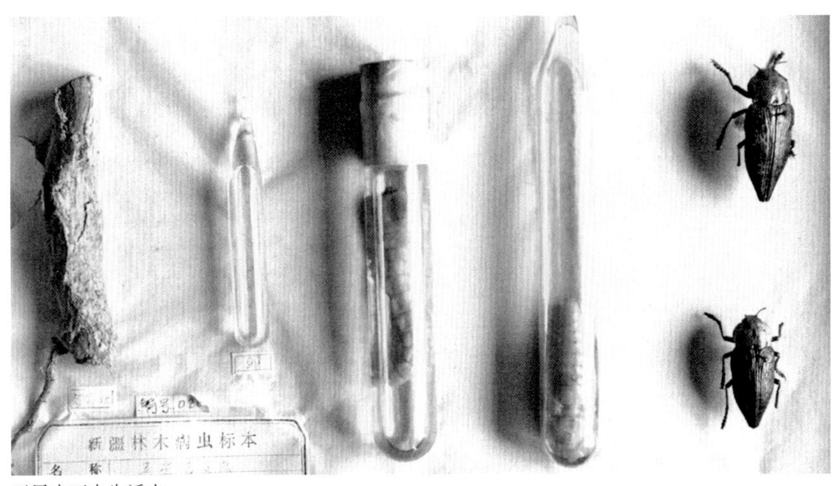

五星吉丁虫生活史

五星吉丁虫雌虫

五星吉丁虫雄虫

六星吉丁虫

Chrysobothris succedanea Saunders

〖鞘翅目　吉丁虫科〗

已经传入新疆吐鲁番等地区，危害柳、悬铃木、杏、桃、樱花等。

成虫黑色，具紫色光泽。鞘翅具纵脊线10条。每一翅面有纵行排列的3个白色圆斑点。幼虫体扁平，黄白色。前胸背板横阔，椭圆形。前胸盾中央有“Y”形沟纹。

1年1代，以老龄幼虫越冬。幼虫钻蛀可致树木皮层、韧皮部组织破坏，树皮干裂，严重的会造成死亡。

六星吉丁虫成虫 体侧图（托克逊县森防站）

柳缘吉丁虫

Meliboeus cerskyi Obenberger

〖鞘翅目　吉丁虫科〗

主要分布北疆地区。寄主为多种柳树。

成虫黑褐色，具蓝紫色光泽。前胸背板中部隆起，两侧缘上弯。鞘翅前端微下陷，肩区具一斜脊。幼虫体乳白或呈微黄色。头棕褐色，小。前胸膨大，中、后胸狭窄细小。腹部末端具2个褐色刺突。

1年1代，以老熟幼虫在木质部隧道越冬。成虫取食叶片补充营养。幼虫在树皮浅层内蛀食、虫道线状、弯曲，韧皮部内虫道弯曲杂乱，充满粉末状褐色虫粪。龙爪柳受害最重，其次是旱柳和垂柳。

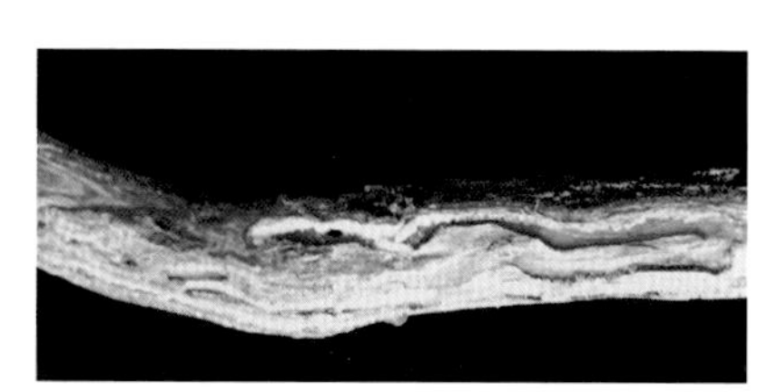
柳缘吉丁虫危害状

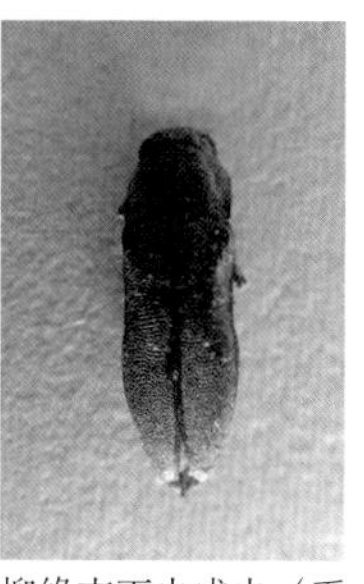
柳缘吉丁虫成虫（石河子市林检局）

柳缘吉丁虫成虫腹面图（石河子市林检局）

杨窄吉丁虫

〖鞘翅目　吉丁虫科〗

Agrilus suvoyovi Obenberger

2007 年阿勒泰地区林科所发现在额尔齐斯河流域天然杨树林中分布与危害。

成虫紫褐色，楔形，具金属光泽。鞘翅前端微下陷，肩区具一斜脊。幼虫体扁，乳白或棕黄色。腹部末端具 2 个褐色刺突。

1 年 1 代，以老熟幼虫在梢头枝条虫道内越冬。幼虫蛀食枝条危害。受害枝条往往干枯，枝头一丛枯干的黑褐色叶片在绿树梢头非常显眼。

杨窄吉丁虫在额尔齐斯河杨树林中严重危害

杨窄吉丁虫危害造成杨树小枝顶端枯死（阿勒泰地区林科所）

杨窄吉丁虫危害造成小枝皮层纵裂（阿勒泰地区林科所）

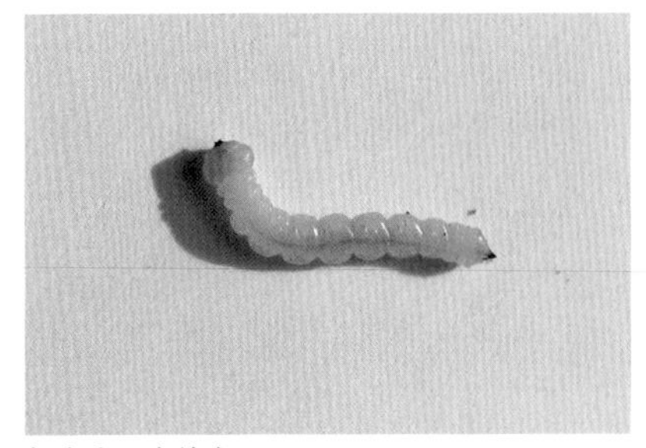

杨窄吉丁虫幼虫

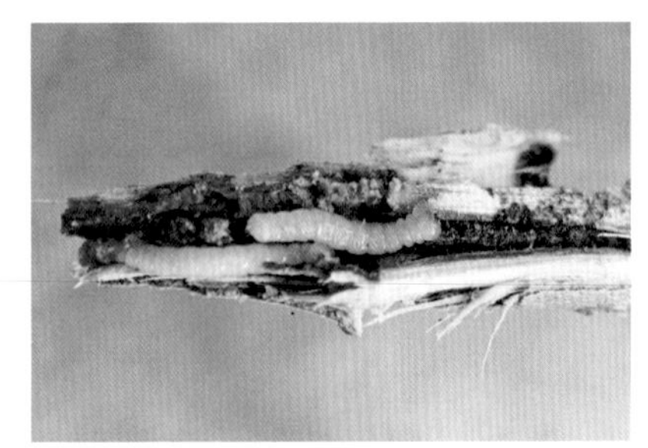

杨窄吉丁虫在小枝髓部的蛀道

苹果小吉丁虫

Agrilus mali Matsumura

〖鞘翅目 吉丁虫科〗

1993 年人为传入新疆，目前已扩散至伊犁地区天然野果林及人工果园。主要危害苹果、梨、沙果、桃、杏、海棠等果树。

成虫紫铜色，有金属光泽。前胸背板横长方形，略宽于头部，与鞘翅等宽。前胸腹板中央有一舌状突伸向后方。老熟幼虫体细长、扁，节间明显收缩，念珠状，淡黄白色。前胸宽大，中、后胸窄小。腹部末节有 1 对锯齿状褐色刺突。

1 年 1 代，以幼虫在枝干虫道内越冬。幼虫蛀入树干或枝条表皮层下蛀食危害，受害部位干裂变色，形成坏死伤疤。

苹果小吉丁虫被害状（伊犁州林检局）

苹果小吉丁虫幼虫危害状（伊犁州林检局）

苹果小吉丁虫蛹（伊犁州林检局）

苹果小吉丁虫成虫（腹面图）

苹果小吉丁虫成虫（背面图）

甫氏扁头吉丁虫

〖鞘翅目　吉丁虫科〗

Sphenoptera potanini Jak.

分布古尔班通古特沙漠荒漠区。寄主为梭梭、白梭梭及多种柽柳。

成虫橄榄形，蓝绿色，有光泽。每鞘翅上有10条纵沟。

生活史不详。幼虫蛀食干、根。

甫氏扁头吉丁虫成虫

索里扁头吉丁虫

〖鞘翅目　吉丁虫科〗

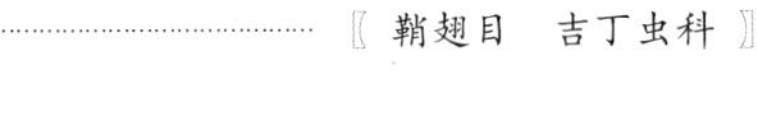

Sphenoptera sorichalcea Pall.

分布古尔班通古特沙漠荒漠区。寄主为梭梭、盐穗木等。

成虫橄榄形，蓝黑色，有光泽。每鞘翅上有3条纵沟。

生活史不详。幼虫蛀食干、根。

索里扁头吉丁虫成虫

谢氏扁头吉丁虫

〖鞘翅目　吉丁虫科〗

Sphenoptera semenovi Jak.

分布古尔班通古特沙漠荒漠区。寄主为梭梭、白梭梭及多种柽柳。

成虫橄榄形，红铜色，有光泽。每鞘翅上有8条纵沟。

生活史不详。幼虫蛀食干、根。

谢氏扁头吉丁虫成虫

盐木吉丁虫

〖鞘翅目 吉丁虫科〗

Sphenoptera potanini Jak.

分布古尔班通古特沙漠荒漠区。寄主为梭梭、盐穗木等。

成虫橄榄形，蓝绿色或古铜色，有光泽。每鞘翅上有十条纵沟。

生活史不详。幼虫蛀食干、根。

盐木吉丁虫成虫

松青铜吉丁虫 又称西伯利亚吉丁虫

〖鞘翅目 吉丁虫科〗

Buprestis sibirica Fleiseh

分布天山、阿尔泰山针叶林区。寄主为云杉、松等针叶树。

成虫体青蓝色，发金属光泽。鞘翅上纵行细线多条，腹面满布细小的刻点，发青蓝色光泽，腹端露出鞘翅之外。幼虫体乳白色，扁平，各体节之间缢缩明显，腹部各节弯向一侧。前胸膨大，淡黄色，前胸盾棕色，中部有“人”字形纵纹。

2 年 1 代，以老熟幼虫在隧道越冬。幼虫先在皮层钻蛀危害。大龄幼虫蛀入浅层木质部蛀食。

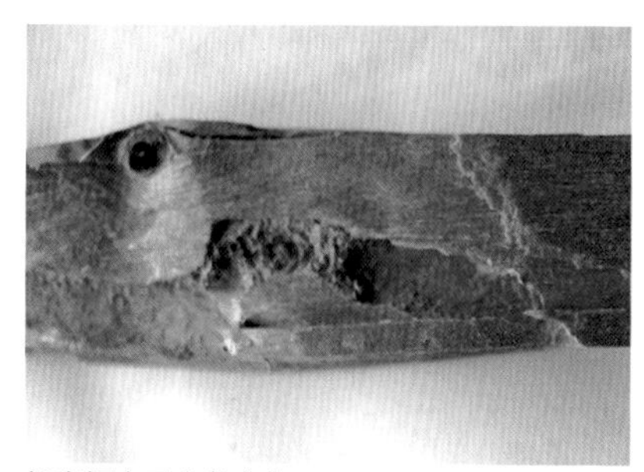

松青铜吉丁虫危害状

松青铜吉丁虫成虫

杨锦文吉丁虫

〖鞘翅目　吉丁虫科〗

Poecilonota variolosa Paykull

分布北疆地区，危害小青杨、小叶杨、青杨等。

成虫紫铜色，有金属光泽，体扁平，前胸背板有一黑色中脊，中脊两侧有“1”字形黑色亮斑，外缘有凹点。每个鞘翅上有10条纵沟及黑色短线点及斑纹。幼虫体扁平，前胸特别膨大。

3年1代，以不同龄的幼虫在树干隧道内越冬。幼虫钻蛀后，树势衰弱，易风折、感病，以至造成全株枯死。

杨锦纹截尾吉丁虫被害状（阿勒泰地区林检局）

天花吉丁虫

〖鞘翅目　吉丁虫科〗

Julodis variolaris Pall.

分布古尔班通古特沙漠荒漠区。寄主为梭梭、白梭梭及多种柽柳。

成虫体橄榄形，绿色，有光泽。鞘翅上有四纵行排列的黄白色色斑。幼虫乳白色。头褐色，小。前胸膨大。

1年1代，以蛹在寄主枝干内越冬。幼虫蛀食干、根。

梭梭根颈被害状

天花吉丁虫成虫取食白梭梭嫩枝

天花吉丁虫成虫

山杨楔天牛

Saperda carcharias (Linnaeus)

〖鞘翅目 天牛科〗

北疆有分布。主要寄主有杨、柳、杏等树干基部。

成虫体黑色。鞘翅狭长，宽于前胸背板，肩部突出，满布黑色而有光泽的粗刻点，基部刻点较大而密，向端部刻点逐渐变细，密被土黄色毛。幼虫在背步泡突上具或多或少成片的小刺。前胸背板肉桂色，有一条中纵沟和两条侧沟。腹步泡突具一条横沟和两条斜侧沟。

2年1代，以幼虫越冬。幼虫钻蛀，成虫环啃树皮，从而严重影响树木生长。

山杨楔天牛危害状（塔城地区林检局）

山杨楔天牛蛹背面图（塔城地区林检局）

山杨楔天牛幼虫背面图（塔城地区林检局）

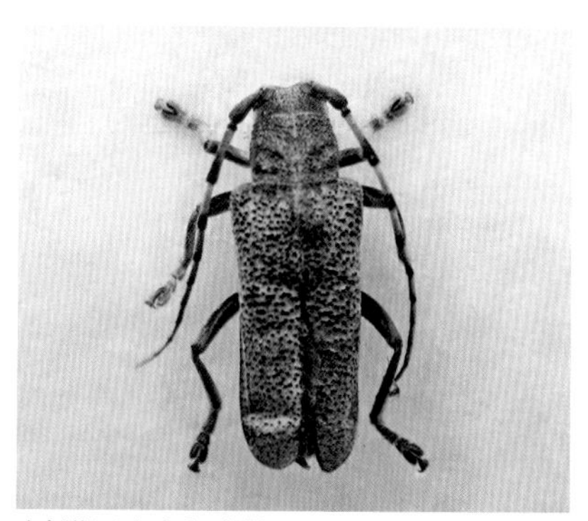

山杨楔天牛成虫（雌）

山杨楔天牛成虫（雄）

十星楔天牛

〖鞘翅目　天牛科〗

Saperda perforata (Pallas)

阿勒泰、伊犁地区有分布。幼虫危害多种杨、柳树及花楸。

成虫体筒状，黑色，密被灰黄色至浅蓝色绒毛。前胸背板中线两旁前后各有1个小黑斑。每鞘翅中央纵向排列5个近圆形黑点。

2年1代，以幼虫越冬。幼虫危害寄主粗大的衰弱木、风倒木。

十星楔天牛成虫

锈斑楔天牛

〖鞘翅目　天牛科〗

Saperda balsamifera Motsch.

伊犁地区有分布。寄主为多种杨树。

成虫体黑色。前胸背板中线两侧各具1条金黄色纵带。每鞘翅有金黄色纵列绒毛圆斑5个，第三斑长形，第五斑模糊。

2年1代，以幼虫在虫道内两次越冬。幼虫危害后会在末端膨大成较为规整的椭圆形虫瘿。

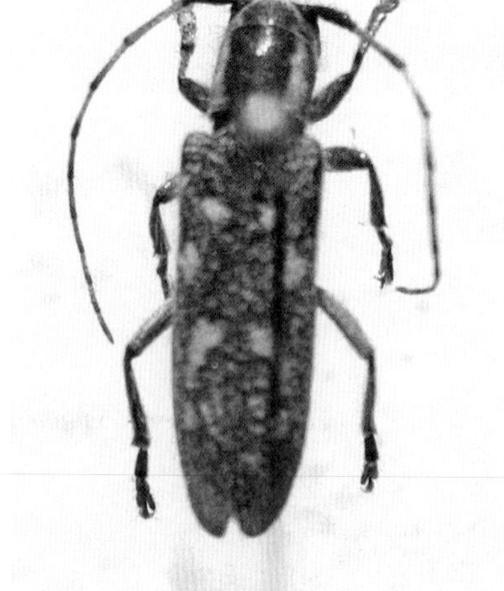

锈斑楔天牛成虫

青杨天牛 又称青杨楔天牛，青杨枝天牛

〖鞘翅目 天牛科〗

Saperda populnea Linnaeus

南北疆广泛分布。寄主为多种杨树。

成虫体黑色。前胸背面平坦，两侧各1条金黄色纵带。翅鞘有金黄色绒毛圆斑4～5对。雄虫鞘翅上的圆斑常不明显。老熟幼虫深黄色，无足型。前胸宽阔、隆起，前胸背板中部有“凸”形前胸盾。腹部1～7腹节腹背具泡状中间凹陷的步泡突。

1年1代，以老熟幼虫在树枝的虫瘿内越冬。成虫5月中、下旬选择在直径2cm以下幼树的主干及2年生嫩枝，咬马蹄形刻槽产卵。寄主被害部位膨大成较为规整的椭圆形虫瘿，会导致枝梢干枯、风折、树干畸形，形成“小老树”。幼树主干受害可使整株死亡。

青杨天牛危害状

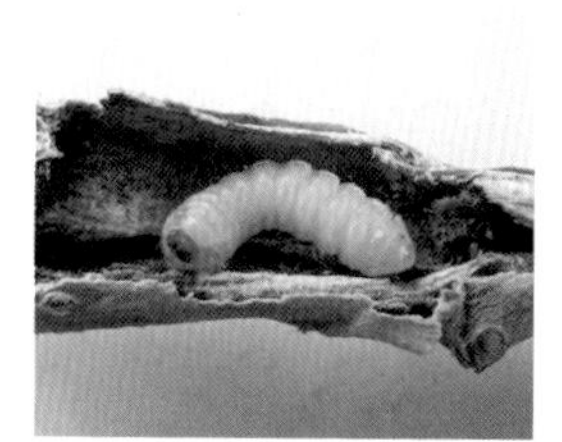

青杨天牛幼虫

青杨天牛蛹（昌吉州林检局）

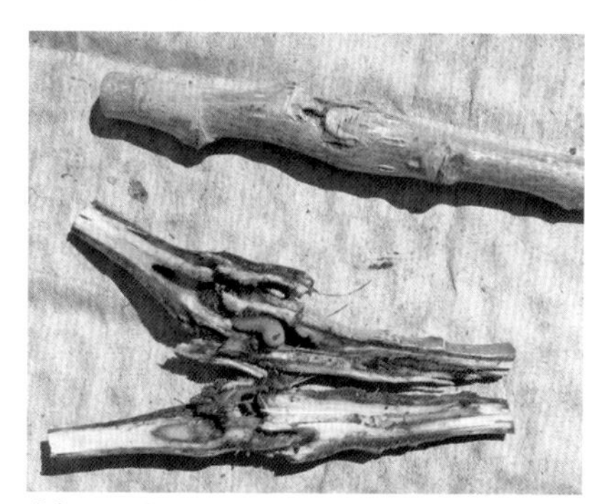

青杨天牛产卵刻槽及幼虫虫道

青杨天牛成虫

锈色粒肩天牛

〖鞘翅目　天牛科〗

Apriona swainsoni (Hope)

锈色粒肩天牛危害状

锈色粒肩天牛成虫

库尔勒市有分布。主要寄主有槐、柳等。

成虫黑褐色，体密被铁锈色绒毛。幼虫乳白色，具棕黄色细毛。前胸背板中部有一倒“八”字形凹陷纹。腹部背面1～7节步泡突由4横列刺突组成，略呈横阔的“回”字形。

在河南2年1代，以幼虫在枝干木质部虫道内越冬。锈色粒肩天牛以各虫态随寄主植物的调运作远距离传播。危害10年生以上国槐的主干或大枝，轻者树势衰弱，重者造成表皮与木质部分离，会导致树木腐烂病发生，致使树木3～5年内整枝或整株枯死。

冷杉虎天牛

〖鞘翅目　天牛科〗

Xylotrechus cuneipennis (Kraatz)

冷杉虎天牛成虫

阿尔泰山区有分布。主要寄主为冷杉、云杉等。

成虫深褐色至黑色。前胸背板近圆形，中区后部有2条淡黄色弧形纹。鞘翅中部近侧缘处各有灰白色长形毛斑1个，鞘翅中部的灰白色弧形纹自中缝向两侧延伸到鞘翅1/3处翅缘。

2年1代，以幼虫越冬。幼虫主要危害衰弱木、风倒木、枯立木等的韧皮部及木质部。

沙枣脊虎天牛

〖鞘翅目 天牛科〗

Xylotrechus grumi Sem.

北疆有分布。寄主为沙枣，成虫可取食杨、柳、多种灌木等。

成虫褐色至黑色。鞘翅上各有4个灰白色的毛斑，第一毛斑在小盾片下方紧挨鞘翅中缝，第二、三毛斑椭圆形、小，在鞘翅外侧，第四毛斑大三角形。毛斑变化大，有时模糊或缺如。幼虫黄白色，前胸盾黄褐色。

1年1代，以老熟幼虫在树干木质部内越冬。幼虫蛀食树木形成层及木质部。常致使树木生长衰弱甚至死亡。

沙枣脊虎天牛危害状

沙枣脊虎天牛幼虫

沙枣脊虎天牛成虫

青杨脊虎天牛

〖鞘翅目 天牛科〗

Xylotrechus rusticus (Linnaeus)

北疆有分布。幼虫寄主为杨、桦、柳、椴等，成虫可取食杨、柳、多种灌木等。

成虫深褐色至黑色。前胸背板中部有2条淡黄色纵纹，两侧缘具弧形淡黄色纹。小盾片两侧各有一小白斑。鞘翅上具灰白色毛斑、弧形斑多个，并有多种变化，有时模糊或缺如。

2年1代，以幼虫越冬。幼虫主要危害衰弱木、枯立木等的韧皮部及木质部。

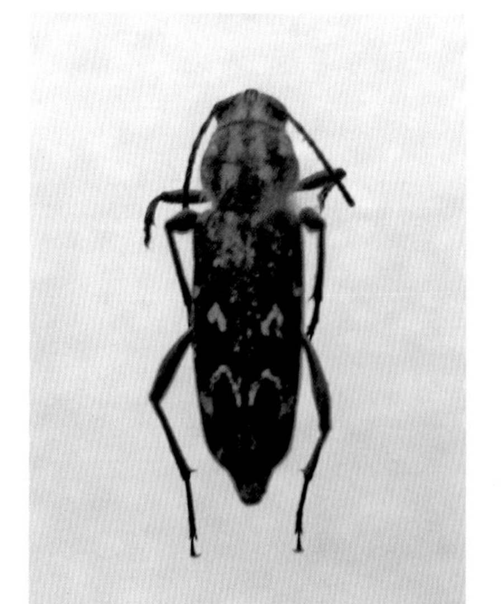
青杨脊虎天牛成虫

纳曼干脊虎天牛 又称柳脊虎天牛

〖鞘翅目 天牛科〗

Xylotrechus namanganensis Heydel

国内仅分布新疆南北疆地区。寄主为白柳、钻天榆、沙枣、新疆杨、桑、胡杨等阔叶树。

成虫褐色至黑色。鞘翅被褐色短绒毛，鞘翅上各有4个灰白色或淡黄色毛斑，沿鞘翅基部有一窄的灰白或淡黄色毛条纹。幼虫黄白色，前胸盾黄褐色。

1年1代，以老熟幼虫和少量蛹在树干木质部内越冬。生活史不整齐。幼虫不仅蛀食生长衰弱的树木，也危害健壮的树木，严重者可使全株死亡。

纳曼干脊虎天牛危害胡杨伐桩

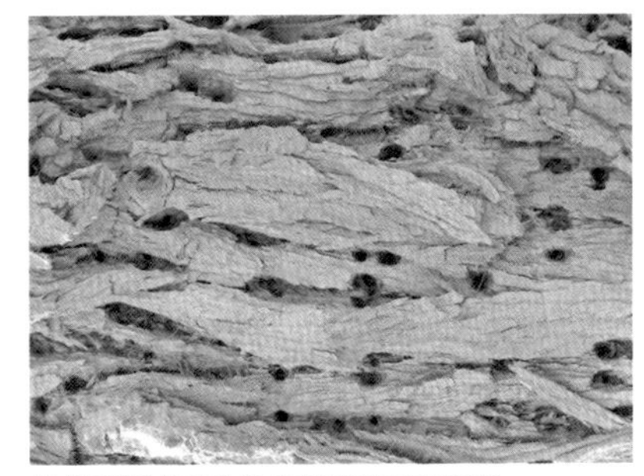

纳曼干脊虎天牛危害胡杨严重受害状

纳曼干脊虎天牛危害胡杨树干虫道剖面

虫道内的纳曼干脊虎天牛幼虫

纳曼干脊虎天牛成虫

家茸天牛

〖鞘翅目 天牛科〗

Trichoferus campestris (Faldermann)

新疆广泛分布。寄主有云杉、杨、柳、桦、白蜡、丁香、苹果、榆、落叶松等。

成虫棕褐色，密被灰黄色绒毛。前胸和鞘翅密布不规则的小刻点，鞘翅末端绒毛较长。幼虫淡黄色，头部黑褐色。前胸背板前缘之后具2个黄褐色横斑。

1年1代，以幼虫在木质部虫道内越冬。幼虫蛀食衰弱树干、枯立木、砍伐后堆放的木材以及建房内带皮的梁、檩、椽、柱等。严重的可造成树木枯死，降低原木材质及影响居住。

家茸天牛被害状

家茸天牛幼虫的危害（巴州林检局）

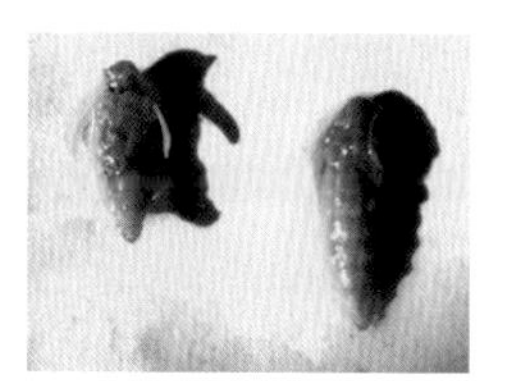

家茸天牛蛹

家茸天牛雌成虫

四斑厚花天牛

〖鞘翅目 天牛科〗

Pachyta quadrimaculata (Linnaeus)

阿勒泰地区有分布。寄主有云杉、冷杉、红松等。

成虫黑褐色。鞘翅棕黄色，每个鞘翅中部前后具前大后小两个近方形黑斑，肩角明显，向端部渐窄，末端凹切。

3年1代，以幼虫越冬。幼虫主要危害成熟的大径木根部。

四斑厚花天牛成虫

光肩星天牛

〖鞘翅目　天牛科〗

Anoplophora glabripennis（Motschulsky）

与黄斑星天牛 *Anoplophora nobilis* Ganglbauer 属同种。

2002年8月首次在和静县县城发现，2003年8月在伊宁市区，2004年在焉耆县、和静县、兵团农二师22团、23团的农田防护林发现。2005年11月，新源县城发现。主要危害杨、柳、槭、榆、槐、桑等树种。

成虫体黑色。触角12节，3～11节基部及12节全部密布灰白色细毛并呈蓝灰色，端部黑色。前胸背板两侧各具一尖锐的侧刺突。鞘翅翅面刻点微小、稀疏。每翅有白色或淡黄色毛斑约20个。幼虫淡黄色。前胸宽大，背板呈梯形，上具"凸"字形骨化。腹部1～7节背面和腹面各具一"回"字形步泡突。背面步泡突中央具横沟2条，腹面的1条。

1年1代或2年1代。以1～3龄幼虫越冬的为1年1代，以卵及卵壳内发育完全的幼虫越冬的多为2年1代。幼虫在树皮下取食产卵孔周围韧皮内层及形成层，2龄后蛀入木质部，形成椭圆形虫道。幼虫会将木屑和粪便推出蛀道。老熟幼虫在虫道末端用木丝筑蛹室化蛹。

光肩星天牛在杨树刻痕

光肩星天牛卵

光肩星天牛蛹

光肩星天牛黄斑型成虫

光肩星天牛白斑型成虫

双条杉天牛

〖鞘翅目 天牛科〗

Semanotus bifasciatus（Motschulsky）

阿克苏、伊犁等地有分布。危害杉、侧柏、桧柏等树种的衰弱木、枯立木、新伐倒木、大苗等。

成虫黑褐色。体、足密被黄色绒毛。鞘翅具相间排列的2条棕黄或驼色横带，前带后缘及后带色浅。幼虫乳白色。头部有1个黄褐三角斑。前胸节较头部及其他各体节宽，侧缘略成半圆形，背板黄褐色。

多1年1代，少数2年1代，以成虫、蛹和幼虫越冬。幼虫危害会导致被害树木韧皮部腐烂变黑，常引起枯梢、风折，甚至木材腐朽或死亡。

双条杉天牛危害造成刺柏枯死

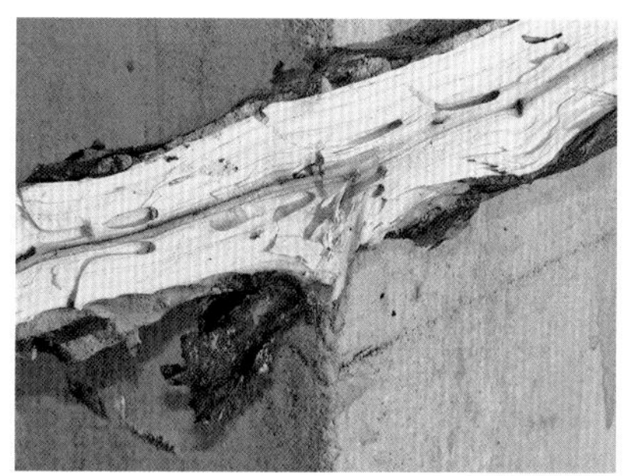

双条杉天牛虫道

刚刚羽化的双条杉天牛

双条杉天牛在刺柏干上的羽化孔

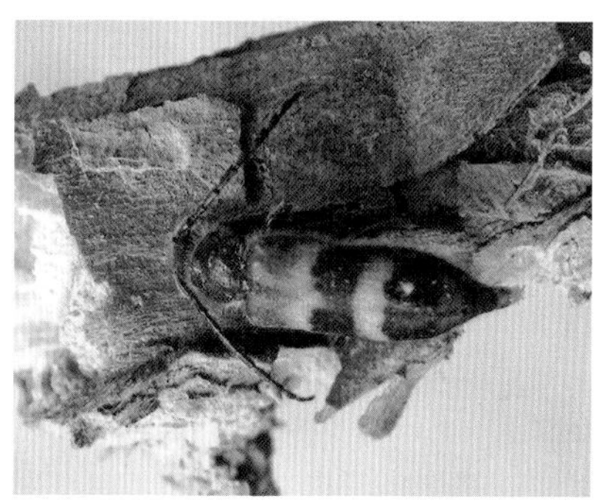

双条杉天牛成虫

点胸细条虎天牛

〖鞘翅目 天牛科〗

Cleroclytus collaris Jakowlew

国内仅分布新疆阿勒泰、乌鲁木齐地区。寄主为沙枣、沙棘、杨、苹果等。

成虫褐色至黑色。鞘翅两侧平行，黑褐色，但翅基部及小盾片周围红褐色。鞘翅基部2/5处及4/5处具横向前突状弧形毛条纹带。2/5处的横带细，黄白色；4/5处的横带宽，白色。2/5处横纹前，具2条自翅中缝伸向翅肩的弧形灰白色宽毛条带。胸足红褐色，腿节膨大，前半部分黑褐色。幼虫黄白色，前胸盾黄褐色。

1年1代，以羽化后的成虫在树干木质部内越冬。幼虫孵化后先沿着树干形成层蛀食，3龄后再钻蛀到木质部内纵行取食，严重者可致枝条大量干枯。

点胸细条虎天牛成虫

沟胸细条虎天牛

〖鞘翅目 天牛科〗

Cleroclytus strigicollis Jakowlew

北疆地区有分布。寄主为杨、柳、杏、樱桃、苹果、野蔷薇等。

成虫褐色至黑色。前胸背板长大于宽，前后横缢间具细纵沟。鞘翅基部2/5处及4/5处具横向前突状弧形毛条纹带。2/5处的横带细，黄白色；4/5处的横带宽，白色。2/5处横纹前，具2条自翅中缝伸向翅肩的弧形灰白色宽毛条带。幼虫黄白色，老熟时长18mm左右，头黄褐色，缩入前胸。前胸盾黄褐色。

1年1代，以羽化后的成虫在树干木质部内越冬。成虫嗜食花粉。幼虫孵化后先沿着树干形成层蛀食，3龄后再钻蛀到木质部内纵行取食，严重者可致枝条大量干枯。

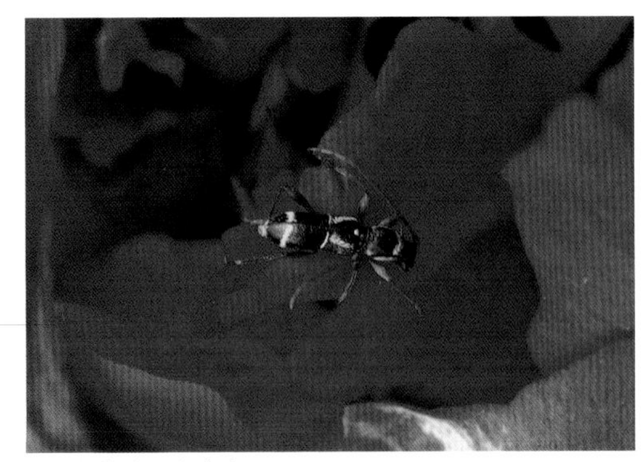

沟胸细条虎天牛成虫

云杉大墨天牛

〖鞘翅目 天牛科〗

Monochamus urussovi (Fischer)

天山、阿尔泰山针叶林区有分布。寄主为多种松、杉及白桦等树木。

成虫体黑色，带墨绿色或古铜光泽。雄虫触角长约为体长的 2 ~ 3.3 倍，雌虫触角比体稍长。鞘翅基部密被颗粒状刻点，并有稀疏短绒毛，鞘翅末端覆盖土黄色绒毛。鞘翅前 1/3 处有 1 条横压痕。老熟幼虫乳黄色。前胸最发达，长度为其余 2 胸节之和，前胸背板有凸形红褐色斑。中、后胸、腹部的背面和腹面有步泡突。

2 年 1 代或 1 年 1 代，以大小幼虫越冬。幼虫钻蛀危害倒木和衰弱木，成虫危害嫩枝、针叶。

云杉大墨天牛幼虫（阿勒泰地区林检局）

云杉大墨天牛蛹（阿勒泰地区林检局）

云杉大墨天牛羽化孔（阿勒泰地区林检局）

云杉大墨天牛雌成虫

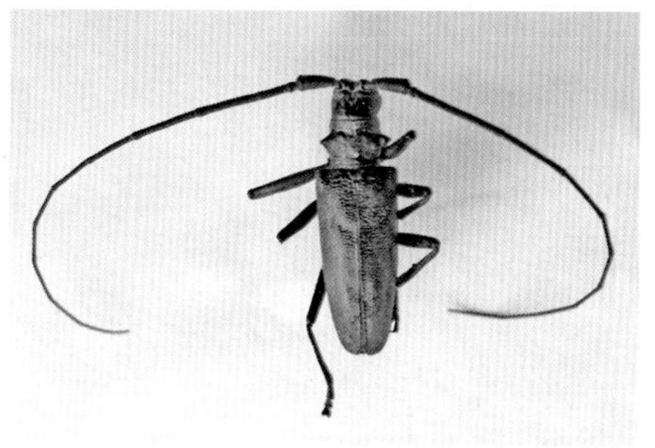

云杉大墨天牛雄成虫

云杉小墨天牛

〖鞘翅目　天牛科〗

Monochamus sutor (Linnaeus)

天山、阿尔泰山针叶林区有分布。寄主为多种松、杉树木。

成虫体黑色，有时微带古铜色光泽。鞘翅末端钝圆。雄虫触角超过体长 1 倍多，黑色。雌虫超过 1/4 或更长。幼虫浅黄色。头缩入胸部。前胸背板有凸形褐色骨化区。

2 年 1 代或 1 年 1 代，以大小幼虫越冬。幼虫钻蛀危害倒木和衰弱木，成虫危害嫩枝、针叶。

云杉小墨天牛雌成虫

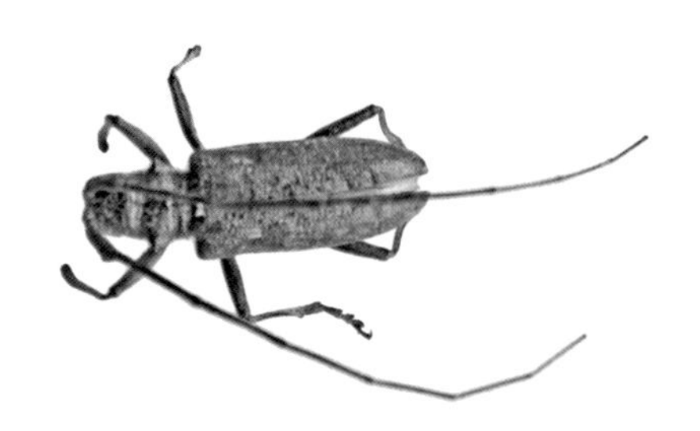

云杉小墨天牛雄成虫

棕黄侧沟天牛

〖鞘翅目　天牛科〗

Obrium cantharinum (Linnaeus)

棕黄侧沟天牛成虫

分布阿勒泰地区，危害多种杨树。

成虫淡棕黄色。触角、足黄褐色。前胸背板侧瘤突呈圆锥形。小盾片三角形。鞘翅两侧平行，端角圆。腿节端部膨大。

1 年 1 代，以幼虫越冬。主要危害成、过熟林，幼虫钻蛀、啃食枝干韧皮部和边材表层危害。

中亚沟跗天牛

〖鞘翅目 天牛科〗

Turanium scabrum (Kraatz)

全疆分布。幼虫危害沙枣、胡杨、野蔷薇、柽柳、苹果等。

成虫棕黄色至深褐色。前胸背板侧缘弧形。鞘翅端部中缝开裂。后足胫节长于跗节，第一、二跗节腹面具光裸纵沟。

1 年 1 代，以幼虫越冬。主要危害寄主 0.4 ~ 2.0cm 粗细枝条，幼虫钻蛀、啃食枝干韧皮部和木质部危害。

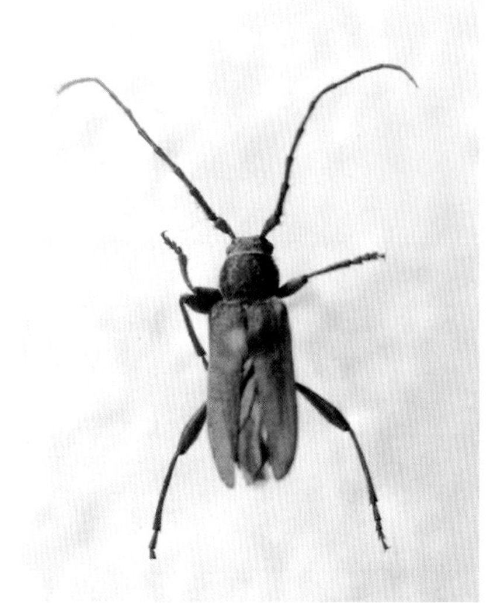

中亚沟跗天牛成虫

紫色扁天牛

〖鞘翅目 天牛科〗

Callidius violaceum Linnaeus

分布阿勒泰地区，危害云杉、落叶松、红松等的伐桩、倒木、枯立木，不危害活立木。

成虫紫色或蓝紫色，有光泽。鞘翅两侧平行，端角外斜切。

1 年 1 代，以幼虫越冬。幼虫钻蛀、啃食枝干韧皮部和边材表层危害。

紫色扁天牛雌成虫

紫色扁天牛雄成虫

斑角缘花天牛

〖鞘翅目　天牛科〗

Anoplodera variicornis Dalman

斑角缘花天牛成虫

天山、阿尔泰山有分布。寄主有杨树、桦树、冷杉、云杉等。

成虫黑色。头在复眼后收缩呈颈状。鞘翅红棕色，翅面向后渐狭，翅端斜切，缝角尖，端缘开裂。

2 年或 3 年 1 代，以幼虫越冬。幼虫危害粗的枯立木、风折木、朽木根部。

粒翅沟胫天牛

〖鞘翅目　天牛科〗

Lamia textor (Linnaeus)

粒翅沟胫天牛成虫

阿勒泰、塔城等地区有分布。幼虫危害杨、柳、沙棘等。

成虫黑色或黑褐色，体、翅被密集粒状突及黄色毛斑。前胸背板侧刺突尖锐。鞘翅肩角突出，向后渐窄，末端圆。中足胫节外侧具明显瘤突。

3 年 1 代，以幼虫越冬。主要危害阔叶树根颈部及外露的树根。

灰翅筒天牛

〖鞘翅目 天牛科〗

Obereca oculata (Linnaeus)

灰翅筒天牛成虫

阿勒泰地区有分布。幼虫危害多种柳树。

成虫体筒状，头、触角、鞘翅黑色，前胸背板、胸足橘红色。头、鞘翅被深灰色毛被。前胸背板中区两侧各有1个圆形小黑斑。小盾片半圆形。鞘翅两侧平行，刻点黑色，排成8纵行。

2年1代，以幼虫越冬。幼虫危害柳树0.5～40cm的活枝条，在树木枝条髓心蛀食的虫道可长达36cm，被害枝条表面呈黑斑状。

黑胫宽花天牛

〖鞘翅目 天牛科〗

Evodinus interrogationis Linnaeus

黑胫宽花天牛成虫

阿尔泰山有分布。寄主为阿尔泰赤芍、毛大戟、红景天及野生草本植物。

成虫黑色，被淡灰黄色毛。前胸背板侧缘中部具瘤突。鞘翅黄色至黄褐色，每鞘翅具7个黑斑，但斑点多变。

1年或2年1代，以幼虫越冬。幼虫危害寄主根部。

白腹草天牛

〖鞘翅目　天牛科〗

Eodorcadion brandti (Gebler)

北疆山间河谷及前山地带有分布。寄主为荒漠灌木植物。

成虫黑色，头、前胸、鞘翅被白色纵行绒毛条。前胸背板侧缘中部具刺状瘤突。胸足胫节、跗节具棕黄色绒毛。

1 年 1 代，以幼虫越冬。幼虫危害寄主根部。

白腹草天牛成虫

尖跗锯天牛

〖鞘翅目　天牛科〗

Prionus heros (Semenov-Tian-Shanskij)

吐鲁番、哈密地区有分布。寄主为多种榆树。

成虫棕褐色至黑褐色。前胸背板光亮，每侧各具 3 个齿状突，中齿尖长，前齿小，后齿很短小。鞘翅宽，每个鞘翅具 3 条纵脊纹，中缝角尖锐，小刺状。

生活史不详。

尖跗锯天牛幼虫背面图

尖跗锯天牛成虫

尖跗锯天牛成虫的不同体色

短翅锯天牛宽齿亚种

〖鞘翅目 天牛科〗

Prionus brachypterus latidens (Motsch.)

短翅锯天牛宽齿亚种成虫

塔城地区有分布。寄主为多种杨树。

成虫褐黑色。前胸背板光亮，每侧各具2个宽刺突，前小后大。鞘翅稍短于腹末，鞘上具细刻点及细纵隆，翅末分开，末端圆。

生活史及危害情况不详。

宽条真草天牛

〖鞘翅目 天牛科〗

Dorcadion lativittis Kr.

阿勒泰地区有分布。

成虫黑色。每鞘翅具白色纵行绒毛条3条。前胸背板宽胜于长，侧缘具短而粗的刺。胸足黑色，胫节棕黄色。

生活史及危害情况不详。

宽条真草天牛成虫

黑亚天牛

〖鞘翅目 天牛科〗

Asias diabolicus (Reitler)

黑亚天牛成虫

阿勒泰地区有分布。寄主为荒漠灌木植物。

成虫黑色。前胸背板长宽相等，侧缘具不明显的瘤突。每鞘翅具不明显细纵隆2条。

生活史不详。

刺角天牛

〖鞘翅目　天牛科〗

Trirachys orientalis Hope

国内省区普遍分布。寄主为杨、柳、榆、槐、椿、银杏、泡桐、梨等。寄主广泛，应警惕传入新疆。

成虫灰黑色，被有棕黄色及银灰色闪光的绒毛。前胸背板两侧各具一短刺突。鞘翅末端平切，具明显的内、外角端刺。老熟幼虫体长 46 ~ 66mm，淡黄色至黄色。前胸背板前半部有“凹”字形褐色前胸盾，中间具纵缝，两侧各有 1 个近三角形的褐色斑。

2 年 1 代，以幼虫和成虫越冬。以幼树钻蛀树木主干和粗枝，常重复受害，造成虫道交错，蛀孔较多，一般老龄树木受害较重，导致枝条干枯，严重时树皮剥离，整株枯死。

刺角天牛危害柳的虫道与木材变色

刺角天牛幼虫背面图

刺角天牛幼虫腹面图

云斑天牛 又称云斑白条天牛、多斑白条天牛

〖鞘翅目 天牛科〗

Batocera horsfieldi (Hope)

广泛分布于我国中、南部省区，曾发现随大叶白蜡、小叶白蜡、悬铃木调运至新疆。应警惕传入。主要寄主有悬铃木、泡桐、白蜡、枫杨、杨、柳、榆、核桃、无花果等。

成虫黑色或黑褐色，密被灰白色绒毛。前胸背板中央两侧各具一灰白色至橘黄色斑点，侧缘具粗大侧刺突。鞘翅每翅有白色或杏黄色云片状 5 ~ 6 个，排成 2 ~ 3 纵行。幼虫淡黄色。前胸宽大，背板呈梯形，前缘中央略突出，上具 2 个小黄点，骨化前胸盾色略深。

2 ~ 3 年 1 代，以幼虫和成虫在虫道内越冬。幼虫在树皮下取食，被害部位树皮常纵裂并有棕红色木丝状虫粪排出。2 龄后蛀入木质部，形成椭圆形虫道。

悬铃木被害状

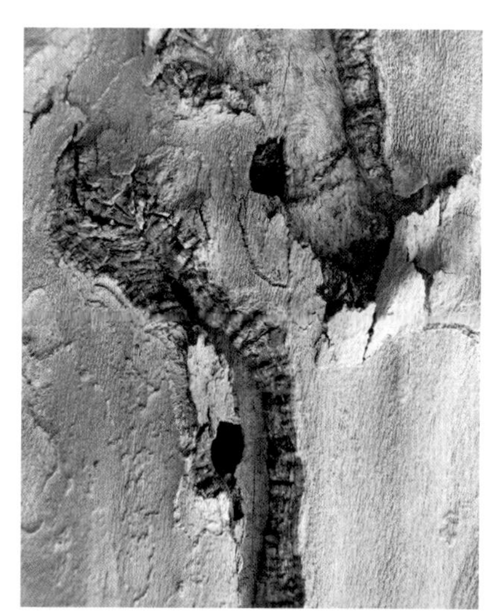

云斑天牛成虫羽化孔

云斑天牛幼虫背面图

云斑天牛老熟幼虫（吐鲁番地区林检局）

云斑天牛成虫（吐鲁番地区林检局）

星天牛

〖鞘翅目　天牛科〗

Anoplophora chinensis (Forster)

国内省区普遍分布。寄主为杨、柳、榆、槐、椿、银杏、泡桐、梨等。寄主广泛，应警惕传入新疆。

成虫黑色，具光泽。前胸背板两侧各具一尖锐的侧刺突。鞘翅基部具黑色小颗粒。每翅有白色斑约 20 个。幼虫淡黄色。腹部具一“回”字形步泡突。

1 年 1 代，以幼虫越冬。幼虫在树皮下取食产卵孔周围韧皮内层及形成层，2 龄后蛀入木质部，形成椭圆形虫道。幼虫会将木屑和粪便推出蛀道。

星天牛雌成虫

星天牛雄成虫

星天牛危害状

星天牛虫道

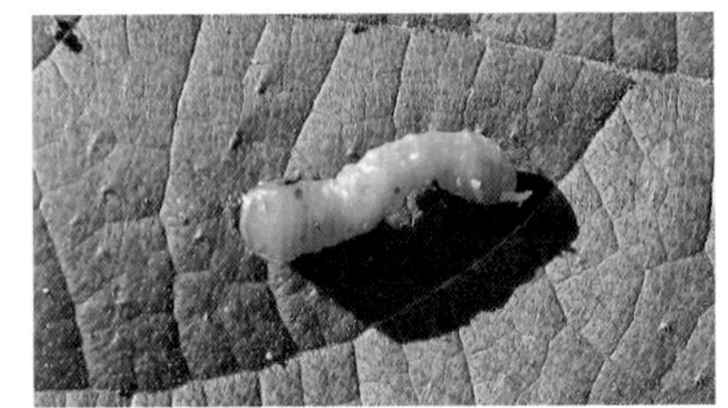

星天牛幼虫背面图

松幽天牛 又称脊鞘幽天牛

〖鞘翅目 天牛科〗

Asemum amurense Kraatz

天山、阿尔泰山针叶林区有分布。寄主为多种松、杉树木。

成虫黑褐色。触角短，长度只达体长一半。前胸背板的侧缘呈圆形，背板中央少许向下凹陷。鞘翅顶端与末端呈圆弧状，翅面上有纵隆起线。幼虫体长约28mm。头部黑褐色，前胸背板褐色。

2年1代或1年1代，以大小幼虫越冬。幼虫钻蛀危害倒木和衰弱木，成虫危害嫩枝。

松幽天牛成虫

肿腿短鞘天牛

〖鞘翅目 天牛科〗

Molorchus heptapotamicus Plav.

分布乌鲁木齐地区，幼虫危害蔷薇及鼠李属植物根部，成虫在阔叶树、灌木丛中可见。

成虫黄色、黄褐色或深棕色。腹部深褐色。前胸背板侧缘突角状突起。鞘翅很短，只伸到腹部基部。鞘翅端部中缝开裂。

1年1代，以幼虫越冬。主要危害寄主0.6～1.7cm粗细枝条，幼虫钻蛀、啃食枝干韧皮部和木质部危害。

肿腿短翅天牛成虫

谢氏短翅天牛

〖鞘翅目　天牛科〗

Molorchus semenovi Pav.

分布阿勒泰地区，幼虫危害云杉、冷杉等林木。

成虫深棕色。鞘翅很短，只伸到腹部基部。鞘翅端部中缝开裂。后足腿节端部膨大。

1 年 1 代，以幼虫越冬。主要危害寄主枝条，幼虫钻蛀、啃食枝干韧皮部和木质部危害。

谢氏短翅天牛成虫

小缘花天牛

〖鞘翅目　天牛科〗

Anoplodera livida Fabricius

阿勒泰地区有分布。寄主为阔叶树。

成虫黑色，密被黄色绒毛。鞘翅较短，两侧平行，端缘圆形。

生活史及危害情况不详。

小缘花天牛成虫

细角断眼天牛

〖鞘翅目　天牛科〗

Tetropium gracilicorne Reitt.

阿勒泰地区有分布。寄主为云杉、落叶松、冷杉等。

成虫黑色。复眼围绕触角深凹。触角细。鞘翅两侧平行，端缘圆形。

2 年 1 代，以幼虫越冬。主要危害风倒木、枯立木、火烧木、虫害后衰弱木，幼虫钻蛀、啃食枝干韧皮部和木质部危害。

细角断眼天牛成虫

松皮天牛 又称松脊花天牛

〖鞘翅目 天牛科〗

Rhagium inquisitor Linnaeus

阿勒泰地区有分布。寄主有云杉、冷杉、落叶松等。

成虫黑褐色，具多个灰黄色斑点，组成模糊的横带。前胸具光滑的侧刺突。鞘翅肩部宽于前胸。

2年1代，第一年以幼虫越冬，第二年以成虫越冬。幼虫主要危害伐倒木、风倒木、枯立木等的韧皮部。

松皮天牛雄成虫

松皮天牛雌成虫

云斑短头花天牛

〖鞘翅目 天牛科〗

Dorhtouroffia nebulosa (Gebler)

伊犁地区针叶林区有分布。寄主为云杉。

成虫黑色，被黄棕色绒毛。前胸背板后角突出，覆盖于翅肩上。每个鞘翅从翅缘到中缝有3条大横斑，横斑边缘模糊。

1年1代，以幼虫越冬。幼虫危害韧皮部和边材表层及木质部。

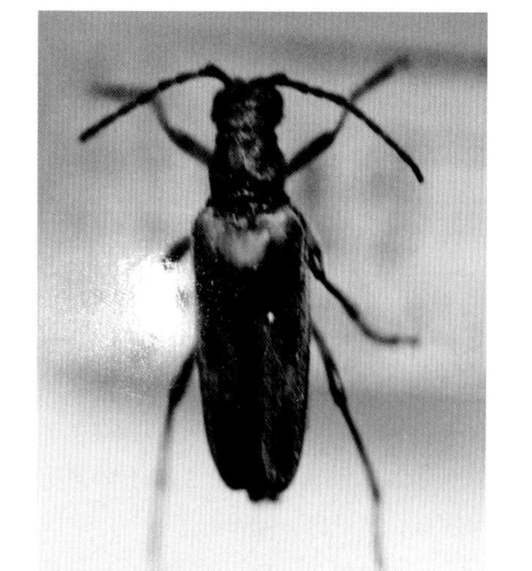

云斑短头花天牛成虫

蒙古锯花天牛

〖 鞘翅目　天牛科 〗

Apatophysis mongolica Sem.

全疆荒漠灌木林有分布。寄主为盐豆木等荒漠灌木。

成虫黄褐色。前胸背板侧缘具钝瘤突。小盾片舌形。鞘翅翅基宽，向后渐窄，端缘圆。

1 年 1 代，以幼虫越冬。幼虫蛀食危害根颈及近地面茎干。

蒙古锯花天牛成虫

双带花天牛

〖 鞘翅目　天牛科 〗

Leptura bifasciata (Mull.)

阿勒泰地区有分布。寄主有杨树、桦树、冷杉、松等。

成虫黑色，鞘翅暗红色，翅面向后渐狭，翅端具黑色斑点。前胸背板侧缘浑圆，两后角尖锐呈古钟状。

1 年 1 代，以幼虫越冬。幼虫危害树木韧皮部及木质部。

双带花天牛成虫

黑肩眼花天牛

〖 鞘翅目　天牛科 〗

Acmaeops pratensis (Laich.)

阿尔泰山有分布。寄主有云杉、红松等。

成虫黑色。鞘翅黄褐色，翅肩呈圆形突起，自翅肩向后有 1 条黑褐色纵带达翅端，但颜色变淡。翅端具斜黑褐色宽纹，缝角圆，端缘开裂。

2 年 1 代，以幼虫越冬。幼虫危害寄主枯立木、风折木根部。

黑肩眼花天牛成虫

绿毛缘花天牛

〖鞘翅目　天牛科〗

Anoplodera virens Linnaeus

阿尔泰山有分布。寄主有冷杉、云杉、新疆五针松等。

成虫黑色，密被淡绿色长绒毛。头在复眼后收缩呈颈状。鞘翅基部宽过前胸，翅面向后渐狭，翅端斜切。

2年1代，以幼虫越冬。幼虫危害风折木、倒木的皮层及木质部。

绿毛缘花天牛成虫

六斑虎天牛

〖鞘翅目　天牛科〗

Chlorophorus sexmaculatus Motschulsky

北疆有分布。幼虫寄主为杨、桦、柳等。

成虫黄绿色。前胸背板中后部有2个黑斑。鞘翅上各具纵列大黑斑3个，其中第一对黑斑有形状变化，或呈“C”形，或断裂为2个。

1年1代，以幼虫越冬。幼虫主要危害衰弱木、枯立木等的韧皮部及木质部。

六斑虎天牛成虫

云杉花黑天牛

〖鞘翅目　天牛科〗

Monochamus saltuarius Gebler

天山、阿尔泰山针叶林区有分布。寄主为多种松、杉等。

成虫黑色，密被颗粒状刻点。前胸背板有不明显的瘤状。小盾片密被白色短毛。鞘翅散布小白斑多个。

2年1代或1年1代，以大小幼虫越冬。幼虫危害韧皮部和边材表层及木质部。

云杉花黑天牛成虫

多毛小蠹

〖鞘翅目　小蠹科〗

Scolytus seulensis Murayarna

全疆分布。主要寄主有多种榆树及杏、李、梨等多种果树。

成虫头部和前胸黑褐色，鞘翅和足红褐色，有光泽。腹部腹面从第二节起斜向背面端部呈一钝角斜面。腹部第二节腹面中央有一脐状小突起。幼虫乳白色。无头无足型。头壳棕褐色。体向腹面弯曲，体节多横皱褶。

在南疆 1 年发生 2 ～ 3 代，北疆 1 年发生 1 ～ 2 代，主要以不同龄期的幼虫及少数卵或成虫在树皮下虫道内越冬。成虫寻找衰弱木，生长旺盛林木的局部衰弱枝条或新移栽树木产卵。母坑道为单纵坑。幼虫有 5 龄。幼虫在母坑道两侧横向蛀食形成 40 ～ 50 条子虫道。生长旺盛的树木不易受害，它们只选择树皮含水率下降到一定程度的树木危害。

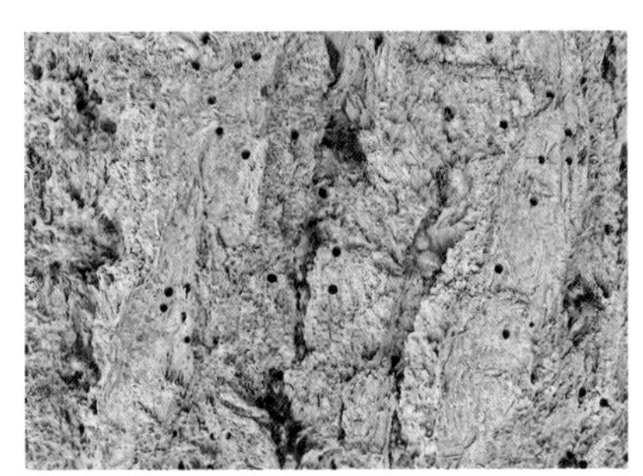

多毛小蠹危害状

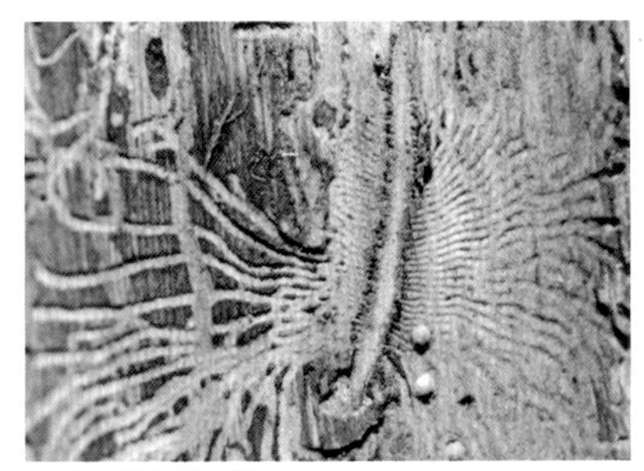

多毛小蠹虫道系统

多毛小蠹幼虫

多毛小蠹蛹

多毛小蠹成虫（阿勒泰地区林检局）

脐腹小蠹

〖鞘翅目 小蠹科〗

Scolytus schevyrewi Semenor

全疆分布。主要寄主为多种榆树。

成虫头部黑褐色。前胸、鞘翅红褐色，有光泽。腹部腹面从第二节起斜向背面端部，呈一钝角斜面。腹部第二节腹面中央有一脐状小突起。幼虫乳白色。无头无足型。头部褐色。体向腹面弯曲，体节多横皱褶。

在南疆 1 年发生 2 ～ 3 代，北疆 1 年发生 1 ～ 2 代，主要以老熟幼虫在树皮内越冬。成虫寻找衰弱木侵入凿筑母虫道咬筑卵室产卵。母坑道为单纵坑。幼虫 5 龄。幼虫蛀食形成约 40 条子虫道。成虫选择树皮含水率下降到一定程度的树木侵入危害。

脐腹小蠹危害导致圆冠榆死亡

脐腹小蠹成虫补充营养造成的危害

脐腹小蠹的严重危害

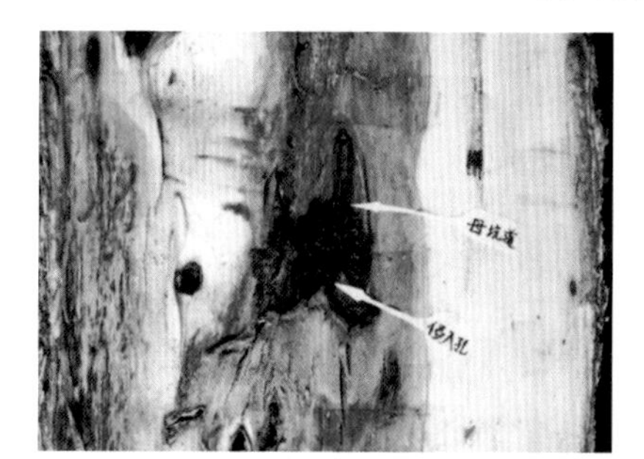

脐腹小蠹虫道

脐腹小蠹虫道系统

脐腹小蠹幼虫

脐腹小蠹蛹

脐腹小蠹成虫

果树皱小蠹

〖鞘翅目　小蠹科〗

Scolytus rugulosus (Ratzeburg)

国内只分布新疆，南北疆均有分布。主要寄主有桃、杏、梨、杜梨、苹果等蔷薇科多种果树及榆树。

成虫黑色，圆柱形。鞘翅侧缘自基部向端部在延伸的同时，逐渐收缩，尾部显著狭窄。腹部鼓起，侧视从第一节起向末端收缩，连同鞘翅末端，形成一个尖锐的锐角。幼虫乳白色。头部黄褐色。前胸大。体向腹面弯曲，体节有横皱褶。

1 年 2 代，以幼虫在虫道里越冬。成虫寻找生长衰弱的果树侵入，凿筑母虫道并产卵。幼虫钻蛀造成韧皮层与木质部分离，使果树水分运输、营养传导受阻，造成生长衰弱，枝条枯死。

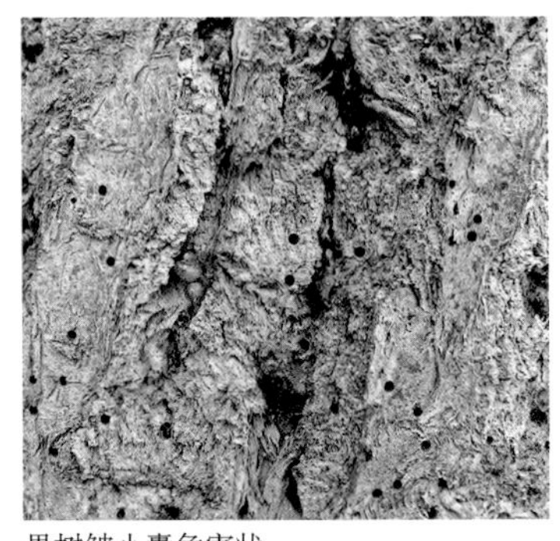

果树皱小蠹危害状

果树皱小蠹幼虫（上）及蛹

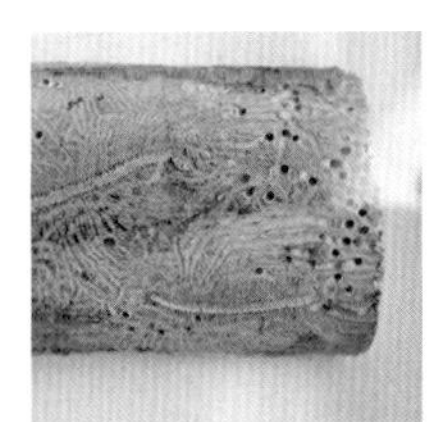

果树皱小蠹虫道系统

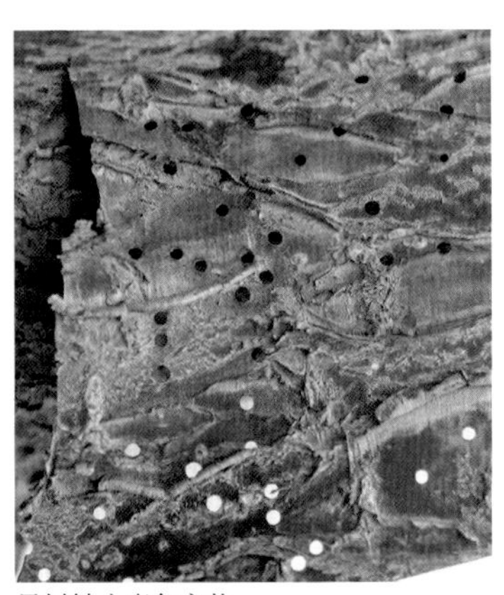

果树皱小蠹危害状

柏肤小蠹　又称侧柏小蠹

〖鞘翅目　小蠹科〗

Phloeosinus aubei Perris

柏肤小蠹危害状

阿克苏、伊犁等地有分布。寄主为柏类、杉木等针叶树。

成虫赤褐色或黑褐色，无光泽。鞘翅有 9 条纵纹，翅基处刻点横皱褶状。幼虫乳白色。头淡褐色。体向腹面弯曲。

1 年 1 代，以成虫在虫道内越冬。雌虫在长势衰弱的树木产卵。成虫补充营养期对树形、树势影响很大，幼虫繁殖发育期危害寄主枝干会造成枯枝和立木死亡。

落叶松八齿小蠹

〖鞘翅目 小蠹科〗

Ips subelongatus Motschulsky

分布天山、阿尔泰山针叶林区。危害多种云杉、红松、落叶松枝干。

成虫黑褐色，有光泽，被褐色绒毛。鞘翅具刻点，沟间有一列稀刻点。翅后半部下折，呈一斜面。斜面两侧缘各具独立的齿突4个，第三个纽扣状，余为圆锥形。

1年1代，以成虫在树干基部和枯枝落叶层下越冬。虫道为复纵坑。幼虫钻蛀危害。

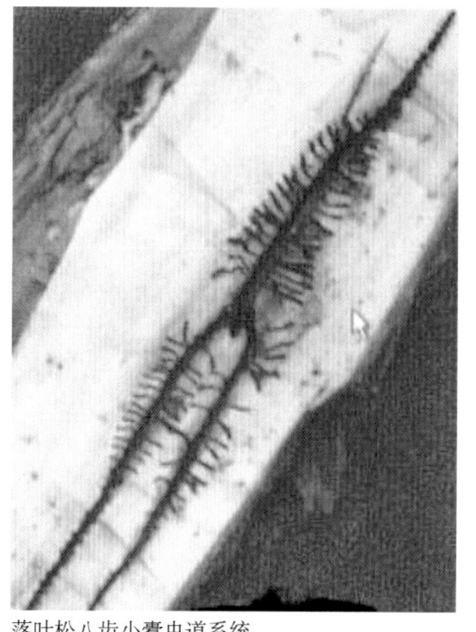

落叶松八齿小蠹虫道系统

云杉八齿小蠹

〖鞘翅目 小蠹科〗

Ips typographus Linnaeus

云杉八齿小蠹危害状及虫道系统

分布天山、阿尔泰山针叶林区。危害多种云杉、红松、落叶松枝干。

成虫黑褐色，有光泽，被褐色绒毛。鞘翅后半部下折，呈一斜面。斜面两侧缘各具独立的齿突4个，第三个纽扣状，余为圆锥形。斜面凹窝散生小刻点、无光泽。

1年1代，以成虫在树干基部和枯枝落叶层下越冬，少数在枯死幼树皮下或旧虫道内越冬。虫道为复纵坑，母虫道2～3条。该虫喜寄生于树干的中、下部，在林缘立木上则可分布至梢部，危害5cm以上枝条的下部。

云杉重齿小蠹

〖鞘翅目　小蠹科〗

Ips typographus Linnaeus

分布天山、阿尔泰山针叶林区。危害多种云杉、红松、落叶松枝干。

成虫黑褐色。鞘翅后半部倾斜，斜面两侧各具4个齿突，第三个呈纽扣状，其余3个为圆锥形，4个齿单独分开，以第一和第二齿间的距离最大。斜面无光泽。

1年1代，以成虫在树干基部或枯枝落叶层下越冬，少数在枯死幼树皮下或旧坑道内越冬。幼虫在树干上的中下部钻蛀危害。

云杉重齿小蠹危害状

松六齿小蠹

〖鞘翅目　小蠹科〗

Ips acuminatus Gyllenhal

分布天山、阿尔泰山针叶林区。危害多种松、杉枝干。

成虫赤褐至黑褐色，有光泽，全体被黄色长绒毛。鞘翅末端倾斜的凹面始于翅中部，凹面下缘水平向延伸，每侧有齿3个，以第三齿最大。雌虫所有的齿均尖削，雄虫第三齿末端则分叉。

1年1代，以成虫在边材处咬0.5cm的盲孔头向内越冬，部分在母坑道内越冬。幼虫在韧皮与边材间子虫道危害。该小蠹寄生于树干的薄皮部分，以树皮厚2～8mm处密度最大，低龄级林木自根颈直达树冠均可遭害。

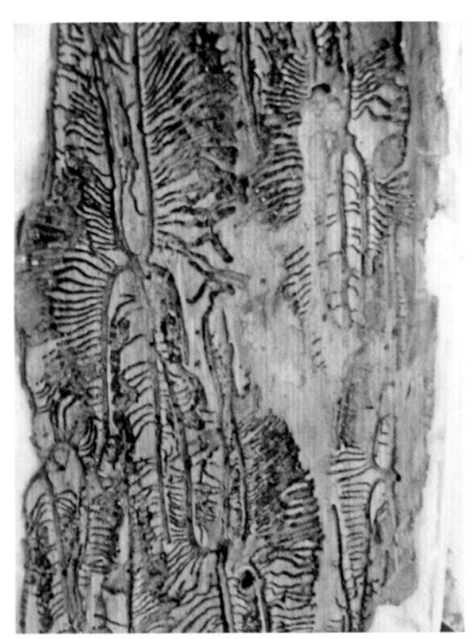

松六齿小蠹虫道系统

克里角梢小蠹

〖鞘翅目 小蠹科〗

Trypophloeus klimeschi Eggers

阿克苏、库尔勒等地有分布。发现只危害新疆杨。

成虫黑色，圆柱形，无光泽。前胸圆。鞘翅有纵纹。幼虫乳白色，头淡褐色，体向腹面弯曲。

1 年 2 代，以成虫在新疆杨树皮蛀孔里越冬。春季越冬成虫危害树木枝头、叶柄补充营养。常致大量落叶。尔后成虫在树干上皮孔处咬筑坑道，交配、产卵。幼虫在树木韧皮部钻蛀子虫道危害，每隔 0.6 ~ 1.0cm 向外咬通 1 个通气孔。以至被害树干虫孔密布，流液严重，造成韧皮层与木质部分离，使树木水分运输、营养传导受阻，造成生长衰弱，甚至枯死。

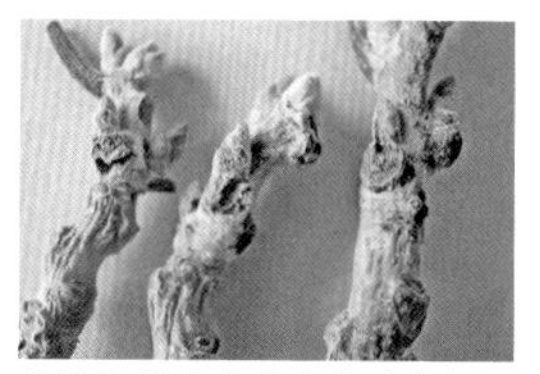

克里角梢小蠹成虫自叶痕侵入补充营养（二师29团森防站）

克里角梢小蠹危害导致的落叶（二师29团森防站）

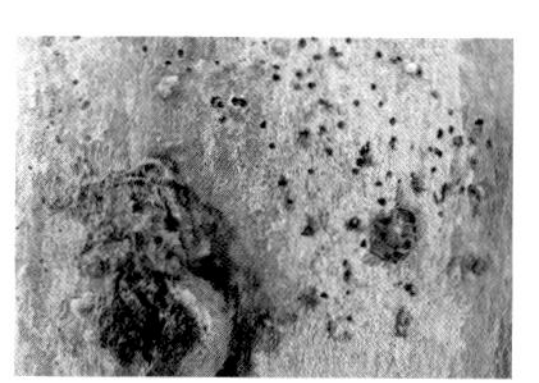

克里角梢小蠹成虫的入侵及幼虫的危害

云杉根小蠹

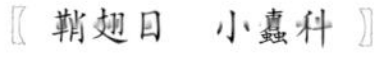

〖鞘翅目 小蠹科〗

Hylastes cunicularius Erichson

天山西部针叶林区有分布。危害云杉根部。

成虫黑褐色，稍有光泽。鞘翅刻点沟中的圆形刻点排列规则。

2 年 1 代，少数 3 年 1 代。以成虫在采伐迹地的新伐桩侧根韧皮部越冬。6 月成虫取食云杉幼苗根部补充营养，然后入侵新伐桩取食、交配、产卵。幼虫钻蛀危害。更新的云杉幼苗受害重。

云杉根小蠹被害状（自治区林检局）

黑头红长蠹

〖鞘翅目　长蠹科〗

Bostrichus capucinus Linnaeus

黑头红长蠹成虫

全疆分布。危害多种林木木材。

成虫长圆筒形，头部、前胸背板黑色，鞘翅红棕色至赤褐色，胸足暗褐色。前胸背板大，帽状，前半部有大小不等的小齿和棘状突起。鞘翅末端急剧向下倾斜，周缘具棘状和角状突起。幼虫蛴螬型。胸部发达，足较发达。

1年1代，以成虫在蛀道内越冬。成虫、幼虫均蛀食木材木质部危害。

槲黑长蠹

〖鞘翅目　长蠹科〗

Bostrichus capucinus var. *luctuosus* Olivier

槲黑长蠹成虫

全疆分布。危害多种林木木材。

成虫长圆筒形，黑色。前胸背板大，帽状，前半部有大小不等的小齿和棘状突起。鞘翅具纵向细纹。幼虫蛴螬型。胸部发达，足较发达。

1年1代，以成虫在蛀道内越冬。成虫、幼虫均蛀食木材木质部危害。

沟眶象 又称椿大象

〖鞘翅目 象虫科〗

Eucryptorrhynchus chinensis (Olivier)

随千头椿的调入已经从河南传入新疆阿克苏、库尔勒、伊犁等地区。寄主为臭椿、千头椿。

成虫长卵形，黑色，体背凸隆。前胸背板被覆褐色鳞片，两后角被覆白色鳞片；鞘翅肩部最宽，肩角圆，很突出，被覆白色鳞片。鞘翅两肩角中间被覆赭色鳞片，端部 1/3 主要被覆白色鳞片，沿中缝散布点片赭色鳞片，其他部分散布零星白色鳞片，行纹宽，刻点大，多呈方形。幼虫体长 10 ～ 14mm，无足型，乳白色。中部体节稍宽于其他体节，体向腹部弯曲。头部黄褐色。前胸背板中央具淡褐色骨化区。中、后胸及腹部各节具多条横皱褶。

1 年 1 代，以幼虫和成虫在寄主根部或树干周围土中越冬。成虫取食嫩梢、叶片补充营养。幼虫主要蛀食树冠部枝干。受害树木叶片黄瘦，树势衰弱。常与臭椿沟眶象混同发生。

沟眶象被害状

沟眶象危害千头椿

沟眶象成虫背面观示鞘翅肩角突出状

臭椿沟眶象 又称椿小象

〖鞘翅目 象虫科〗

Eucryptorrhynchus brandti（Harold）

随千头椿的调入已经从河南传入新疆阿克苏、库尔勒、伊犁等地区。寄主为臭椿、千头椿。

成虫长椭圆形，黑色。头部有小刻点。体背隆，鞘翅肩部最宽，略突出。体表布有鳞片，前胸、鞘翅肩部及端部 1/4 鳞片白色，掺杂少数赭色鳞片。鞘翅刻点大，排成多行纵列。幼虫无足型，乳白色。中部体节稍宽于其他体节，体向腹部弯曲。头部黄褐色。前胸背板中央具褐色骨化区。中、后胸及腹部各节具多条横皱褶。

1 年 1 代，以幼虫和成虫在寄主根部或树干周围土中越冬。成虫具假死性。成虫取食嫩梢、叶片补充营养。幼虫主要蛀食树冠部枝干。受害树木叶片黄瘦，树势衰弱。

臭椿沟眶象被害状（伊犁州林检局）

臭椿沟眶象幼虫（伊犁州林检局）

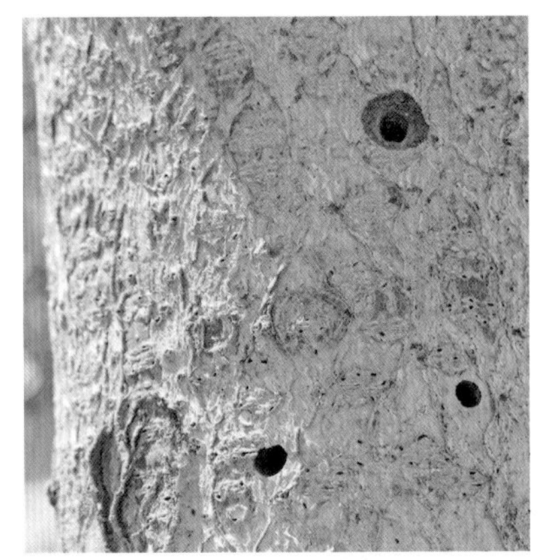

臭椿沟眶象成虫羽化孔（伊犁州林检局）

臭椿沟眶象幼虫危害状（伊犁州林检局）

臭椿沟眶象成虫交尾（伊犁州林检局）

柳干象

〖鞘翅目 象虫科〗

Cryptorhynchus sp.

柳干象幼虫蛀道

柳干象被害状

伊犁、塔城、阿勒泰、昌吉、乌鲁木齐等地区有分布。主要寄主为多种柳树，也危害杨树。

成虫长椭圆形，灰黑色。体多黑色圆形瘤状突起，散布的白色鳞片形成不规则的横带。鞘翅基部宽于前胸，每个鞘翅上具黑色毛簇色斑6个。鞘翅于后端的1/3处，向后倾斜，并逐渐缢缩，形成1个三角形斜面。幼虫乳白色，中部体节稍宽，体向腹部弯曲。头部黄褐色。中、后胸及腹部各节具多条横皱褶。

1年1代，以幼虫在寄主枝干内越冬。幼虫在韧皮部和木质部之间蛀食形成圆形坑道，蛀孔处的树皮呈圆点状伤疤。后坑道深入木质部。

杨干象　又称杨干隐喙象、杨干白尾象

〖鞘翅目　象虫科〗

Cryptorhynchus lapathi Linnaeus

伊犁、塔城、阿勒泰、昌吉等地有分布。寄主为多种杨树、柳树。

成虫长椭圆形，黑褐色或棕褐色，体上具白色鳞片形成若干不规则的横带。鞘翅于后端的1/3处，向后倾斜，并逐渐缢缩，形成1个三角形斜面。幼虫乳白色，中部体节稍宽，体向腹部弯曲。头部黄褐色。前胸具1对黄色硬皮板。中、后胸及腹部各节具多条横皱褶。

1年1代，以卵或幼虫在寄主枝干内越冬。幼虫在韧皮部和木质部之间蛀食危害，蛀孔处的树皮横向常裂开如刀砍状，部分掉落而形成伤疤。后坑道深入木质部。

杨干象危害状

杨干象成虫

膜翅目

蓝黑树蜂

〖膜翅目　树蜂科〗

Paururus juvencus Linnaeus

天山、阿尔泰山针叶林区分布。主要寄主有松、云杉、冷杉等。

成虫：雌虫蓝黑色。第一、二腹节背板、胫节、跗节橘黄色。产卵器针状，有鞘。雄虫体蓝黑色。

1年1代，以幼虫在虫道内越冬。幼虫在树干内钻蛀危害。

蓝黑树蜂危害状

蓝黑树蜂成虫

泰加大树蜂

〖膜翅目 树蜂科〗

Urocerus gigas taiganus Besonl

新疆山地林区有分布。主要寄主有松、杉、落叶松等。

成虫黑色。雌虫触角、眼后区、颊、第一腹节背板后半部，第二、七、八腹节背板、胫节、跗节均橘黄色。产卵器针状，有鞘。雄虫体长 19 ~ 31mm，体色与雌虫近似，但触角柄节黑色，其余各节红褐色。幼虫：无足型，乳白色。头部淡黄色。腹部 10 节，背面近半圆形，中央 1 纵凹沟，腹末角突褐色，其基部两侧及中央上方有小齿。

1 年 1 代，以幼虫在虫道内越冬。幼虫钻蛀危害濒死木、枯立木、新伐倒木及过高的伐桩。

泰加大树蜂危害状

泰加大树蜂虫道

泰加大树蜂待羽化

泰加大树蜂雌虫（伊犁州林检局）

烟角树蜂

〖膜翅目　树蜂科〗

Tremex fuscicornis (Fabricius)

新疆普遍分布。寄主为桦、杨、柳等80多阔叶树。

雌虫胸部背板红褐色。腹部第一节黑色，第二、三、八节为黄色，4～6节前缘黄色，其余部分黑色。产卵管鞘黄褐色至红褐色。雄虫胸部全为黑色，前、中足胫节和跗节及后足第五跗节红褐色，其余部分黑色。腹部黑色，各节呈梯形。

幼虫乳白色。头部黄褐色，胸足短小不分节，腹部末端褐色。

1年1代，以幼虫在树干虫道内越冬。幼虫主要危害衰弱木，大发生时也危害健康树，以杨树和柳树受害最重。

烟角树蜂危害杨树的危害状

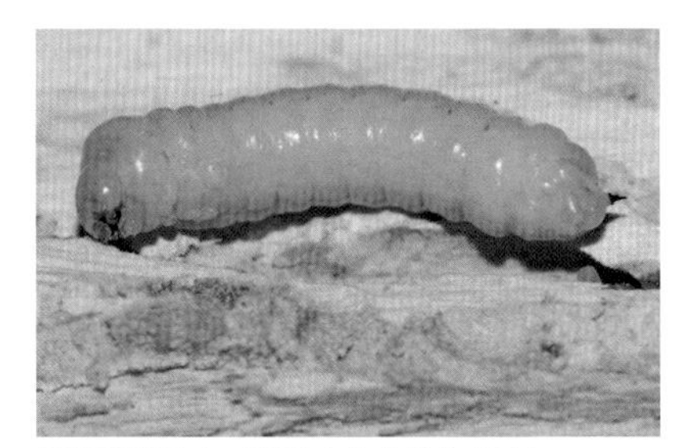

烟角树蜂幼虫（新疆农业大学林学院）

烟角树蜂雌虫产卵状（乌鲁木齐市林检局）

烟角树蜂雌虫

烟角树蜂雄虫（石河子市林检局）

香梨茎蜂

〖膜翅目 茎蜂科〗

Janus piriodorus Yang

新疆20世纪80年代末发现的新种，近年在库尔勒、阿克苏和喀什等地普遍发生。寄主为多种梨树。

此外，新疆还有梨茎蜂 *Janus piri* Okamota et Muramatsu，南北疆分布，葛氏梨茎蜂 *Janus gussakouskii* Maa，仅分布南疆梨产区，寄主均为多种梨树。

成虫黑色，具金属光泽。触角黑色。胸部背板两侧及后端为黄色。胸足腿节、跗节红黄色，其他各节黄色。雌虫具黑色针状产卵器。雄蜂腹部末节及交尾器黄褐色。幼虫白色。头部淡黄色。胸部向上隆起，体末端上翘，身体呈"～"形。仅具3对极小的胸足，腹足退化。腹末有1对黄褐色刺突。

1年1代，以老熟幼虫在寄主虫道内越冬。成虫羽化及交配、产卵与香梨花期一致。幼虫蛀食梨梢髓部，当年新梢蛀食完后，可继而钻蛀二年生枝条髓部。受害新梢及叶凋萎干枯、脱落形成黑色短橛，变黑、干枯，影响树体生长发育，整形修剪困难，延缓结果期。成年梨树果苔副梢被害，会造成僵果和落果，降低产量。

香梨茎蜂危害状

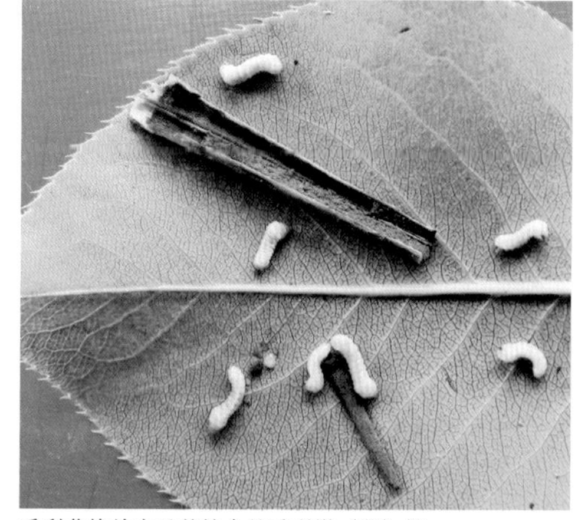
香梨茎蜂幼虫及其蛀食的香梨嫩（茎）梢

香梨茎蜂卵

香梨茎蜂雄虫

香梨茎蜂雌虫产卵

Chapter Four

第四章

地下害虫

鳞翅目

黄地老虎

〖鳞翅目 夜蛾科〗

Agrotis segetum (Denis et Schiffermüller)

全疆均有分布。食性杂，能危害多种农作物和林木幼苗。

成虫黄褐色。前翅基线、内、外、中横线不明显；肾状纹、环状纹、楔状纹明显，各具黑褐色边。后翅白色，前缘略带黄褐色。幼虫黄褐色有油脂光泽，体表颗粒而不突出。头部褐色，具黑褐色不规则斑纹。臀板中央有黄色纵纹，两侧各有一大块黄褐色斑纹。

北疆1年2代，南疆1年2～3代。以蛹及老熟幼虫在土中深约10cm处越冬。幼虫共6龄，主要危害春播作物及幼苗，危害盛期为5～6月。成虫有趋光性。白天隐藏而黄昏后开始飞翔、觅食、交尾、产卵，喜食花蜜及糖醋液。

黄地老虎雌成虫

黄地老虎雄成虫

八字地老虎

〖鳞翅目 夜蛾科〗

Agrotis c–nigrum Linnaeus

南北疆均有分布。食性杂，能危害多种农作物和林木幼苗。

成虫灰褐色。前翅灰褐色略带紫色，中室部具倒“八”字形黑斑。外横线双线锯齿形，各脉有小黑点。后翅淡黄色，外缘淡灰褐色。幼虫头黄褐色，有1对“八”字形黑褐色斑纹。背面有不连续的黑褐色斑，从背面看呈倒“八”字形。

1年2代，以老熟幼虫在土中越冬。幼虫在春、秋两季危害重。

八字地老虎成虫展翅状

八字地老虎成虫

警纹地老虎

〖鳞翅目　夜蛾科〗

Agrotis exclmationis (Linnaeus)

全疆分布。食性杂，能危害多种农作物和林木幼苗。

成虫前翅灰色至灰褐色，有的前翅前缘、外缘略显紫红色。横线多不明显。楔状纹粗大，黑色。肾形纹和环形纹均显著，边缘黑褐色或灰褐色。后翅色浅白色。幼虫淡黄褐色。体表生大小不等颗粒，略具皱纹。

1年2代，以老熟幼虫在土中越冬。该虫常与黄地老虎混合发生。在干旱少雨地区发生危害较重。

警纹地老虎雌成虫

警纹地老虎雄成虫

〖鞘翅目〗

白云斑鳃金龟

〖鞘翅目　鳃金龟科〗

Polyphylla alba vicaria Semenov

主要分布北疆地区，成虫主要取食榆、油菜、苜蓿及杏、梨等多种果树的叶片和花。幼虫称蛴螬，是地下害虫，危害多种苗木、幼林、禾本科草坪草及农作物的根。

成虫长椭圆形，栗褐色，被白色或乳黄色鳞片。触角10节，雄鳃片部7片，雌6片。前足胫节外缘具3齿。幼虫乳白色或乳黄色，体向腹面弯曲呈“C”字形，肛门孔横裂，钩状毛呈双峰状。

2～4年1代，以幼虫在土壤内越冬。成虫傍晚活动、取食。趋光性强。于土壤内交配、产卵。幼虫共3龄。幼虫是主要的危害虫态，一个生长季节幼虫可危害致死4～6株1年生新疆杨。

白云斑鳃金龟雌成虫（右）、雄成虫（左）

马铃薯鳃金龟中亚亚种

〖鞘翅目　鳃金龟科〗

Amphimallon solstitialis mesasiaticus Medvedev

分布北疆地区，幼虫主要取食马铃薯块茎以及柳、榆、杏、梨、麦、胡麻、油菜及牧草、草坪草的根。

成虫头、胸、腹部腹面深栗褐色。鞘翅淡黄褐色，全体密被较长的黄色绒毛。腹部每腹节被乳白色带。足较纤弱，前足胫节外缘具3齿。幼虫乳白色，肛门孔三射裂状。臀节较尖，其腹面钩状毛三角形分布。

2～3年完成1代，以幼虫在土壤中越冬。幼虫在土中危害植物地下部分。

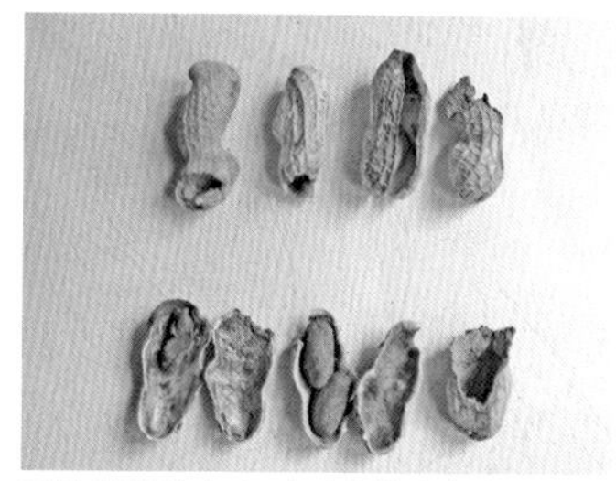
马铃薯鳃金龟中亚亚种幼虫危害花生

马铃薯鳃金龟中亚亚种成虫

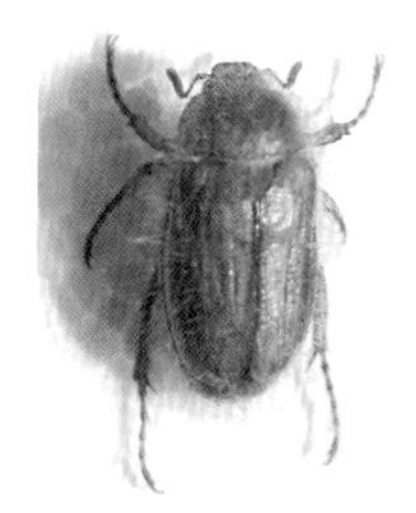
马铃薯鳃金龟中亚亚种成虫整姿状

塔里木鳃金龟

〖鞘翅目　鳃金龟科〗

Melolontha tarimensis Semenv

分布新疆塔里木盆地周边地区。寄主为多种林果苗木及农作物。

成虫头、胸、腹部腹面红褐色。鞘翅具5条不完整的纵隆宽条纹，条纹间密被白色绒毛。胸腹面密被黄褐色长绒毛。腹部腹面覆有短粗白色毛。幼虫头部棕黄色，胸腹部乳黄色。肛门孔三射裂状，其腹面两排毛列。

2～3年完成1代，以幼虫在土壤中越冬。塔里木鳃金龟主要危害小麦、玉米、马铃薯等农作物及多种树苗根部，重者可使林木苗木枯死。

塔里木金龟成虫

中亚哦鳃金龟

〖鞘翅目　鳃金龟科〗

Hoplia paupera Krynieki

分布北疆地区。

成虫头、胸部栗黑色。鞘翅淡黄褐色。胸足红褐色，前足胫节外缘具2个弯钩状尖齿。

生活史及危害情况不详。

中亚哦鳃金龟成虫

思鳃金龟

〖鞘翅目　鳃金龟科〗

Hoplosternus kiofocnsis Brcnkc

分布北疆地区。

成虫头、胸黑褐色。前胸背板光滑，具卷边。鞘翅深褐色，每鞘翅具10条纵向条纹。

生活史及危害情况不详。

思鳃金龟

台风蜣螂

〖鞘翅目　金龟科〗

Scarabaeus typhon Fischer

北疆分布。

成虫体扁平，黑色，稍有光泽。头部扁圆扇状，前缘深锯齿状5裂。鞘翅各有7条纵棱。前足胫节外侧具4个尖齿。

生活史不详。幼虫为粪食性。

台风蜣螂雌成虫

眉纹马粪金龟

〖鞘翅目 金龟科〗

Aphedius polasordidas Fabricius

北疆有分布。

成虫金绿色，有光泽。鞘翅中后区各有 4 条白色窄眉状横纹。

生活史不详。幼虫为粪食性。

眉纹马粪金龟成虫

亮蜣螂

〖鞘翅目 金龟科〗

Copis lunaris（Linnaeus）

北疆有分布。

成虫黑色，稍有光泽。前胸背板及鞘翅布满凸凹斑。前足胫节外侧具 3 个短钝齿，后胸足胫节内外侧有钝齿突。

生活史不详。幼虫为粪食性。

亮蜣螂成虫

公牛翁蜣螂

〖鞘翅目 金龟科〗

Onthophagus tranrus（Schr.）

全疆分布。

成虫体扁平，头部、前胸背板黑色。头部扁圆扇状，前缘弧形。鞘翅棕褐色，满布不规则黑斑。肑足腿节阔扁，前足胫节外侧具 4 齿，前 3 个大，第四个小。

生活史不详。幼虫为粪食性。

公牛翁蜣螂成虫

土耳其斯坦玉米犀金龟

〖鞘翅目　犀金龟科〗

Pentodon dubius Ballion

北疆地区有分布。寄主为多种农作物、林木、草本植物。

成虫体阔大，红棕色，有光泽。头部额前突，略隆起。前胸背板宽圆拱。鞘翅隆起纵条纹清晰可见。足粗壮，前足胫节宽扁，外缘具 3 大齿，在基、中齿间具 1 小齿。在基齿下方有 2 ~ 4 个小齿。幼虫头部棕黄色，胸腹部腹面乳白色，背面棕色。肛门孔三裂，其腹面两排毛列。

2 年 1 代，以幼虫在土壤中越冬。幼虫在土中危害植物地下部分。

草坪草被害状

草坪草受害后变枯黄

土耳其斯坦玉米犀金龟幼虫

土耳其斯坦玉米犀金龟成虫

宽额玉米禾犀金龟

〖鞘翅目 犀金龟科〗

Pentodon idiota Herbst.

宽额玉米禾犀金龟成虫

北疆地区有分布。寄主为多种农作物、林木、草本植物。

成虫体阔大，红棕色、深褐色至黑色，有光泽。头部额宽阔，其上具2个小尖刺状物。前胸背板宽阔，圆拱。鞘翅隆起纵条纹清晰。足粗壮，前足胫节宽扁，外缘具3大齿。幼虫头部棕黄色，胸腹部腹面乳白色，背面棕色。

2年1代，以幼虫在土壤中越冬。幼虫在土中危害植物地下部分。

普玉米禾犀金龟

〖鞘翅目 犀金龟科〗

Pentodon idiota Herbst.

普玉米禾犀金龟成虫

北疆地区有分布。寄主为多种农作物、林木、草本植物。

成虫体阔大，红棕色、深褐色至黑色，有光泽。头部额上隆起呈小丘状。前胸背板宽阔，圆拱。鞘翅隆起纵条纹清晰。足粗壮，前足胫节宽扁，外缘具3大齿。幼虫头部棕黄色，胸腹部腹面乳白色，背面棕色。肛门孔三裂，其腹面两排毛列。

2年1代，以幼虫在土壤中越冬。幼虫在土中危害植物地下部分。

点翅蛀犀金龟

〖鞘翅目　犀金龟科〗

Oryctes punctipennis Motschulsky

全疆分布。幼虫寄主为多种林木根部。

成虫体阔大，红棕色，有光泽。雌虫头部及前胸背板微隆，雄虫头部具大、高、后曲的犀角状突起，前胸背板后部具宽阔三峰状圆拱突，周缘满布大刻点。鞘翅隆起纵条纹清晰，其间布有纵行排列的白色小圆点。足粗壮，前足胫节宽扁，外缘具 3 大齿。幼虫头部棕黄色，胸腹部腹面乳白色。

2 年 1 代，以幼虫在土壤中越冬。幼虫在土中危害植物地下部分。

点翅蛀犀金龟雄成虫

点翅蛀犀金龟雌成虫

点翅蛀犀金龟的前后翅

葡萄根柱犀金龟

〖鞘翅目　犀金龟科〗

Oryctes nasicomis Linnaeus

全疆分布。幼虫寄主为多种林木根部。

成虫体阔大，红棕色，有光泽。雌虫头部及前胸背板微隆，雄虫头部具大、高、后曲的犀角状突起，前胸背板后部具宽阔、三峰圆拱突，周缘满布大刻点。鞘翅具隆起纵条纹。足粗壮，前足胫节宽扁，外缘具 3 大齿。幼虫头部棕黄色，胸腹部腹面乳白色。

2 年 1 代，以幼虫在土壤中越冬。幼虫在土中危害植物地下部分。

葡萄根柱犀金龟雌成虫

葡萄根柱犀金龟雄成虫

土兰毛花金龟

〖鞘翅目 花金龟科〗

Epicometis turanica Rtt.

土兰毛花金龟成虫

南疆、东疆有分布。

成虫体黑色，被灰色绒毛，稍有光泽。前胸背板两侧缘为白色宽边。鞘翅侧缘、后缘为白色窄边，每鞘翅具 5 组灰白色横向条纹或斑点，鞘翅末端中缝角钝尖状。前足胫节外侧具 3 个齿。

生活史及危害情况不详。

褐带丽金龟

〖鞘翅目 丽金龟科〗

Anomala vittata Gebler

北疆有分布。

成虫黄褐色，有光泽。前胸背板隆起，前缘两侧前角前突，中央为椭圆形黄色区，两边为黑色大斑。鞘翅各有 3 条黑色宽纵纹。胸足淡黄褐色。

生活史不详。幼虫危害草本植物根。

褐带丽金龟成虫

锚纹塞丽金龟

〖鞘翅目 丽金龟科〗

Anisoplia agnicola Poda

北疆有分布。

成虫头部、前胸背板、胸足黑色。鞘翅黄色，上有粗大黑色锚状纹。

生活史不详。幼虫危害草本植物根。

锚纹塞丽金龟成虫

东方绢金龟 又称黑绒鳃金龟、黑玛绒金龟

〖鞘翅目 丝绒金龟科〗

Maladera orientalis Motschulsky

分布广泛，寄主广泛。近来发现成虫危害枣树叶片。

成虫呈短豆形，黑褐色，被灰色或黑紫色绒毛，有光泽。前胸背板及翅脉外侧均具缘毛。两端翅上均有9条隆起线。幼虫头黄褐色。体弯曲，污白色，全体有黄褐色刚毛。

1年1代。成虫在土中越冬。翌年4月中、下旬5月上旬，成虫出土啃食嫩叶、花瓣。幼虫危害植物地下部分。

东方绢金龟成虫取食的枣树叶片

东方绢金龟成虫

尖翅绒毛金龟

〖鞘翅目 丝绒金龟科〗

Glaphyrus oxypterua (Pall.)

尖翅绒毛金龟成虫

北疆有分布。

成虫密被灰色长绒毛，有光泽。头部、鞘翅红褐色。每鞘翅具5条灰白色纵向条纹。鞘翅末端渐缩，呈尖刺状。前胸背板蓝绿色。

生活史及危害情况不详。

细胸金针虫

〖鞘翅目 叩头甲科〗

Agriotes subrittatus Motschulsky

全疆分布。寄主主要小麦、玉米、薯类、甜菜、棉花、瓜类、苜蓿等农作物、草场植物及林果树木等。

成虫细长，略扁平。头、胸部黑褐色，鞘翅、触角和足红褐色，光亮。触角细短，向后不达前胸后缘。前胸背板长稍大于宽，后缘侧角尖锐，顶端略上翘。鞘翅狭长，末端渐尖，每翅具 9 行深的刻点沟。幼虫淡黄色，有光泽。头扁，腹末圆锥形，近基部两侧各有 1 个褐色圆斑和 4 条褐色纵纹，顶端具 1 个圆形突起。

3 年一代，以幼虫越冬。幼虫危害草本植物根部。

细胸金针虫幼虫

网目拟地甲 又称沙潜

〖鞘翅目 拟步甲科〗

Opatrum subaratum Faldermann

全疆分布。寄主有农作物、林木、果树的幼苗的嫩茎、嫩根。

成虫椭圆形，灰色至黑褐色，一般鞘翅上都附有泥土。鞘翅近长方形，上有网格状花纹。各足有距 2 个。幼虫体细长，寡足型，前足显著长于中、后足。

1 年 1 代，以成虫越冬。成虫、幼虫取食危害。喜干燥环境，荒漠等干旱地段发生。

网目拟地甲成虫取食幼苗

网目拟地甲成虫

乡村土潜

〖鞘翅目 拟步甲科〗

Gonocephalum rusticum

沙漠、戈壁广泛分布。成虫体长椭圆形，红褐色。前胸背板半圆形，末端平齐。

年生活史不详。食性杂。

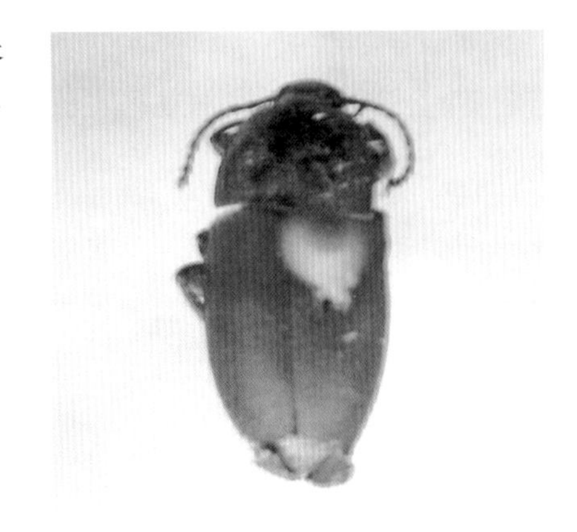

乡村土潜

卵形扁胫甲

〖鞘翅目 拟步甲科〗

Blatyscelis ovata Ballion

北疆沙漠、戈壁广泛分布。成虫卵圆形，体、翅黑色。前、中足胫节及跗节扁平。

年生活史不详。食性杂。

卵形扁胫甲成虫

具纹扁胫甲

〖鞘翅目 拟步甲科〗

Blatyscelis striata Motschulsky

沙漠、戈壁广泛分布。成虫卵圆形，体、翅红褐色。前、中足胫节及跗节扁平。

年生活史不详。食性杂。

具纹扁胫甲

钝棱钩翅沙潜

Pentuicus obtusangulus baianus G.Medv.

全疆分布。寄主有农作物、林木、果树的幼苗的嫩茎、嫩根。

成虫椭圆形，黑红色，前胸背板浑圆凸起，有卷边。每鞘翅上有宽纵棱5条。

1年1代，以成虫越冬。成虫、幼虫取食危害。喜干燥环境，荒漠等干旱地段发生。

钝棱钩翅沙潜成虫

洛氏脊漠甲

〖鞘翅目　拟步甲科〗

Pterocoma loczyi Friv.

沙漠、戈壁广泛分布。成虫卵圆形，体、翅黑色，鞘翅外缘具密集、均匀的锯齿状刺突，每鞘翅有 2 条纵突。土栖或洞栖，适应性沙漠、戈壁气候。

年生活史不详。食性杂。

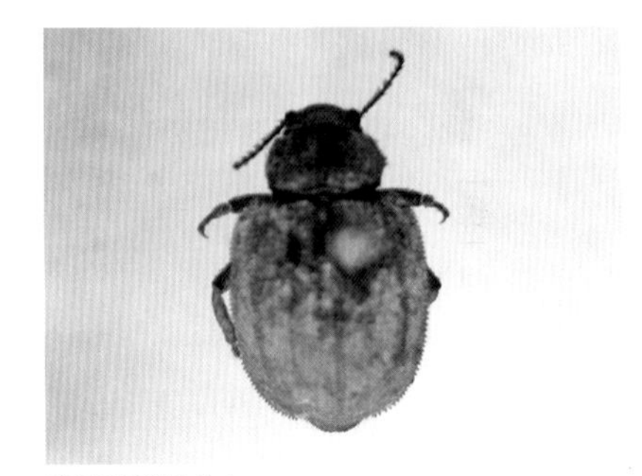

洛氏脊漠甲成虫

〖直翅目〗

普通蝼蛄

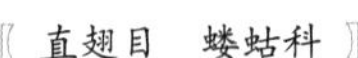

Gryllotalpa gryllotalpa Linnaeus

国内只分布新疆，南北疆均有分布。寄主为禾谷类、瓜类、蔬菜等多种农作物及林木播下的种子和幼苗。

成虫黄褐色，密被细毛。头小、狭长。复眼椭圆形。触角丝状。前胸背板盾形。后足胫节背侧内缘有棘 4 ~ 5 根。

2 年 1 代，以若虫和成虫在冻土层下越冬。成虫夜间活动，有趋光性。每年 4 月始致越冬前，成虫、若虫在土中啃食播下的种子、幼芽或将幼苗咬断。活动时会将表土层窜成许多隧道，使苗根脱离土壤，致使幼苗因失水而枯死，严重时造成缺苗断垄。虫体有趋湿性、趋化性、趋粪性。

普通蝼蛄成虫

普通蝼蛄后足胫节背侧内缘有棘4～5根

华北蝼蛄 又称单刺蝼蛄

〖直翅目 蝼蛄科〗

Gryllotalpa unispina Saussure

全疆分布。寄主为禾谷类、瓜类、蔬菜等多种农作物及林木播下的种子和幼苗。

成虫黄褐色。前胸背板盾形，中央具不明显的暗红色心脏形坑斑。前翅为革翅，只达到腹部1/3处。后翅为膜翅，平时折叠于前翅下，如尾状伸出，长度超过腹部末端。前足特化为开掘足。后足胫节背侧内缘有棘1根或缺如。腹部末端近圆筒形，尾须细长。

3年1代，以8龄以上的若虫和成虫在冻土层下两次越冬。成虫、若虫在土中啃食播下的种子、幼芽或将幼苗咬断，受害的根部呈乱麻状。活动时会将表土层窜成许多隧道，使苗根脱离土壤，致使幼苗因失水而枯死，严重时造成缺苗断垄。有趋湿性、趋化性、趋粪性。

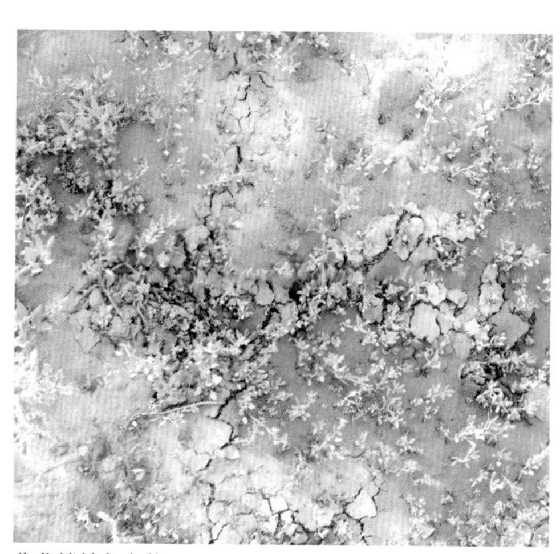

华北蝼蛄危害状

示华北蝼蛄后足胫节背侧内缘棘状态

华北蝼蛄成虫

华北蝼蛄后足胫节背侧内缘有棘1根或缺如

大蟋蟀

〖直翅目　蟋蟀科〗

Tarbinskiellus portentosus（Lichtenstein）

全疆分布。寄主为多种农、林作物种子、幼苗、幼树及杂草等。

成虫暗黑色或棕褐色。前胸背板中央1纵线，两侧各有1条横向圆锥状纹。后足腿节强大，胫节粗、具2排刺，每排有刺45枚。腹部尾须长。雌虫产卵器短于尾须。

1年1代，以3～5龄若虫在土穴中越冬。杂食性，常咬断农林植物幼苗茎部，有时还爬上1～2m高的苗木或幼树上部，咬断顶梢或侧梢，造成严重缺苗、断苗、断梢等现象。

大蟋蟀若虫

大蟋蟀雌（上）、雄（下）成虫

双翅目

黄斑大蚊

〖双翅目 大蚊科〗

Nephrotoma sp.

全疆分布。寄主为多种农、林作物苗木根部。

成虫鲜黄色，具黑色斑纹。前胸背板上具黑色纵纹 3 条，中间宽长。中胸背板具 2 条斜向内方的黑纹。前翅狭长，烟灰色，翅脉黑褐色。平衡棒基部暗褐色，末端鲜黄色。足细长，暗褐色至黑褐色。幼虫蛆形，体多横皱纹。腹末钝，具肉质突 4 个，外侧 2 个较长。后气门 2 个，黑色椭圆形。

1 年 3 代，以中龄及老熟幼虫入土 8 ~ 15cm 越冬。幼虫取食苗根部及新出土嫩芽。

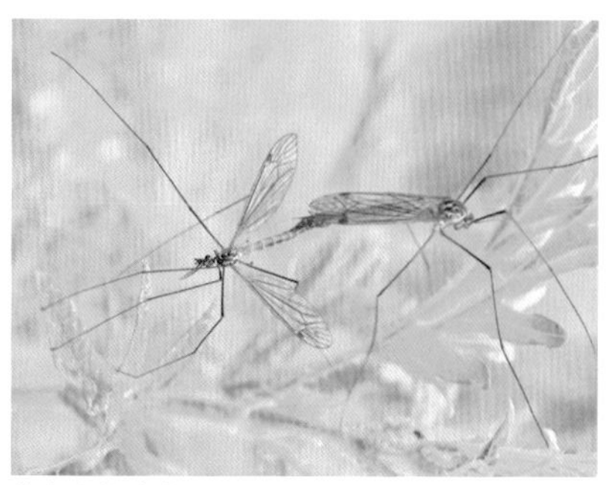

黄斑大蚊成虫

黄斑人蚊幼虫

灰种蝇

〖双翅目 实蝇科〗

Delia platura（Meigen）

全疆分布。寄主为多种农、林作物苗木根部。

成虫灰黄色。翅灰色透明，翅脉黑褐色。足灰黑色。腹部有黑色斑纹。幼虫无足无头型，乳白色，微黄。口钩黑色。头端尖，向后渐粗，末端斜截状。从背面看，“截面”周围有 7 对肉质突起，中央有 1 对气门突。

1 年 2 ~ 4 代，主要以蛹在土中越冬。幼虫在幼嫩根茎部钻孔蛀食。

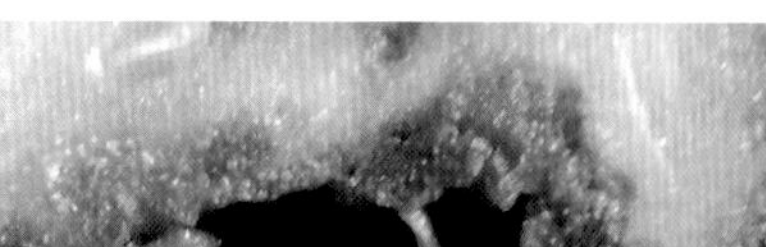

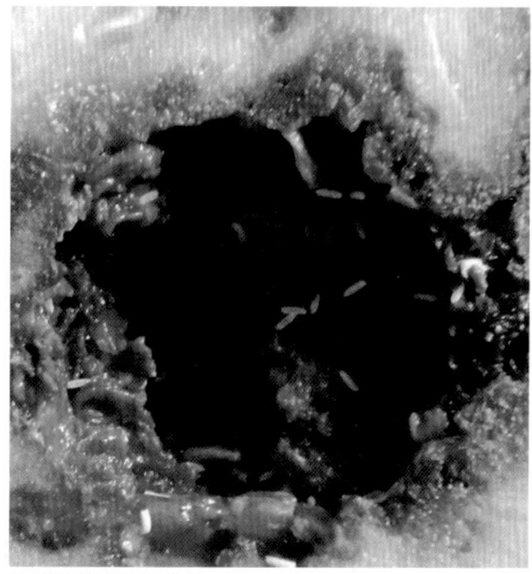

灰种蝇蝇蛆危害状

Chapter Five

第五章

种实害虫

鳞翅目

李小食心虫

〖鳞翅目 小卷蛾科〗

Grapholitha funebrana Treitscheke

全疆分布。寄主植物有李、杏、枣、桃、樱桃等。

成虫体背灰褐色，腹面灰白色。前翅灰褐色，前缘有18组不太明显的白色短斜纹，近外缘处有6～7个黑色短纹，缘毛灰白色。幼虫桃红色，腹面色淡。头、前胸盾、臀板黄褐色。

1年1～2代，以老熟幼虫在树冠下土中结茧越冬。幼虫从果面蛀入果内。蛀果孔似一针眼状小疤，有少量黄褐色虫粪及泪珠状果胶。幼虫在果实内纵横串食，果被蛀后多脱落。

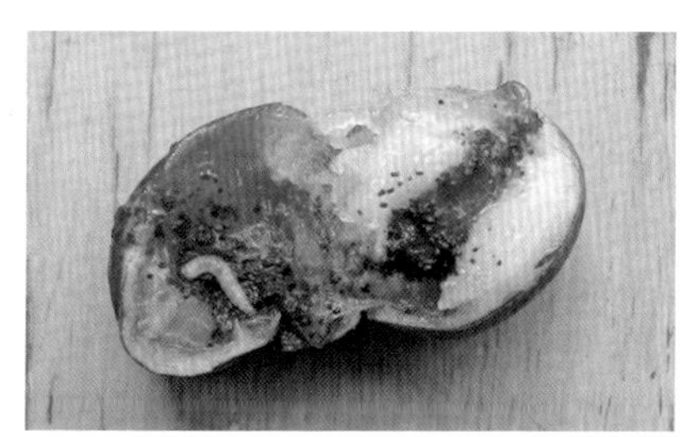

李小食心虫幼虫危害李子

杏果被害状（昌吉州林检局）

李小食心虫卵（昌吉州林检局）

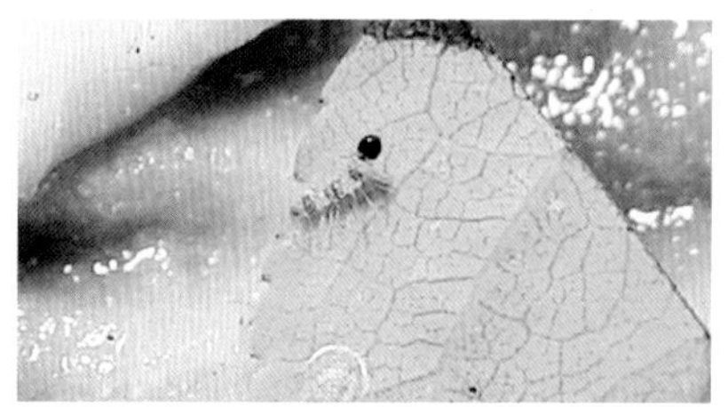

李小食心虫初孵幼虫（昌吉州林检局）

李小食心虫蛹

苹果蠹蛾

〖鳞翅目　卷蛾科〗

Cydia pomonella Linnaeus

国内只分布新疆。寄主有苹果、沙果、梨、桃、樱桃、杏、无花果、榅桲、野山楂、野苹果等。

成虫灰褐色，有紫色光泽。前翅臀角处具深褐色椭圆形大斑，斑内有 3 条青铜色条纹，其间显出 4 ~ 5 条褐色横纹。幼虫初淡黄色，稍大变淡红色，老熟后红色。

1 年 2 ~ 3 代，以老熟幼虫在树皮下结茧越冬。幼虫从果面损伤处、萼洼或梗洼等处蛀入果实，喜欢蛀食种子。

黄太平果实被害状

苹果蠹蛾危害心皮与种子

苹果蠹蛾预蛹、蛹及茧

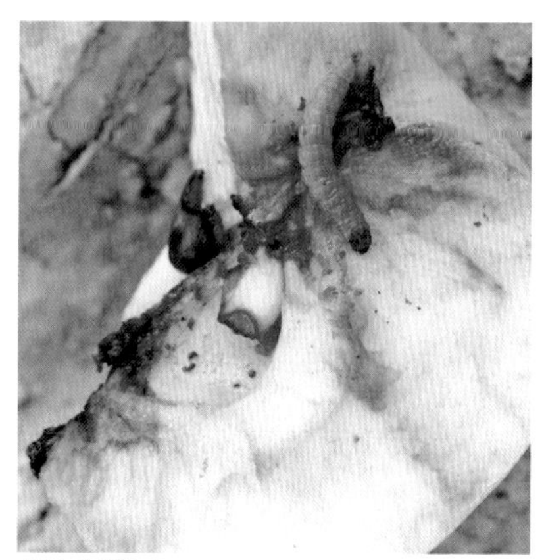
苹果蠹蛾幼虫

苹果蠹蛾成虫展翅状

苹小食心虫

〖鳞翅目 卷蛾科〗

Grapholitha inopinata Heinrich

北疆有分布。寄主有苹果、梨、沙果、山楂、海棠、李等多种果树。

成虫暗褐色，有紫色光泽。前翅前缘具有 7 ~ 9 组大小不等的白色钩状纹，翅面有多个白斑，臀角处有四块黑斑，顶角还有一较大的黑斑。幼虫淡黄或淡红色。头部淡黄褐色，前胸盾淡黄褐色。各体节背面有 2 条桃红色横纹，前面一条粗大，后面一条细小。

1 年 2 代，以老熟幼虫在枝干、根颈部的粗皮缝隙处和剪锯口四周死皮裂缝内以及吊枝绳、果筐等处结茧越冬。幼虫局限于果皮下浅层危害，很少深入果心，蛀果虫疤为“干疤”。

苹果被害状

梨小食心虫 又称东方蛀果蛾

〖鳞翅目 卷蛾科〗

Grapholitha molesta Busck

全疆分布。寄主有梨、桃、苹果、杏、李、海棠、樱桃、梅、枣、山楂、榅桲等。

成虫灰褐色，无光泽。前翅密被灰白色鳞片，翅基部黑褐色，前缘具有 10 组明显的白色斜纹，中室端部附近有一明显小白点，近外缘有 10 余个小黑点。幼虫初白色，后变淡红色，头部、前胸盾、臀板均为黄褐色。

1 年 3 ~ 4 代，主要以老熟幼虫在树干翘皮下、裂缝中、树干基部接近土面处、果实仓库结茧越冬。幼虫蛀食梨、桃、苹果、杏的果实和桃树的新梢。桃梢上的幼虫从梢端第二至三片叶子的基部蛀入梢中，被害梢先端凋萎，最后干枯下垂。一般 1 头幼虫可危害 2 ~ 3 个新梢。梨果上的幼虫多从萼洼或梗洼处蛀入，蛀孔周围变黑腐烂，形成直径 1 ~ 2cm 的黑疤，俗称 " 黑膏药 "。

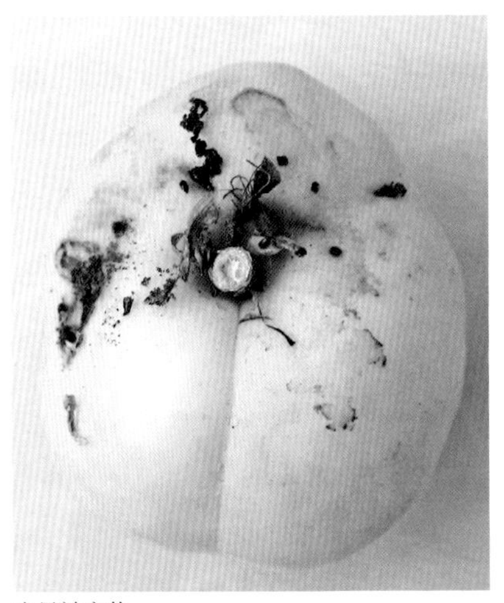

杏果被害状

被梨小食心虫蛀食的杏果

梨小食心虫蛀孔

桃梢里的梨小食心虫幼虫

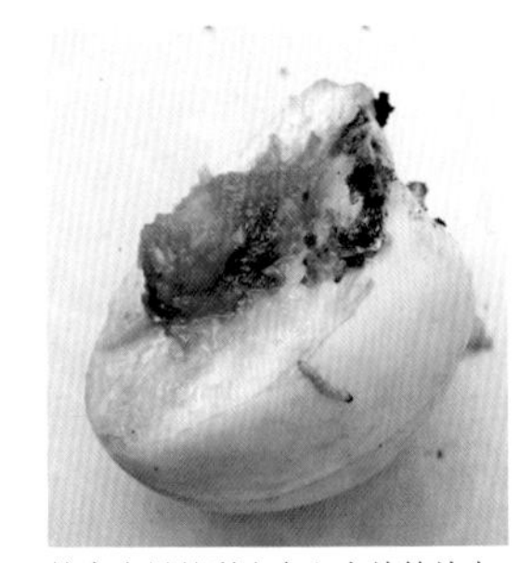

蛀食杏果的梨小食心虫幼龄幼虫

云杉球果小卷蛾

〖鳞翅目 卷蛾科〗

Pseudotomoides strobilellus Linnaeus

分布山区针叶林。寄主为云杉。

成虫灰黑色。前翅狭长，棕黑色，前缘中部至顶角有 3 ～ 4 组灰白色有金属光泽的钩状纹；钩状纹向下又延长成 4 条有金属光泽的银灰色斜斑伸向后缘、臀角和外缘线。幼虫略扁平，黄白色至黄色。头部褐色。

1 年或 2 年发生 1 代，以老熟幼虫越冬。幼虫蛀食球果，食害未成熟的胚乳。被害球果外形无变化。幼虫主要在果轴内越冬，少数在鳞片与危害的种子内越冬。

云杉球果被害状（阿勒泰地区林检局）

云杉球果小卷蛾幼虫（阿勒泰地区林检局）

桃小食心虫 又称桃蛀果蛾

〖鳞翅目 蛀果蛾科〗

Carposina niponensis Walsingham

桃小食心虫危害桃——形成的“豆沙馅”、“猴头果”（和田地区森防站）

南疆有分布。寄主主要有桃、苹果、花红、梨、杏、李、海棠、樱桃、梅、枣、山楂、榅桲等。

成虫灰白色或灰褐色。前翅灰白色，前缘中部有一个三角形蓝黑色大斑。翅基和中部有 7 簇黄褐或蓝褐色斜立鳞毛。幼虫桃红色。头褐色，前胸背板暗褐色，体背及其余部分桃红色。

1 年 1 ～ 2 代。以幼虫在树干周围 3cm 左右土内结茧越冬。幼虫蛀入果肉纵横串食。蛀孔周围果皮略下陷，果面凹陷呈“猴头果”样。

印度谷斑螟

〖鳞翅目　螟蛾科〗

Plodia interpunctella (Hübner)

全疆分布。以幼虫取食各种谷类粮食和加工品、红枣、葡萄干、枸杞子等各种干果、豆类、花生、芝麻等油料、干菜、奶粉、蜜饯果品、中药材、烟叶等。

成虫前翅细长，基半部黄白色，其余部分亮赤褐色，并散生黑色斑纹。后翅灰白色。幼虫头部赤褐色，胸腹部淡黄白色，腹部背面带淡粉红色。

1 年 4 ～ 6 代，世代重叠严重。以幼虫在仓壁及包装物等缝隙中布网结茧越冬。幼虫先蛀食粮粒胚部，再剥食外皮。幼虫常吐丝结网封住粮面，或吐丝连缀食物成团块状，藏匿取食。

核桃被害状

印度谷斑螟幼虫危害红枣（状）

印度谷斑螟幼虫

印度谷斑螟成虫

紫斑谷螟

〖鳞翅目　螟蛾科〗

Pyralis farinalis Linnaeus

全疆分布。幼虫取食粮食和加工品、干果、药材、油料等。

成虫前翅内横纹向外凸。两横纹中间黄褐色，色块前缘具 10 个极小白点。横纹外紫褐色。后缘部分淡黑色。幼虫头部褐色，胸腹部黄白色。

1 年 4 代。以幼虫结茧越冬。幼虫蛀食时常吐丝结网连缀食物成团块状，藏匿取食。

核桃被害状

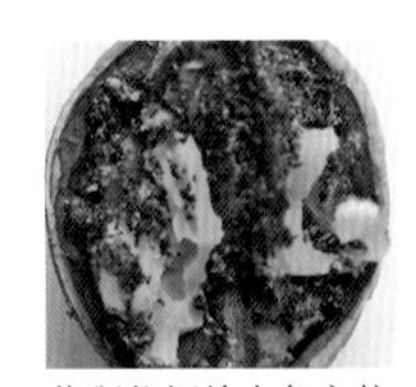
紫斑谷螟幼虫危害状

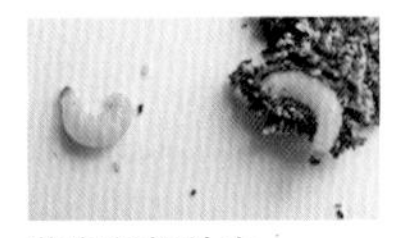
紫斑谷螟幼虫

紫斑谷螟成虫展翅状

织网衣蛾

〖 鳞翅目 谷蛾科 〗

Tineola bisselliella (Hummel)

北疆有分布。幼虫取食谷类和加工品、油料、干肉、干鱼、奶粉、干酪、动物标本、皮毛及蚕丝及其织物等。

成虫体、翅淡棕色。头顶具竖毛。触角与前翅等长。前翅长矩形，肩角圆，外缘具一列淡黑色三角形小斑。后翅长卵形。老熟幼虫体长约 9mm，白色或乳白色。

幼虫可织丝状薄幕，在仓库、家庭危害粮食及其制品、油料、地毯、呢绒衣物、干肉、干鱼、奶粉等。

织网衣蛾成虫

〖 鞘翅目 〗

白星花金龟 又称白星花潜

〖 鞘翅目 花金龟科 〗

Potosia brevitarsis Lewis

全疆分布。寄主为葡萄、苹果、梨、桃、李、杏等。

成虫卵圆形，古铜色或青铜色，有光泽。前胸背板后缘中部凹陷。鞘翅宽大，近长方形，遍布粗大刻点，白斑多为横向波浪形。足较粗壮，前足胫节外缘有 3 齿。幼虫乳白色。头部褐色。肛腹片上具“U”字形排列 2 纵行刺毛。

1 年 1 代，以幼虫在土中越冬。5 ~ 9 月均有成虫出现。成虫常群集危害乳期玉米、瓜、大麻等植物的花，啃食有伤痕的或过熟的葡萄、桃、苹果等，吸取榆、柳、果树等多种树木伤口处的汁液。幼虫生活于土壤中，腐食性，一般不危害植物地下部分。

白星花金龟成虫聚集在柳树流液处取食

成熟的葡萄粒被害状

白星花金龟成虫

微点云斑鳃金龟

〖鞘翅目　花金龟科〗

Poiyphylla irrorara (Gebler)

全疆分布。寄主为葡萄、苹果、梨、桃、李、杏等。

成虫卵圆形，古铜色或青铜色，有光泽。前胸背板后缘中部凹陷。鞘翅宽大，近长方形，遍布粗大刻点，白斑多而细碎。幼虫乳白色。头部褐色。

1 年 1 代，以幼虫在土中越冬。6 ~ 9 月均有成虫出现。成虫常群集危害，啃食有伤痕的或过熟的沙棘果实、葡萄、桃，吸取榆、柳、果树等多种树木伤口处的汁液。幼虫生活于土壤中，腐食性，一般不危害植物地下部分。

微点云斑鳃金龟成虫危害沙棘果实

微点云斑鳃金龟成虫吸食榆树伤流液

微点云斑鳃金龟成虫

樱桃虎象甲

〖鞘翅目 卷象科〗

Rhynchites auratus Scopli

国内只分布北疆地区。寄主为樱桃、海棠、杏、苹果果实。

成虫金红色，有金绿色光泽。前胸前缘两侧各有一根刺突伸向前方。鞘翅上具 8 列纵排刻点。幼虫乳白色，头部褐色。无足型，体弯曲。体具稀疏细毛。

1 年 1 代，以幼虫在土内越冬。成虫取食芽、叶、花等，继而啃食寄主子房、幼果，在果面咬成圆洞。孵化的幼虫直接蛀入果核危害。会造成大量落果。

樱桃虎象甲成虫（塔城地区林检局）

豌豆象

〖鞘翅目 豆象科〗

Bruchus pisorum Linnaeus

豌豆产区有分布。危害豌豆、紫花豌豆、野豌豆的豆粒。

成虫卵圆形，黑色。前胸背板后缘中央有一圆形白斑。鞘翅具白斑及白色斜行毛带。幼虫乳白色，无足型，肥胖，体背隆起。

1 年 1 代，以幼虫在种子内越冬。幼虫蛀入种子危害。1 头幼虫只危害 1 粒种子。

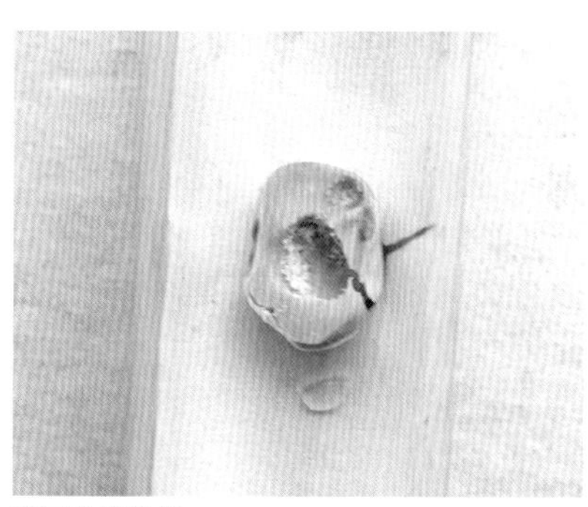

豌豆象危害状

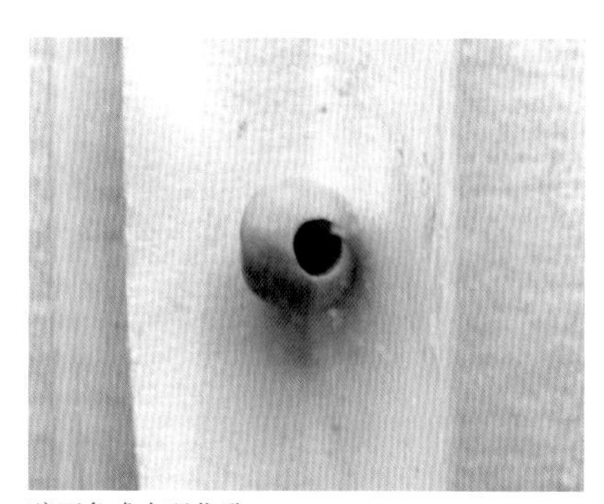

豌豆象成虫羽化孔

紫穗槐豆象

〖鞘翅目　豆象科〗

Acanthoscelides pallidipennis Motschulsky

全疆分布。只危害紫穗槐。

成虫卵圆形，黑灰色。前胸背板黑灰色，有3条纵向毛带，中间的贯穿背板，两侧的稍短。鞘翅棕色，近中缝处颜色较深。每个鞘翅有10条刻点沟，沟间密被白色毛，形成11条白色毛带。鞘翅具棕色斑纹。

幼虫无足型，黄色。

1年2代，以2～4龄幼虫在种子内越冬。成虫喜食紫穗槐花蜜、花瓣和幼嫩种荚皮。初孵幼虫直接咬穿卵壳底部蛀入种子，1头幼虫只危害1粒种子。

紫穗槐荚果被害状

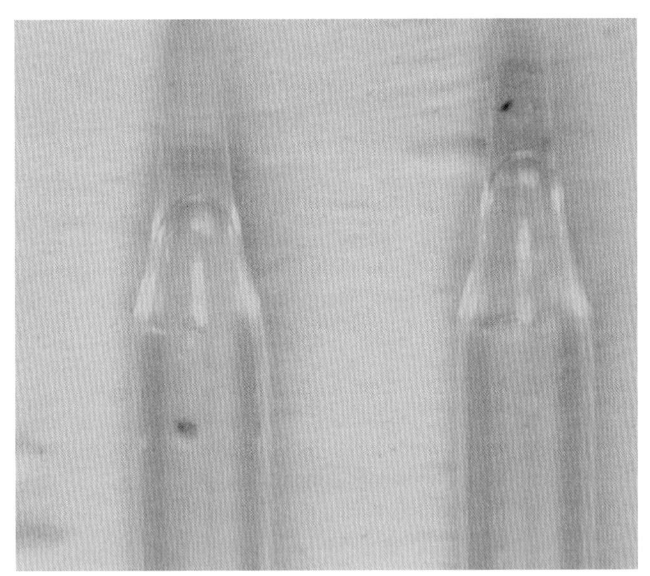

紫穗槐豆象幼虫（左）和蛹（右）

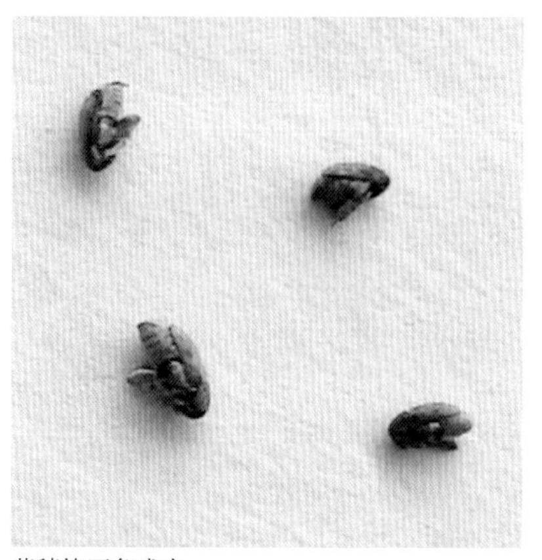

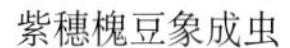

紫穗槐豆象成虫

紫穗槐豆象成虫侧面图

绿豆象

〖鞘翅目 豆象科〗

Callosobruchus chinensis Linnaeus

绿豆产区有分布。危害绿豆、红小豆、豇豆、菜豆、蚕豆、豌豆、莲子等。

体小型，卵圆形，颜色深褐。雄虫触角栉齿状，雌虫锯齿状。前胸背板两侧由后向前狭缩，后缘中叶有1对被覆白色毛的瘤状突起。鞘翅密布小刻点，有灰白色与黄褐色交杂组成的毛斑。幼虫体肥大，弯曲，呈乳白色。

1年3代，以幼虫在种了内越冬。幼虫蛀入种子危害。1头幼虫只危害1粒种子。

绿豆象成虫背面图

绿豆象成虫侧面图

刺槐豆象

〖鞘翅目　豆象科〗

Bruchus sp.

伊犁地区有分布。危害刺槐种子。

成虫卵圆形，褐色至深褐色。前胸背板密布黑色刻点及浓密深棕色毛。鞘翅布刻点，被浓密淡棕色毛。

1年1代，以幼虫在种子内越冬。幼虫蛀入种子危害。1头幼虫只危害1粒种子。

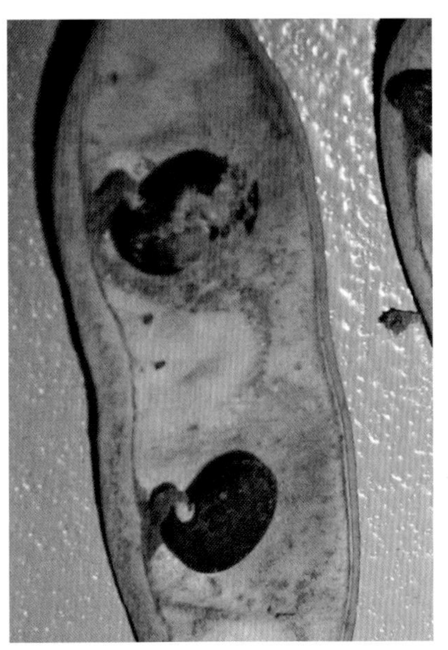

刺槐种子被害状

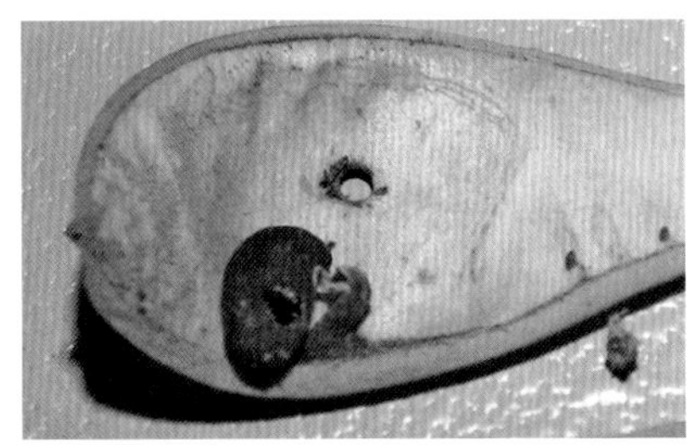

刺槐豆象羽化孔

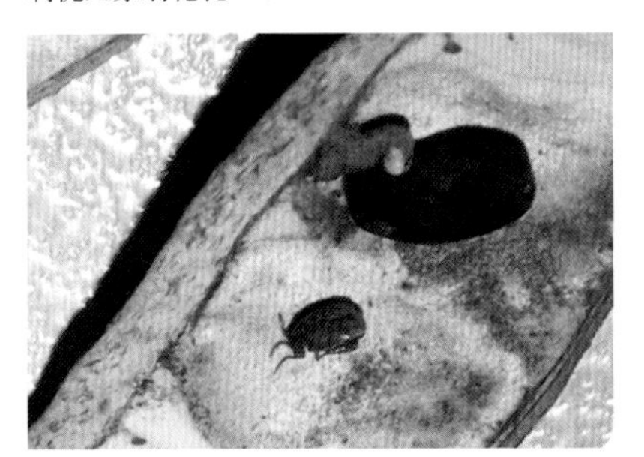

刺槐豆象成虫

米象

〖鞘翅目　象虫科〗

Sitophilus oryzae Linnaeus

普遍分布。危害米、稻、麦、玉米、面粉等。幼虫危害多种粮食。

成虫红褐色至黑褐色，略具光泽。头部具刻点，喙基部较粗。前胸长宽约相等。鞘翅两侧平行，鞘翅基部和后区各有1个椭圆形黄褐至红褐色斑。

1年1～2代，以成虫在粮仓缝隙等处越冬。

米象

拟白腹皮蠹

〖鞘翅目 皮蠹科〗

Dermestes frischii Kugelann

广泛分布。危害粮食、毛皮、皮革、干肉、干鱼、动物性中药材等储藏物。

成虫长椭圆形，有光泽，褐色或黑色。前胸背板的前缘和侧缘生有白毛。鞘翅上也有少数白毛。后胸及腹部腹面密生大片白毛。幼虫暗褐色，背部毛瘤上生有很多黑色长毛，背中线为灰白色宽带。

1年生1代，以幼虫越冬。成虫喜食花蜜或花粉、菌类。幼虫是主要危害虫态。

干鱼被害状

拟白腹皮蠹幼虫

拟白腹皮蠹成虫

黑皮蠹 又称毛毡黑皮蠹

〖鞘翅目 皮蠹科〗

Attagenus minutus Olivier

广泛分布，危害大米、小麦、玉米、高粱及其加工品、粉粮、蚕茧、丝毛织品、毛皮、皮革、昆虫标本等。

成虫黑褐色，体上密生褐色至黑色细毛。头扁圆形，密布黑色小点。前胸背板基部生黄褐色毛，后缘宽。鞘翅上刻点行不清楚。幼虫赤褐色，背面隆起，胸部宽，向后渐细，体具褐色细长毛，腹末簇生一束黄褐色细毛，长与体长近似。

1年生1代，以幼虫越冬。成虫喜食花蜜或花粉、菌类。幼虫共7～12龄，是主要危害虫态。抗寒耐饥能力强，喜欢潮湿环境。

黑皮蠹幼虫

杏仁蜂

〖膜翅目　广肩小蜂科〗

Eurytoma samsonovi Wass

全疆分布。寄主为杏、巴旦杏。

成虫头、胸部、胸足基节黑色，胸足其它各节橙色。复眼暗红色。触角9节，黑色，柄节长，梗节短小，鞭节念珠状，各亚节上轮生长毛。腹部第一节为并胸腹节，第二节缢缩，其余部分略呈圆形，橘红色，有光泽。幼虫纺锤形，无足型，略弯，两头尖而中部肥大。头部淡黄白色，上颚端部褐色。胸、腹部乳白色。

1年1代，以幼虫在落杏杏核、枝条上僵杏内越夏、越冬。成虫杏开始落花时羽化。卵产在果核与果仁之间。幼虫在核内取食胚乳与杏仁（子叶），约半月后杏果开始干缩、脱落。6月份幼虫老熟开始越夏、越冬。

杏仁蜂危害状

危害造成青杏大量脱落（托克逊县森防站）

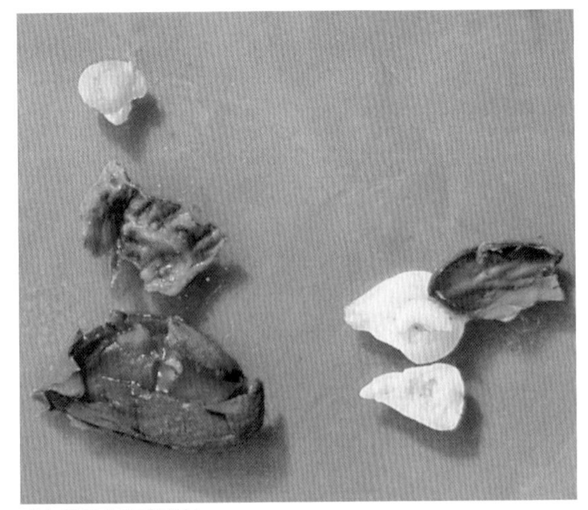

杏仁蜂幼虫取食杏仁

被杏仁蜂危害的杏果

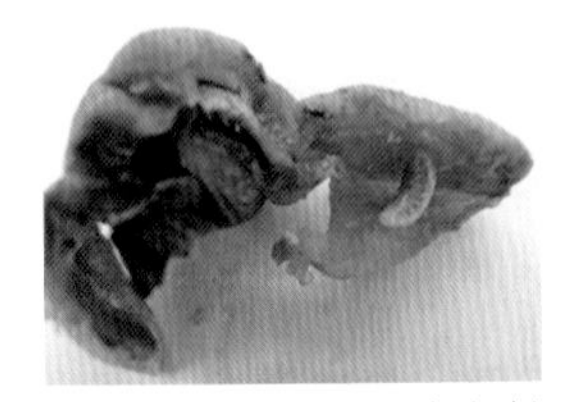

杏仁蜂幼虫（托克逊县森防站）

刺槐种子小蜂 又称刺槐种子广肩小蜂

〖膜翅目 广肩小蜂科〗

Bruchophagus philorobiniae Liao

全疆分布。寄主为刺槐。

成虫黑色。头略宽于前胸背板，密布点刻。胸部短，背面高隆，具短毛，密布点刻。翅脉淡黄褐色，前翅略有云斑。第一节为并胸腹节，第二节缢缩、扁宽，腹部圆形，光滑。幼虫乳白色，无足型，体弯曲。

1 年 2 代，以幼虫在寄主种子内越冬。刺槐种子形成时成虫用产卵器刺穿种荚，将卵产于种子内子叶处。幼虫只取食种子子叶而不伤及种皮。1 粒种子中多为 1 头幼虫，一生仅危害 1 粒种子。未经交尾的雌虫也可以产卵，但下代羽化的成虫全部为雄虫。

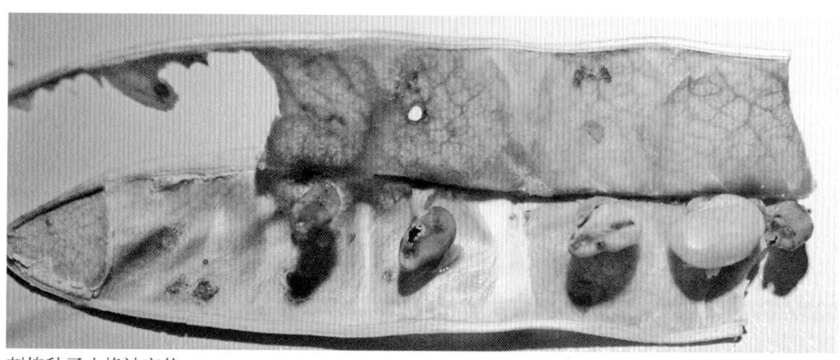

刺槐种子小蜂被害状

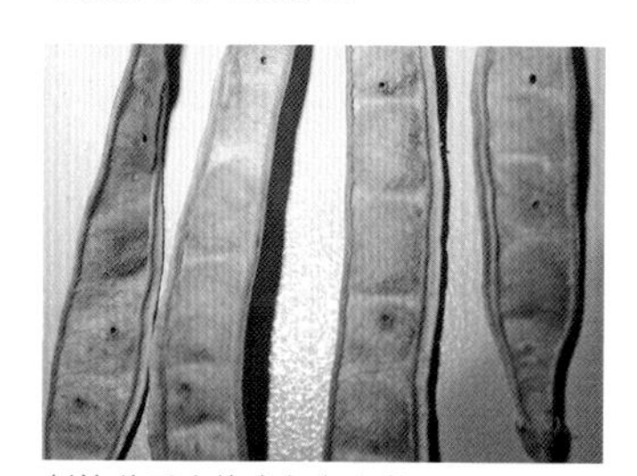

刺槐种子小蜂当年危害状

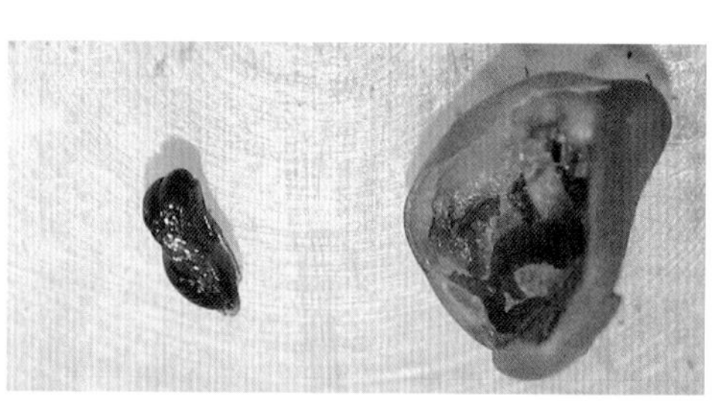

刺槐种子小蜂蛹

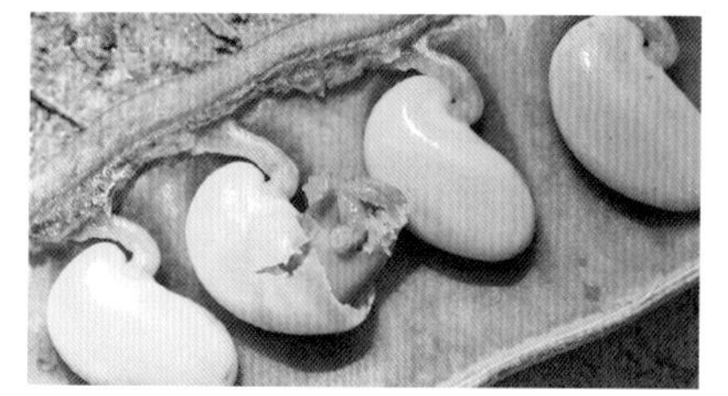

刺槐种子小蜂幼虫

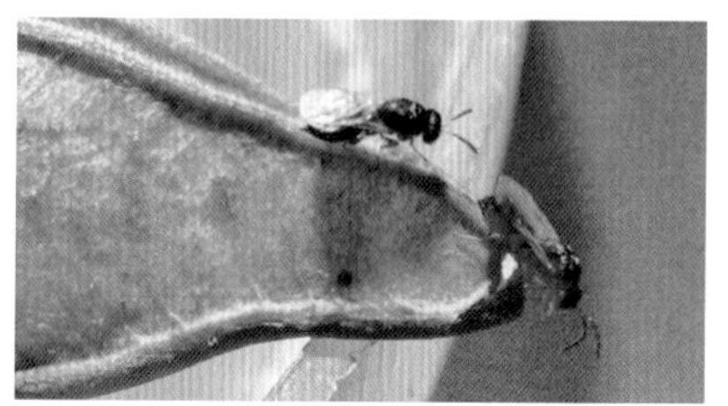

刺槐种子小蜂雌雄成虫

枣实蝇

〖双翅目　实蝇科〗

Carpomya vesuviana Costa

2007 年 9 月在新疆吐鲁番地区吐鲁番市和鄯善县的大部分乡镇以及托克逊县的少部分乡镇首次发现分布与危害。寄主为鼠李科枣属植物的果实。

成虫黄色。复眼圆形，翠绿色。胸背两侧各有 5 个黑色斑块，其中第三个最大，胸背后缘还有 1 个较大的黑色斑块，共计 11 个黑色斑块。前翅透明，具 4 个黄色至黄褐色横带，横带的部分边缘带有灰褐色。靠近翅基的 2 条横带从翅前缘贯穿翅后缘，靠近翅外缘的 2 条横带基部相连，且第三条横带亦贯穿至翅后缘。幼虫蛆状。具 2 个黑色口钩。

1 年发生 2 ~ 3 代，以蛹在土壤内越冬。卵产在表皮下。幼虫取食果肉，蛀食纵横的隧道并排粪于枣果内，被害枣果常大量掉落。世代重叠现象严重。雌雄成虫均需补充营养。成虫对绿色、黄色和青色有趋性。

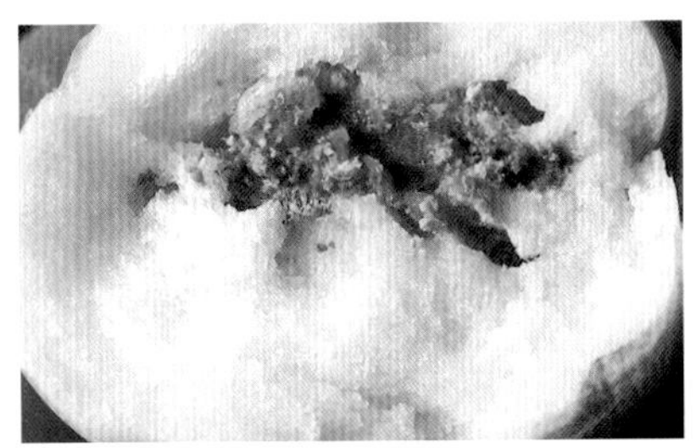
鲜枣被害状

枣实蝇成虫及产卵痕

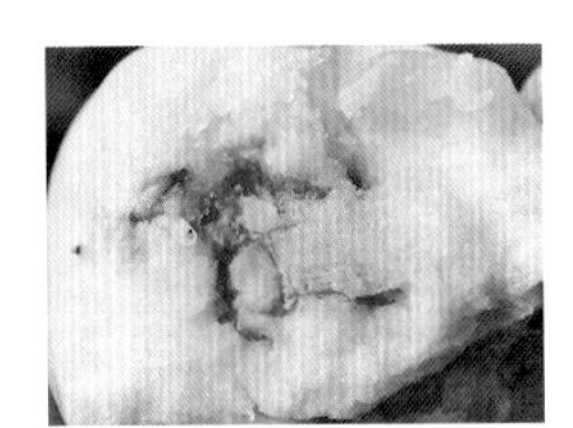
枣果内的枣实蝇幼虫

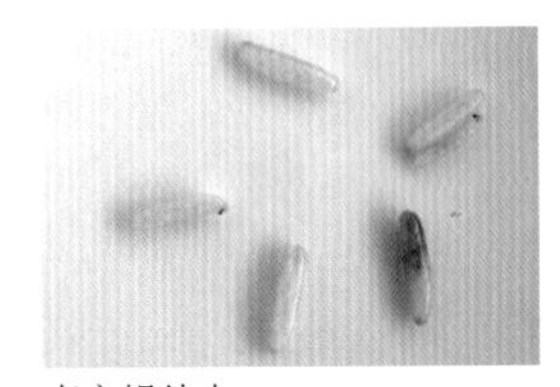
枣实蝇幼虫

土里的枣实蝇蛹

果蝇

〖双翅目 果蝇科〗

Drosophila sp.

普遍分布。危害瓜类、果品、枸杞等诸多成熟果实，也在腐败植物上生活。

成虫淡黄至黄褐色。复眼鲜红色。前翅具淡褐或褐色斑纹。后翅特化为平衡棒，白色。腹部每节末端黑色，形成5条明显的斑纹。幼虫蛆型，体色依所食用的果肉汁液颜色而变，一般白色。具1对口钩，用其捣烂食物，然后刮吸汁液。体节的背腹面常有微小的钩形突，后端有2个肉质突起和成对的后气门。

1年10～12代，以蛹在土壤内、烂果上或果壳内越冬。成虫常见于熟透的瓜果及腐败植物上，舐吸糖蜜物质以补充营养。幼虫喜滋生于成熟有伤的果实或腐烂瓜果等场所世代重叠严重。

成熟的鸭梨被害状

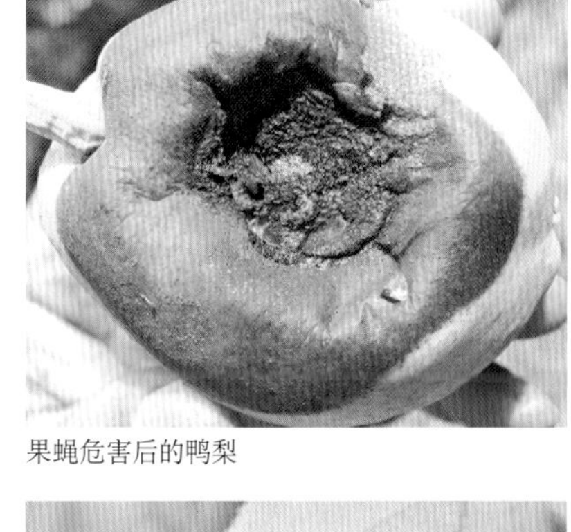

果蝇危害后的鸭梨

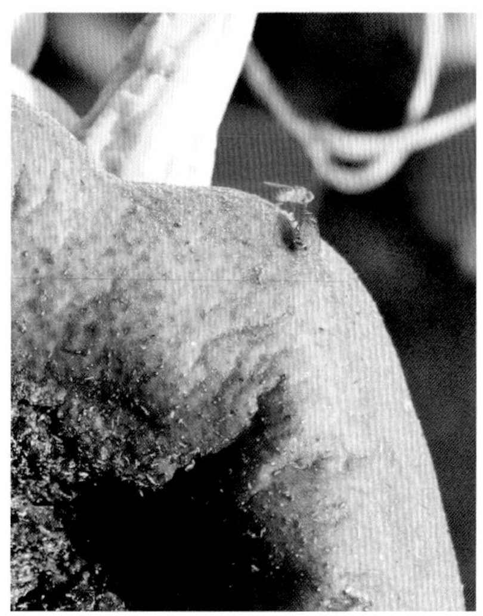

果蝇的雄虫（左）和雌虫（右）

果蝇成虫

枸杞红瘿蚊

〖双翅目　瘿蚊科〗

Jaapiella sp.

全疆枸杞种植区有发生。寄主为枸杞。

成虫黑红色，生有黑色微毛。复眼黑色，在头顶部相接。前翅翅面上密布微毛，外缘和后缘密生黑色长毛。幼虫蛆形，橙红色。中胸腹面具黑褐色“Y”形剑状骨。腹节两侧各有一微突。

1 年 5 ～ 6 代，以老熟幼虫在枸杞根冠周围的 3cm 左右土壤中做土茧越冬。成虫将产卵器刺入枸杞幼蕾顶端产卵。幼虫在幼蕾内蛀食花器，吸食汁液，造成花蕾畸形、肿大，花被呈指状开裂，花顶膨大如盘，颜色黑绿，不能结果。世代重叠严重。枸杞红瘿蚊喜欢潮湿环境。

枸杞花蕾被害状（新疆农业大学林学院）

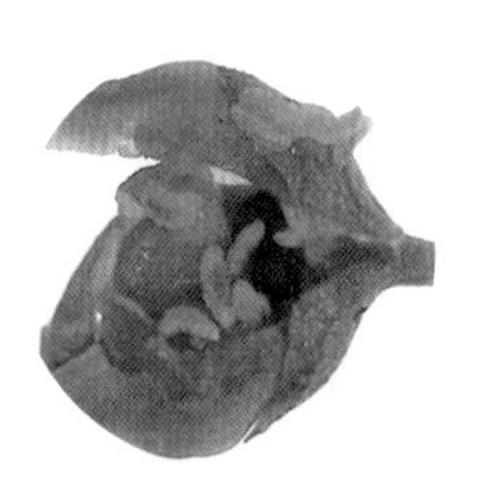
枸杞红瘿蚊幼虫（新疆农业大学林学院）

枸杞红瘿蚊成虫（右下）及蛹（左上）（新疆农业大学林学院）

〖蜚蠊目〗

美洲蜚蠊

〖蜚蠊目　蜚蠊科〗

Periplaneta americana（Linnaeus）

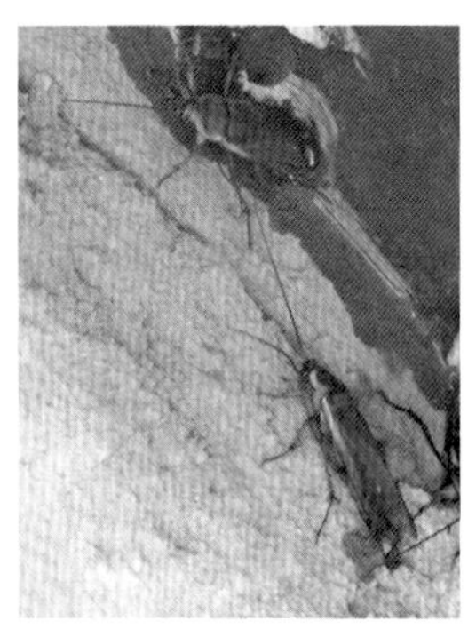
美洲蜚蠊成虫

乌鲁木齐、吐鲁番、库尔勒等地有分布。

成虫红褐色，前胸背板边缘为一圈黄色带，中央有褐色斑。雄虫翅略超出尾端，雌虫翅近尾端。

2 年 1 代。室内外都有分布。多在阴暗、潮湿的温暖场所，如厨房、下水道开口处、地下室的墙角落生活。夏季在室外污水池、厕所、垃圾堆、阴沟都能发现。食性广，爱吃腐败的有机物。是卫生害虫。

东方蜚蠊

〖蜚蠊目　蜚蠊科〗

Blatta orientalis (Linnaeus)

乌鲁木齐、吐鲁番等地有分布。

成虫黑褐色，雄虫翅短，仅能盖住腹部的2/3，雌虫翅退化，胸腹背面裸露。

雌虫携带卵鞘一段时间后，会将卵鞘粘贴在靠近食源的隐蔽的物体表面。每个卵鞘内含16粒卵。整个若虫历时1年左右，蜕皮7～10次。

室内外都能生活，阴沟、阴暗潮湿的地下室、庭院的树叶下和垃圾堆等常是东方蜚蠊栖息的场所。以腐败的有机物为食。是卫生害虫。

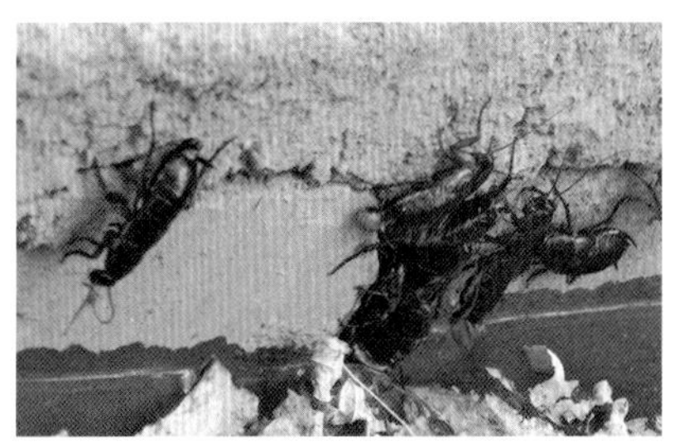

东方蜚蠊成虫

东方蜚蠊雌虫及带的卵鞘

【缨尾目】

栉衣鱼

〖昆虫纲　缨尾目〗

Ctenolepisma vilosa (Fabricius)

广泛分布。

成虫体银白色，狭长，体末尖细。体、肢被有鳞片。丝状触角细长。咀嚼式口器。体末具2条尾须及很长的中尾丝。

行动迅速，善隐蔽。为室内有害种。可危害书籍、纸张、丝织物及谷类等。

栉衣鱼成虫

栉衣鱼成虫侧面图

Chapter Six

第六章

有害动物

【蜱螨目】

李始叶螨 又称苹果黄蜘蛛

〖蜱螨目 叶螨科〗

Eotetranychus pruni（Oudemans）

全疆分布。寄主为苹果、梨、核桃、桃、杏、李、酸梅、葡萄、红枣、沙枣和杨、柳等。

雌螨长椭圆形，黄绿色。沿体侧有细小黑斑。具足4对。幼螨近圆形，黄白色，足3对，各节均短粗。若螨椭圆形，淡黄绿色。体背两侧有褐色斑纹3块，具足4对。

南疆1年发生11～12代，北疆发生9代，均以受精后的雌成螨在树干和主侧枝树皮裂缝、伤疤、翘皮下以及树干基部土缝中和枯枝落叶下越冬。刺吸寄主植物花芽、嫩梢和叶片汁液，吸取营养，造成花芽不能开绽，嫩梢萎蔫，叶片失绿成黄绿色，被害叶片一般不脱落。导致寄主植物生长衰退，影响果实的产量和质量。

李始叶螨越冬成螨（新疆农业大学林学院）

朱砂叶螨 又称红叶螨

〖蜱螨目 叶螨科〗

Tetranychus cinnabarinus（Boisduval）

全疆分布。寄主有玉米、高粱、谷类、向日葵、豆类、瓜类、棉花等农作物，苹果、枣等果树，月季、海棠、桑、柳等花卉、林木。

雌成螨梨形，红褐色、锈红色，越冬雌成螨橘红色。体两侧各有黑褐色长斑1块，从头胸末端起延伸至腹部后端，有时分隔为前后2块，前块斑略大。初孵幼螨近圆形，淡红色，足3对。若螨略呈椭圆形，体色加深，体侧出现深色的块状斑纹，足4对。

1年发生10代左右，以受精雌成螨在土块孔隙、树皮裂缝、枯枝落叶等处越冬。栖息在叶背，并有较密集的细丝网覆盖。被害叶片初呈黄白色小斑点，后渐扩展到全叶。以致很快就枯黄脱落。在高温干燥季节或年份常暴发成灾。

苹果叶片被害状

截形叶螨

〖蜱螨目 叶螨科〗

Tetranychus truncatus Ehara

全疆分布。寄主主要有枣、山楂及玉米、棉花、茄子、甘薯、豆类、瓜类等。

雌成螨椭圆形，深红色，足及颚体白色，体侧有黑斑。雄成螨椭圆形，深红色。幼螨淡红色，具足 3 对。若螨红色，具足 4 对。

1 年发生 10 ～ 20 代。以雌螨在土缝中或枯枝落叶上越冬。若螨和成螨群聚寄主叶背吸食汁液，常使叶片失绿，呈灰白色或枯黄色细斑，叶片向正面纵卷，严重时叶片干枯脱落，影响生长及结果。是新疆红枣的主要害螨种类。

红枣叶片被害状

截形叶螨危害的枣叶正面

截形叶螨危害的枣叶背面

截形叶螨雌成螨

土耳其斯坦叶螨

〖蜱螨目 叶螨科〗

Tetranychus turkestani（Ugarov et Nikolski）

国内仅知分布南北疆。寄主为苹果、梨、桃、杏、葡萄、棉花、苜蓿、草坪草等。

成螨体椭圆形，夏型体色为黄绿色、黄褐色、墨绿色等，越冬型体色为橘红色。后半体背表皮纹构成梭形图形。雄螨体长较雌螨短，体呈菱形，色较浅。幼螨体圆形，乳白色，足3对。若螨体椭圆形，灰黄或黄褐色，背面具黑斑，足4对。

1年9～12代，以受精雌螨在树干和老树翘皮、根基周围的土缝、杂草根部和枯枝落叶下越冬。喜集中在嫩枝、芽、叶等处，常在叶片背面危害，会造成叶片干枯脱落。有世代重叠现象。

土耳其斯坦叶螨成螨及若螨（新疆农业大学林学院）

土耳其斯坦叶螨被害状（新疆农业大学林学院）

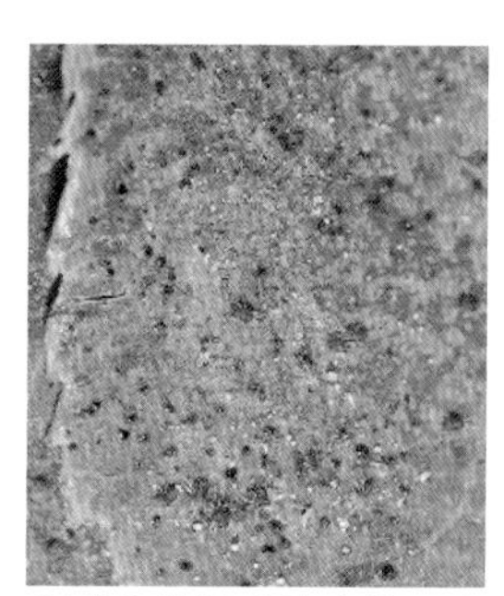
土耳其斯坦叶螨成螨及卵（新疆农业大学林学院）

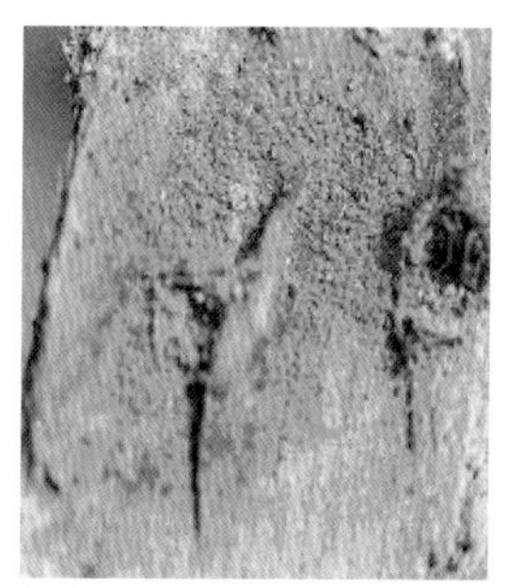
树皮下的土耳其斯坦叶螨越冬螨（新疆农业大学林学院）

二斑叶螨

〖蜱螨目　叶螨科〗

Tetranychus urticae Koch

全疆分布。寄主为玉米、棉花、豆类等多种农作物及苹果、梨、桃、杏、李、樱桃、葡萄、月季、茉莉等多种果树、花卉。

雌成螨卵圆形，有浓绿、褐绿、黑褐、橙红等色，越冬时橙色。体背两侧各有1个暗红褐色长斑。足4对。雄成螨略呈菱形，多为红色。幼螨近圆形，取食后变暗绿色。足3对。若螨足4对，体色变深，体背出现色斑。

1年发生10～20代。以受精雌螨在土缝、杂草根际附近群集吐丝结网越冬。卵多产于叶背主脉两侧或蛛丝网下面。7～8月干旱少雨时繁殖迅速。危害吸食寄主汁液，使叶面褪色为黄褐斑，导致叶片焦枯，提早脱落，可吐丝下垂借风力扩散、传播。高温、低湿适于发生。

二斑叶螨危害状

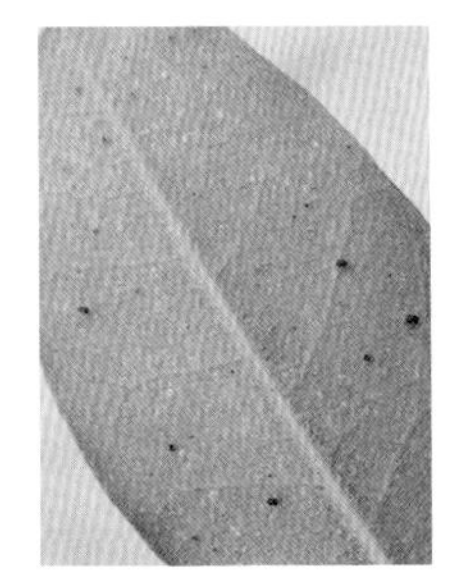

二斑叶螨成螨及若螨

山楂叶螨　又称樱桃红蜘蛛

〖蜱螨目　叶螨科〗

Tetranychus viennensis Zacher

全疆分布。寄主为苹果、梨、桃、樱桃、杏、李、山楂及多种蔷薇科植物。

雌成螨卵圆形，深暗红色，越冬型鲜红色。体两侧具暗褐色斑。后半体表具横向皱纹。具足4对。初孵幼螨体圆形，黄白色，取食后为淡绿色，3对足。若螨具4对足。体背两侧有明显墨绿色斑。

1年5～6代，以受精雌成螨在寄主主干、主枝和侧枝的翘皮、裂缝、根颈周围土缝、落叶及杂草根部越冬。花芽开绽时危害花柄、花萼等幼嫩组织，常使嫩芽枯黄，严重时不能开花。后幼螨、若螨孵化常群集叶背危害，被害树叶枯黄，严重发生时，树叶脱落。

山楂叶螨危害状

苹果全爪螨 又称榆全爪螨

〖蜱螨目 叶螨科〗

Panonychus ulmi（Koch）

全疆分布。寄主主要有苹果、梨、桃、杏、李、山楂、海棠、樱桃、红枣、葡萄、核桃、扁桃等果树和榆、槐、桑、椴等林木。

雌螨体长 0.4mm 左右，体圆形，背部隆起，侧面观呈半球形，体呈橘红色或暗红色。雄螨橘红色。幼螨柠檬黄至橙红色。足 3 对。若螨足 4 对。

1 年 6 ~ 9 代。以卵在阴面枝干、叶痕等处越冬。世代重叠现象严重。刺吸寄主植物花芽、嫩梢和叶片汁液，吸取营养危害。当螨体密度过大时，雌螨有吐丝扩散、迁移危害的习性。

苹果被害状

苹果叶片被害状

苹果全爪螨卵及幼螨

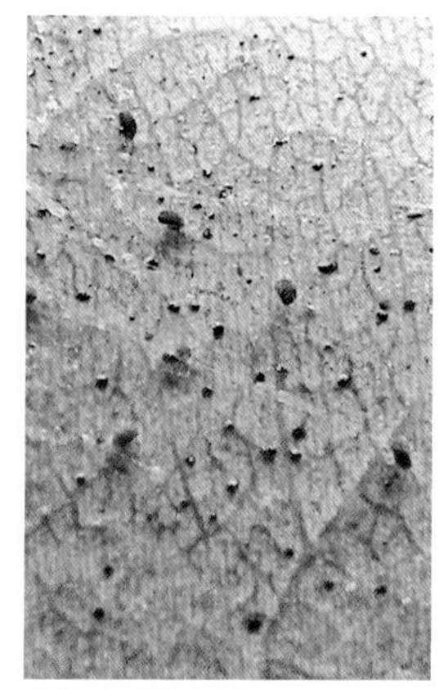

苹果全爪螨成螨

针叶小爪螨 又称云杉小爪螨

〖蜱螨目 叶螨科〗

Oligonychus ununguis (Jaacobi)

全疆分布。寄主主要有红皮云杉、雪岭云杉、雪松、樟子松、落叶松、侧柏、山楂、栎等多种针、阔叶树种。

雌成螨椭圆形，腹末尖细。背部隆起。头胸橘红色，肩部两侧各有1个明显的暗红色圆点，足粗壮。夏型成螨体浅绿褐色，后半部分深绿褐色。雄成螨体瘦小，绿褐色，体末端稍尖。冬卵初孵幼螨红色。夏卵初孵幼螨乳白色，取食后渐变为褐色至绿褐色。若螨足4对，体绿褐色。

1年5～9代。以卵在1年生的针叶、叶柄、叶痕、小枝条及粗皮缝隙等处越冬，极少数以雌螨在树缝或土块内越冬。多在叶面取食、繁殖，螨量大时，也在叶背危害和产卵。以成螨、若螨吸食叶片的汁液，致使叶色变淡，造成针叶脱落，严重时整枝干枯。世代重叠严重。若螨和成螨具吐丝习性。

侧柏被害状

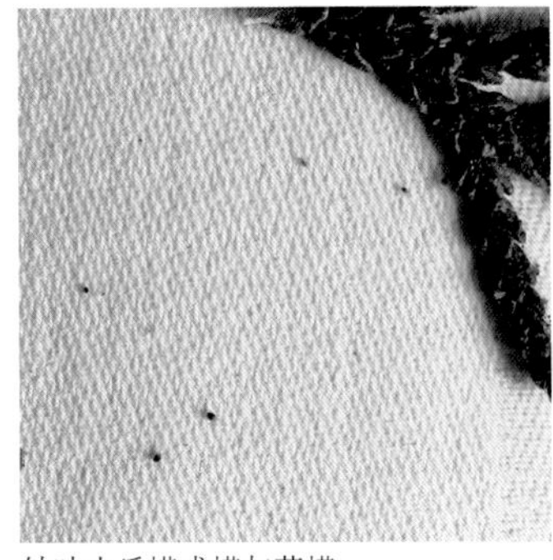

针叶小爪螨成螨与若螨

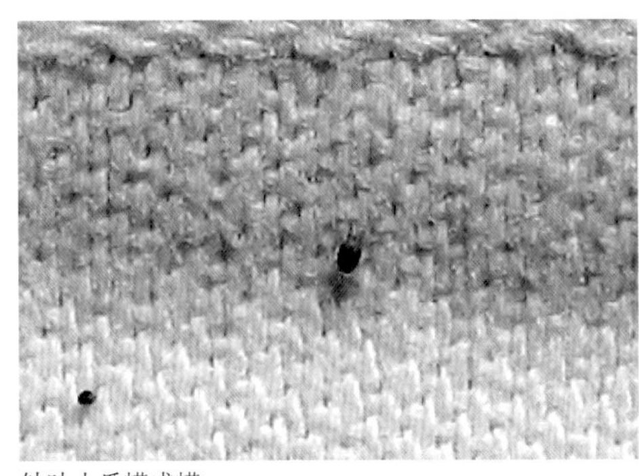

针叶小爪螨成螨

果苔螨 又称苜蓿红蜘蛛

〖蜱螨目 叶螨科〗

Bryobia rubrioculus (Scheuten)

全疆分布。寄主为苹果、梨、桃、杏、李、樱桃、沙果等。

雌成螨椭圆形，体长 0.6mm 左右，体褐红色，取食后为深绿色。体背扁平，有明显波状横皱纹，身体周缘有明显的浅沟。雄螨未发现。幼螨橘红色，取食后为绿色，足 3 对。若螨足 4 对，体色绿褐色。

伊犁地区 1 年 3 ～ 4 代，库尔勒等南疆地区 1 年 3 ～ 5 代。以卵在主、侧枝阴面裂缝、短果枝叶痕处、叶芽附近及枝条分叉皱褶处越冬。有世代重叠现象。成螨活跃、爬行迅速，喜欢在光滑、绒毛少的叶片上取食。果苔螨早期在树冠中、下部发生较重，以后逐渐分布于中、上部。无结网习性。危害叶、芽、花蕾和幼果，使芽枯黄、变色、枯焦、死亡，叶片失绿、发黄、充满白斑，严重时大量落叶，幼果不能正常生长，变硬，成锈果。

果苔螨越冬成螨（新疆农业大学林学院）

枸杞刺皮瘿螨

〖蜱螨目 瘿螨科〗

Aculops lycii Kuang

全疆分布，寄主为枸杞。

雌螨蠕虫形，黄色。背盾板似三角状，前叶突明显，盖于喙基部，上有网状纹，背瘤长形，位于盾板后缘。足 2 对。越冬雌螨纺锤形，棕黄色。幼螨及若螨：幼螨、若螨与成螨形态相近，体长逐渐长成，外生殖器尚未形成。

1 年可发生多代，以雌成螨在枸杞芽鳞、1 ～ 2 年生枝条裂缝及凹陷处群集越冬。出蛰后危害叶片、嫩茎和幼果。营自由生活，主要在叶背危害、栖息和繁殖，不形成瘤瘿。被害叶片增厚、变脆，叶片褪绿或呈灰褐色，造成早期落叶、落花、落果、叶花果干枯、枝条缩短、叶片变小、丛枝等。

枸杞叶片被害状

柳刺皮瘿螨

〖蜱螨目　瘿螨科〗

Aculops niphocladae Keifer

全疆分布，寄主为多种柳树。

雌螨蠕虫形，淡黄白色或黄褐色。体前圆后细。体前部具足 2 对。背盾板有前叶突。背纵线虚线状，环纹不光滑，有锥状微突。尾端有短毛 2 根。幼螨、若螨与成螨形态相近，体长逐渐长成，外生殖器尚未形成。

1 年发生 6 代以上，以若螨和少量成螨在柳树枝干的翘皮、裂缝内越冬。出蛰后侵害当年嫩芽，在幼叶叶背面吸食危害，寄主叶片产生退绿斑点，在叶片正面隆起成圆形虫瘿。虫瘿前期小，黄绿色，后期体积稍大，呈球状，直径约 2 ~ 4mm，颜色变成鲜红色至紫红色。虫瘿内壁密布亮白色毛状物。每个虫瘿内有数十头至百多头瘿螨生活。每片受害叶虫瘿可达几十个。被害的嫩梢、叶片及幼芽皱缩、扭曲，生长严重受阻。

柳叶被害状

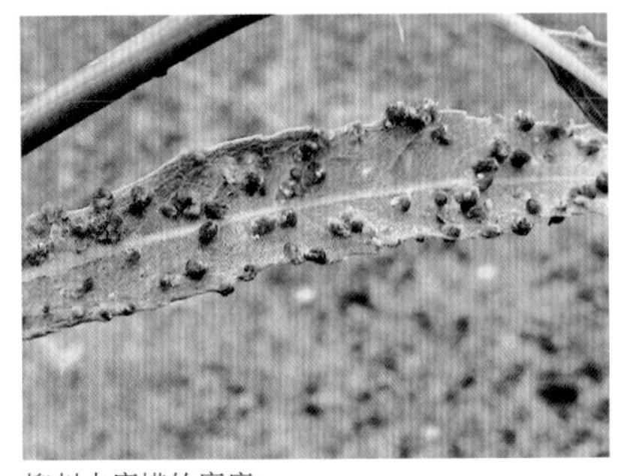

柳刺皮瘿螨的瘿瘤

柳刺皮瘿螨危害初期

芍药刺皮瘿螨

〖蜱螨目　瘿螨科〗

Aculops sp.

全疆分布，寄主为芍药等。

雌螨蠕虫形，淡黄白色或黄褐色。体前圆后细。体前部具足2对。幼螨、若螨与成螨形态相近，体长逐渐长成，外生殖器尚未形成。

1年发生3代以上，以若螨和少量成螨在芍药枝干的皮缝中越冬。出蛰后侵害当年嫩叶，致使叶缘向叶面卷曲呈卷边状。卷边逐渐变红，大量瘿螨体在内吸食危害，会使卷边坏死、枯焦。严重时会影响花色，降低观赏价值。

芍药叶被害状

芍药刺皮瘿螨会影响芍药花期

芍药刺皮瘿螨危害芍药的条状虫瘿

葡萄缺节瘿螨

〖蜱螨目　瘿螨科〗

Eriophyes vitis（Pagenstecher）

全疆分布，寄主为葡萄。

雌螨蠕虫状，白色至浅灰色。头胸板三角形，有数条纵线。近头部具 2 对足。幼螨、若螨与成螨形态相近，与成螨无明显区别，淡黄色，体长逐渐长成，外生殖器尚未形成。

1 年 3 代，以成螨在寄主芽鳞茸毛、枝蔓皮缝等处越冬。翌年春天随葡萄芽萌动，出蛰在嫩叶背面刺吸危害。最初叶背面产生许多不规则的白色斑点，叶上表皮隆起呈泡状，叶背面病斑凹陷，密生毛毡状白色绒毛，绒毛逐渐加厚，并由白色变为茶褐色，最后变成暗褐色。病斑大小不等，后期病叶皱缩、变硬，表面凹凸不平。枝蔓受害肿胀成瘤状，表皮龟裂。

葡萄缺节瘿螨危害初期叶片背面毛毡状增生

葡萄缺节瘿螨危害初期叶片正面的泡状变异

葡萄缺节瘿螨危害致使叶片嫩枝变形

葡萄缺节瘿螨危害初期叶片背面毛毡状增生变异

白枸杞瘤瘿螨

Aceria pallida Keller

〖蜱螨目 瘿螨科〗

全疆分布，寄主为枸杞。

雌螨蠕虫形，淡黄色。背盾板似三角状，无前叶突，盾板上残存的侧中线在背瘤之间，在近盾板后缘形成弧形纹，其余纵线皆缺。足2对。越冬雌螨棕黄色。幼螨、若螨与成螨形态相近，体长逐渐长成，外生殖器尚未形成。

1年可以发生多代，以雌成螨在枸杞芽鳞、枝条瘿瘤、枝条裂缝及凹陷处群集越冬。出蛰后危害叶片、嫩茎、花蕾，刺激受害部位的细胞增生，形成泡状瘿瘤。螨在瘤瘿内寄生、繁殖和危害。初瘤瘿很少，呈黄绿色小泡状。后瘿瘤不断扩大，大的直径可超过8mm。一张叶上常有多个瘿瘤，严重时连成一片，覆盖整个叶面。瘿瘤逐渐变为黄褐色，最后边缘呈紫黑色。每个瘤瘿内螨量可从几头、几十头，多达数百头。危害还可致使枝条扭曲，不向上生长，叶小，不能开花结果，甚至干枯。

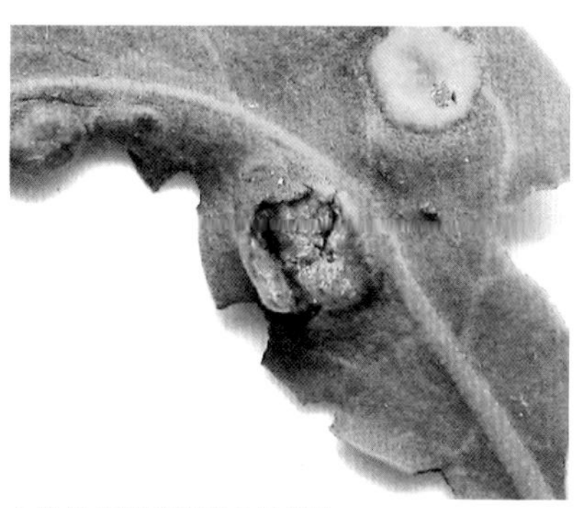

白枸杞瘤瘿螨瘿瘤内的螨体

白枸杞瘤瘿螨危害初期症状

白枸杞瘤瘿螨危害中期症状

白枸杞瘤瘿螨危害后期症状

柳瘿螨

〖蜱螨目　细须螨科〗

Eriophyes tetanothrix Nalepasp

全疆分布，寄主为多种柳树。

雌螨蠕虫形，淡黄白色。体前圆后细。体前部具足2对。背盾板有前叶突，端部有一小刺。大体背呈弓形，背环纹光滑，有圆形微突。幼螨、若螨与成螨形态相近，体长逐渐长成，外生殖器尚未形成。

1年发生3代以上，以若螨和少量成螨在柳树芽鳞、翘皮、裂缝内越冬。翌年春柳树发芽时出蛰，侵害当年嫩芽、嫩枝。嫩枝被害后不长长，叶片皱缩、扭曲、密集、簇生，形成小的几厘米，长的可达20多厘米的粗壮簇形虫瘿。害螨即在虫瘿的轴及簇叶的缝隙间自由生活与危害。虫瘿形成初期为绿色，后渐变为灰绿、绿褐、红褐色。严重时每棵树的虫瘿可达数十个。枝上虫瘿可经年不脱落。

垂柳受害症状

经年柳瘿螨老瘿瘤

柳瘿螨瘿瘤生长很快

夏季的柳瘿螨瘿瘤

软体动物门腹足纲柄眼目

双线嗜黏液蛞蝓

〖软体动物门腹足纲柄眼目 蛞蝓科〗

Phiolomycus bilinenatus Benson

近年随盆景花卉由我国南方传入新疆温室。可危害多种蔬菜、花卉、林木苗木及三叶草等。

体裸露柔软无外壳，2对触角蓝褐色。全身灰白色或淡黄褐色，背部中央有黑色斑点组成的1条宽纵带，两侧各有1条黑色小斑点组成的细纵带。体前宽后狭长，尾部有一脊状突起。体具腺体，分泌乳白色黏液，爬行过的地方留有白色痕迹。卵棱形，透明。幼体形态同成体，体小而性未成熟。

1年发生2代，成体与幼体均能越冬，越冬地点主要是在土壤内。在适宜的条件下，如温室内一年四季均能产卵繁殖。有世代重叠现象。多食性，可取食多种草本、木本花木、蔬菜、草坪草的幼苗及其叶片。还能取食危害香菇、蘑菇、平菇、黑木耳、毛木耳等多种食用菌。

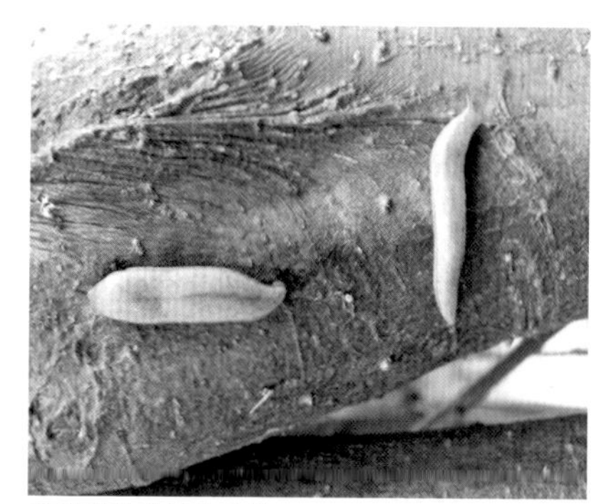
双线嗜黏液蛞蝓幼体

花叶被害状

野蛞蝓

〖软体动物门腹足纲柄眼目　蛞蝓科〗

Agriolimax agrestis Linnaeus

20 世纪 90 年代中期随盆景花卉由我国南方传入新疆，在新疆大中城市温室、大棚及室外三叶草草坪等处滋生，危害多种蔬菜、花卉、林木苗木及三叶草等。

成体灰褐色。头前端有 2 对触角，后触角端部有眼。口位于头部腹面两个前触角的凹陷处，口内排列有齿状物。在右后触角的后侧方具有 1 个生殖孔。外套膜遮盖于体背前部，其后方腹部背面有树皮状花纹，体具腺体，分泌黏液，爬行过的地方留有白色痕迹。卵椭圆形，白色，常在土壤里多粒粘成松散团状。幼体形态同成体，体小而性未成熟。

1 年发生 2 ~ 6 个世代，成体与幼体均能越冬，越冬地点主要是在土壤内。春、秋繁殖最盛，危害最重。活动与取食有十分明显的昼夜活动节律。夜间活动、取食，白天隐匿。喜潮湿、阴暗环境。还能取食危害香菇、蘑菇、平菇、黑木耳、毛木耳等多种食用菌。野蛞蝓在新疆已经可以在室外越冬。

温室野蛞蝓危害温室花卉

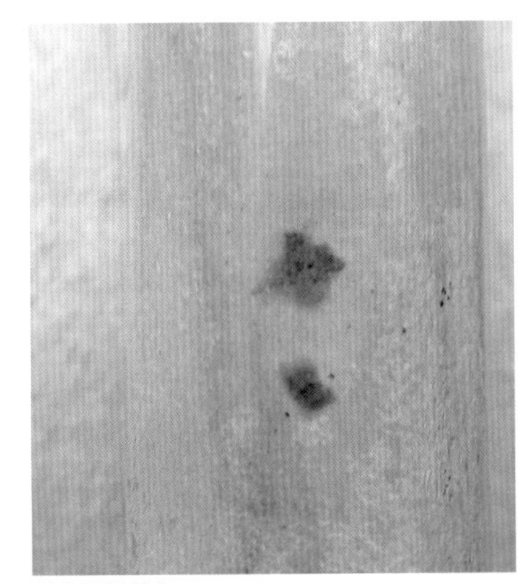

温室野蛞蝓卵

温室花盆下的野蛞蝓

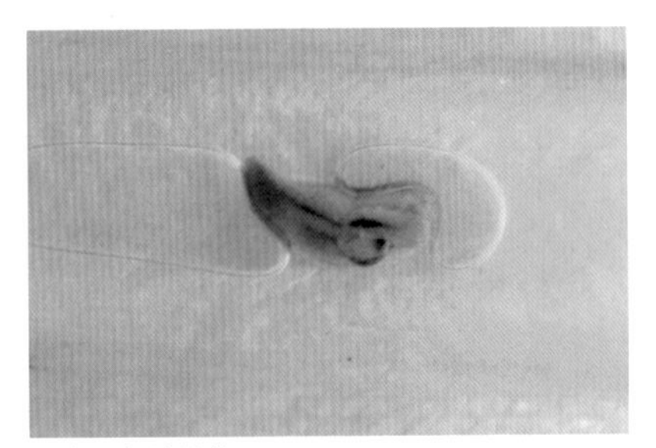

温室野蛞蝓幼体

灰巴蜗牛

〖软体动物门腹足纲柄眼目　巴蜗牛科〗

Bradybaena ravida Benson

温室、草坪有分布。危害多种蔬菜、林木苗木、花卉及三叶草等。

成贝黄褐色，体表密布灰白色微凸小斑块。螺壳呈圆球形，螺层数有 5 ~ 6 层，壳质硬，黄褐色或琥珀色，螺旋部膨大，壳口椭圆形。卵球形，白色，有光泽。初孵幼贝螺壳淡褐色，有 1 ~ 2 个螺层。

1 年 1 代，以成贝、幼贝在作物根部、落叶下、浅土层等潮湿、阴暗处越冬。为多食性，可取食多种草本、木本花木、蔬菜、草坪草的幼苗及其叶片。寿命可达 1 年以上。

灰巴蜗牛成体

绿化植物叶片被害状

同型巴蜗牛

〖软体动物门腹足纲柄眼目　巴蜗牛科〗

Bradybaena similaris Ferussac

普遍分布。在湿地、潮湿林地、温室、大棚、三叶草草坪等处滋生，危害多种蔬菜、林木苗木、花卉及三叶草等。

成贝灰黄色，体表密布小斑块。螺壳呈扁圆球形，螺层数有 5 ~ 6 层，壳质坚硬，黄褐色或红褐色，螺旋部低矮，体层较宽大，周缘中部有 1 条褐色带。

1 年 1 代，以成贝、幼贝在作物根部、草堆、土缝等潮湿、阴暗处越冬。为多食性，可取食多种草本、木本花木、蔬菜、草坪草的幼苗及其叶片。

三叶草草坪上的同型巴蜗牛

同型巴蜗牛危害状

节肢动物门甲壳纲等足目

鼠妇 俗称“西瓜虫”

〖节肢动物门甲壳纲等足目 鼠妇科〗

Armadillidium vulgare Latreille

温室、草坪有分布。危害多种蔬菜、林木苗木、花卉及三叶草等。

成体长椭圆形，体扁，灰褐色，有光泽。触角2对，其中1对触角短而不明显。有复眼1对，黑色、圆形、微突。胸部3节，各节具1对足。腹部具7对腹足，尾节末端为2个片状突起。雌成虫体背暗褐色，隐约可见黄褐色云状纹，每节后缘具白边。雄虫较黑。

1年1代。以成体、幼体在土壤中越冬。喜欢黑暗、潮湿的环境，不耐干旱。当鼠妇受到碰触时，会背部向外将身体蜷缩呈球形，装死不动。主要分布在温室及茂密的草坪等地，危害多种花卉的幼嫩的根、茎、叶，造成缺刻与溃烂。

绿化植物被害状

鼠妇受惊团成球状

觅食的鼠妇

鼠妇成体

Reference

【参考文献】

[1] 肖刚柔主编．中国森林昆虫(第二版)[M]. 北京：中国林业出版社，1992.
[2] 张执中等编著．森林昆虫学（第二版）[M]. 北京：中国林业出版社，1993.
[3] 中国科学院动物研究所业务处主编．拉英汉昆虫学名 [M]. 北京：科学出版社，1983.
[4] 杨秀元，吴坚编．中国森林昆虫名录 [M]. 北京：中国林业出版社，1981.
[5] 蔡邦华．昆虫分类(上)．财经出版社,1956；昆虫分类(中、下)[M]. 北京：科学出版社，1973，1985.
[6] 李梦楼、施登明等编著．森林昆虫学通论 [M]. 北京：中国林业出版社，2002.
[7] 施登明主编．新疆林业有害生物图谱（虫害卷）[M]. 北京：中国林业出版社，2012.
[8] 周嘉熹，屈邦选主编．西北森林害虫及防治 [M]. 西安：陕西科技出版社，1994.
[9] 黄人鑫等编著．新疆荒漠昆虫区系及其形成与演变 [M]. 乌鲁木齐：新疆科学技术出版社，2005.
[10] 陆水田等编著．新疆天牛图志 [M]. 乌鲁木齐：新疆科技卫生出版社，1993.
[11] 黄人鑫等编著．新疆蝴蝶 [M]. 乌鲁木齐：新疆科学技术出版社，2000.
[12] 张学祖．新疆果树害虫及防治 [M]. 乌鲁木齐：新疆人民出版社 ,1980.
[13] 薛大勇，施登明，邢海洪等．漠尺蛾属研究及一新种记述(鳞翅目：尺蛾科：灰尺蛾亚科)[J]. 动物分类学报．2006，31（1）：193-199.
[14] 英胜，陈梦等编．新疆特色林果主要有害生物防治手册 [M]. 北京：中国林业出版社，2009.
[15] 施登明等．温室有害动物蛞蝓的发生规律及综合治理技术的研究 [J].《森林病虫通讯》1998 (1).
[16] 王爱静等．新疆林果花草蚧虫及其防治 [M]. 乌鲁木齐：新疆科学技术出版社，2006.
[17] 林业部野生动物和森林植物保护司，林业部森林病虫害防治总站．中国森林植物检疫对象 [M]. 北京：中国林业出版社 ,1996.90-95.
[18] 席勇．枣大球蚧的发生和综合防治 [J]. 植物检疫 ,1979,11(6): 340-341.
[19] 于江南，陈卫民，徐毅．伊犁河谷苹果绵蚜生物学特性及防治 [J]. 新疆农业科学 ,2008,45(2):298-301.
[20] 季英 等．外来入侵种——苹果小吉丁虫及其在新疆的危害 [J]. 新疆农业科学 ,2004,(1).
[21] 国家林业局植树造林司，国家林业局森林病虫害防治总局．中国林业检疫性有害生物及检疫技术操作办法 [M]. 北京：中国林业出版社 ,1999.4-7.
[22] 吴时英主编．城市森林病虫害图鉴 [M]. 上海：上海科学技术出版社，2005.

【中文名称索引】

A

B

C

D

E

F

G

H

J

K

L

M

N

O

P

Q

R

S

T

W

X

Y

Z

【拉丁学名索引】

A

B

C

D

E

F

G

H

I

J

K

L

M

N

O

P

Q

R

S

T

U

V

X

Y

Z